U0175034

省エネモータードライブシステムの基礎と設計法
森本茂雄　井上征則 科学情報出版株式会社　2019

著者简介

森本茂雄（执笔第1章～第5章、第7章）

1984年大阪府立大学研究生院工学研究科电气工程专业博士毕业；1984年进入三菱电机株式会社，从事电力电子、电机传动研究开发工作；1988年担任大阪府立大学工学部助教；1990年获工学博士学位；现任大阪府立大学研究生院工学研究科电气信息专业教授，主要从事与电机设计及控制相关的教育和研究工作。

所属学会：电气学会、IEEE、电力电子学会、测量自动控制学会、系统控制信息学会、汽车技术会。

井上征则（执笔第6章、第8章、第9章）

2010年大阪府立大学研究生院工学研究科电气信息专业博士毕业，获工学博士学位；2010年担任大阪府立大学研究生院工学研究科助教；现任大阪府立大学研究生院工学研究科电气信息专业教授，主要从事与电机控制相关的教育和研究工作。

所属学会：电气学会、IEEE、电力电子学会。

节能电机驱动系统基础与设计

〔日〕森本茂雄　井上征则　著
罗力铭　译
刘启蒙　审校

科学出版社
北　京

图字：01-2022-3233号

内 容 简 介

本书着眼于永磁同步电机和同步磁阻电机的高效率、高性能驱动系统，介绍电机驱动系统的构建、高性能运转控制，以及电机特性和控制性能评估。主要内容包括电机驱动系统的基础知识，PMSM和SynRM的基本结构和数学模型，电流矢量控制系统，无传感器控制系统，直接转矩控制，逆变器、传感器，数字控制系统，以及实机实验的准备和特性测量方法等。

本书面向初学者和相关技术人员，适合开发和研究节能电机驱动系统的科研工作者、技术人员阅读，也可作为高等院校相关专业师生的参考书。

图书在版编目（CIP）数据

节能电机驱动系统基础与设计/(日)森本茂雄，(日) 井上征则著；罗力铭译.
—北京：科学出版社，2023.5

ISBN 978-7-03-075251-2

Ⅰ.①节… Ⅱ.①森… ②井… ③罗… Ⅲ.①电机-节能-控制系统设计
Ⅳ.①TM301.2

中国版本图书馆CIP数据核字（2023）第047539号

责任编辑：孙力维 杨 凯／责任制作：周 密 魏 谨
责任印制：师艳茹／封面设计：张 凌
北京东方科龙图文有限公司 制作
http：//www.okbook.com.cn

科 学 出 版 社 出版
北京东黄城根北街16号
邮政编码：100717
http：//www.sciencep.com

天津市新科印刷有限公司 印刷
科学出版社发行各地新华书店经销

*

2023年5月第 一 版 开本：787 × 1092 1/16
2023年5月第一次印刷 印张：15 1/2
字数：260 000

定价：68.00元
（如有印装质量问题，我社负责调换）

前　言

在日本，电机的用电量占总用电量的50%以上。特别是工业电机，消耗了工业用电量的75%左右。按照电动化的趋势，预计电机的用电量还会增长。从解决环境污染和能源紧缺等问题的角度来看，电机节能和提效迫在眉睫。

作为小型高效高性能电机，永磁同步电机（PMSM）取得了飞跃发展，这归功于以稀土永磁体为代表的高性能磁体的开发、支撑交流电机调速驱动的电力电子技术的进步、矢量控制等电机控制理论的发展，以及实现高性能控制的微电子技术的进步。特别是内置式永磁同步电机（IPMSM），效率高、调速范围宽，其应用范围扩大到家用电器（如空调压缩机驱动电机）、电动汽车和混合动力汽车（动力电机），为适用设备节能做出巨大贡献。

对于工业电机，国际电工委员会（IEC）标准会议制定了效率等级，世界各国都在推进相关法律法规的建立。PMSM可以有效替代传统感应电机（IM），但同步磁阻电机（SynRM）更便宜、更节约资源，效率也较感应电机高，正在引起人们的关注。

本书着眼于永磁同步电机和同步磁阻电机的高效率、高性能驱动系统，面向初学者和相关技术人员介绍电机驱动系统构建、高性能运转控制、电机特性和控制性能评估。笔者深刻意识到，技术学习离不开基础知识，设计基础更需要联系实际现场，故写作时对以下方面有所侧重。

· 同步电机除了PMSM（SPMSM和IPMSM），还包括SynRM。本书将SPMSM和SynRM作为IPMSM的特例，以IPMSM为中心，对电机的建模、驱动系统设计和控制方法进行统一介绍。

· 作为高性能控制方法，本书分别对常用的电流矢量控制和直接转矩控制（DTC）进行具体讲解。

· 书中展示的各种特性曲线和仿真结果都是根据具体的电机参数绘制的，可以用于特性计算结果的比较。

· 针对电机驱动系统构建，详细介绍控制系统的数字化、初始设置方法、电机参数测量方法、基本特性测量方法。

全书共9章。第1章介绍电机驱动系统的基础知识，并对各组成部分与各章的对应关系进行说明。第2章和第3章尽可能详细地介绍控制对象PMSM和SynRM的基本结构和数学模型。第4章详述电流矢量控制系统。第5章详述无传感器控制系统，给出了具体示例。第6章是直接转矩控制从基础到实际设计的详细说明。第7章围绕电机驱动介绍逆变器和传感器。第8章讲解数字控制系统的构建方法和注意事项等。第9章介绍电机测试系统的构建方法、初始设置方法等实机实验的准备和特性测量方法等。

希望本书能够对从事节能电机驱动系统设计和应用的技术人员，以及有志于从事这方面研究的学生有所帮助。

森本茂雄

目　录

第1章
电机驱动系统概述

作为本书的导读，本章介绍电机驱动系统的整体结构。电机驱动系统以电机为中心，大致由电机驱动的负载装置，用于电机驱动和控制的功率变换器、控制器和传感器等组成。本章将对这些组成部分进行概述，并对各组成部分与各章的对应关系进行说明。

1.1 电机驱动系统的基础知识

1.1.1 总体结构

电机种类繁多，交流电机具有结构简单、无刷免维护、运转高效等优点，是动力电机的主流。此外，为了实现高效调速运转，交流电机一般由逆变器驱动。三相交流电机驱动系统的基本结构如图1.1所示，以交流电机为中心，由负载装置、功率变换器、控制器和传感器等组成。

能量流：来自电源的电能（电力）通过功率变换器（逆变器）转换成可变电压、可变频率的三相交流电压，输入电机，再通过电机转换成机械能（动力），从而驱动负载装置。

信号（信息）流：外部指令[电机的旋转角度（位置）、转速、转矩等]和由传感器等获得的信息（电流、电压，位置、速度），经控制器运算处理，最终生成驱动电压型逆变器的开关信号。

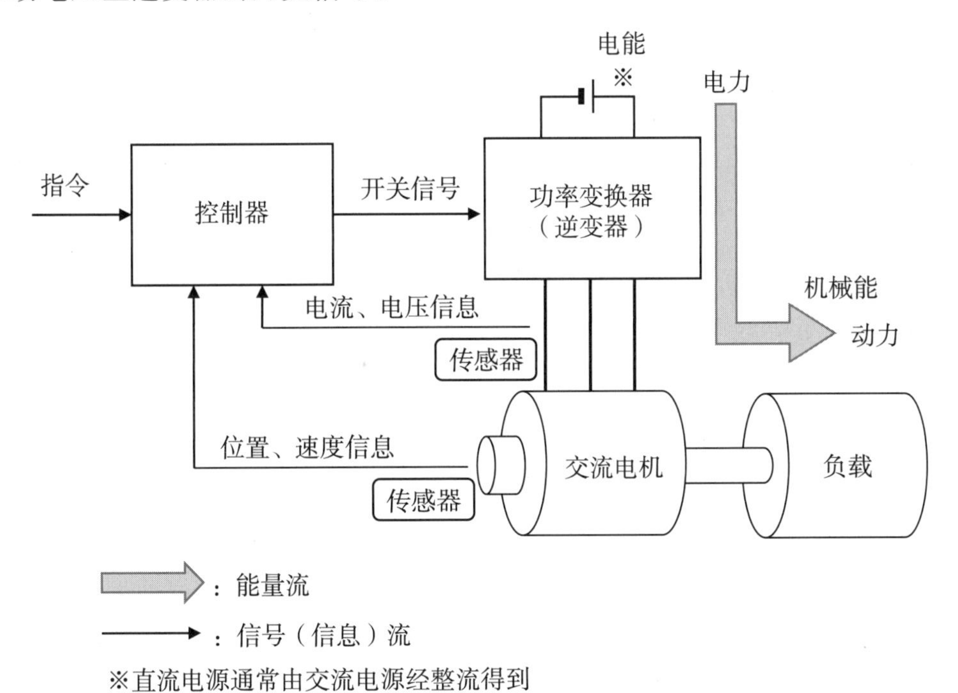

图1.1 交流电机驱动系统的基本结构

1.1.2 电机负载的特性

电机驱动的负载在不同速度下表现出不同的转矩特性。电机控制的要求是，使负载稳定、快速、高精度地遵循指令（目标值跟踪特性），受干扰的影响小

（抗干扰特性），能效高（高效特性）。图1.2所示为典型负载的速度–转矩特性。①恒转矩负载是指无论速度如何变化都要求转矩不变的负载，如起重机、电梯、输送机等。②平方转矩负载又称递减转矩负载，如风机、泵等流体机械。③恒输出功率负载是指转矩与速度成反比，输出功率不受速度影响的负载，如卷扬机、机床主轴等。图中，需要最大转矩和最大输出功率的工作点标记了“○”，驱动电机必须具备满足负载要求的速度–转矩特性。最大转矩主要取决于最大电机电流，最大输出功率取决于电机功率和电源容量，电机额定值（额定转矩、额定速度、额定输出功率等）视负载大小而定。

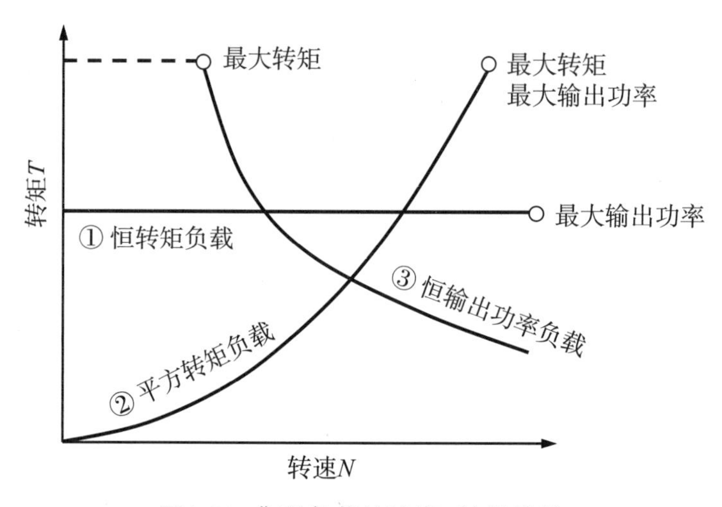

图1.2　典型负载的速度–转矩特性

传统的电机驱动，一般遵循负载的速度–转矩特性运行。空调压缩机驱动电机和电动汽车驱动电机等按特定应用进行优化设计，能够以各种速度和转矩运转。

图1.3所示为特定用途电机的工作区示例。如图1.3(a)所示的空调压缩机驱动，启动时要求电机高速大输出功率运转，以实现快速制冷/制热；室温稳定后，要求电机低速小转矩运转。如图1.3(b)所示的洗衣机驱动，洗涤状态（低速大转矩）和脱水状态（高速小转矩）的工作区显著不同，且没有使用中间区。电动汽车和混合动力汽车等的驱动需要较宽的速度范围和转矩范围，如图1.3(c)所示，正常行驶状态要求小转矩，但是爬坡起步和超车加速时需要短时间内提供大转矩、大输出功率。可见，不同用途的电机有不同的运转状态和工作区，电机驱动系统须提供图1.3中虚线表示的速度–转矩特性（恒转矩区+恒输出功率区）来满足要求。

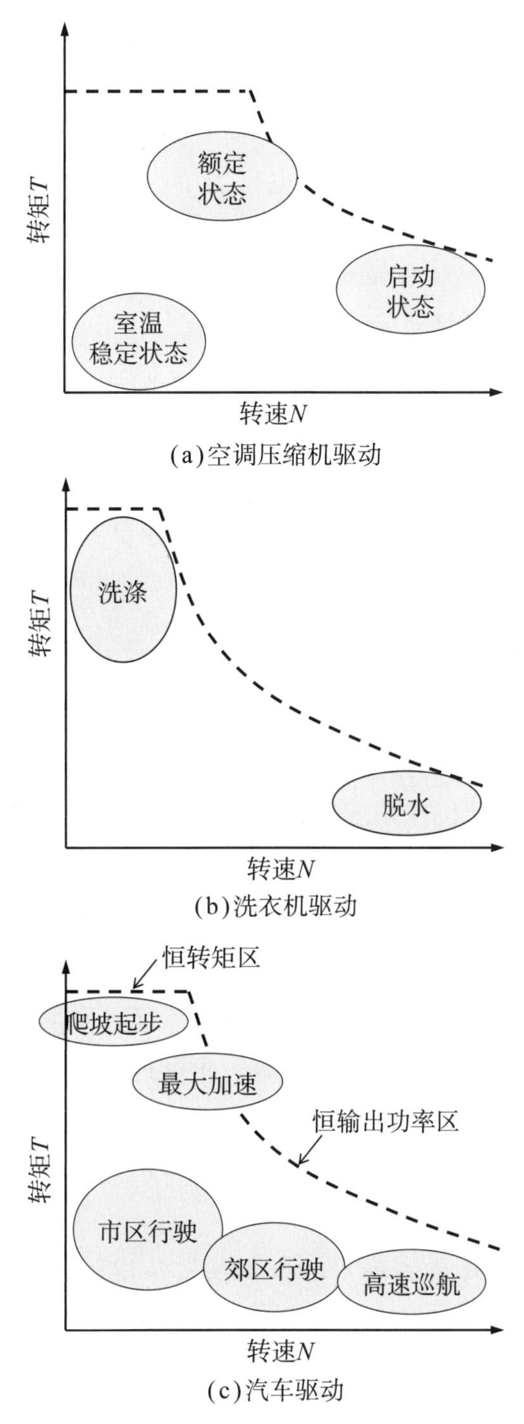

图1.3　特定用途电机的工作区

1.1.3　电机与控制器

为了满足图1.3所示各种应用所需的特性，首先要做的是电机选型并进行最优设计。电机方面有小型、轻量、高效、免维护等需求，永磁同步电机（permanent magnet synchronous motor，PMSM）满足这些需求，是广泛应用的节能高效电机。PMSM在形状和设计方面有很高的自由度，适合特定用途，方便内置于设备中。此外，在普通工业电机当中，感应电机是主流。但需要更高效率的情况下，同步磁阻电机（synchronous reluctance motor，SynRM）在后感应电机时代备受关注。本书将PMSM和SynRM皆视为同步电机（synchronous motor，SM），统一讲解驱动系统。

对于最优设计的电机，电机驱动系统是最大限度地提升电机性能的关键。交流电机驱动以逆变器驱动为基础，但根据电机的转速、转矩等指令值，以及传感器检测到的电流、位置和速度信息，控制逆变器开关的控制器结构不尽相同。本书将详细介绍对同步电机（PMSM、SynRM）速度和转矩进行高性能和高效率控制的电流矢量控制和直接转矩控制。

1.1.4　机械系统的运动控制

本书将围绕电机驱动系统，就最大限度地提高电机性能的控制方法及具体系统结构进行说明。尽管电机有各种用途，但通常用作电动执行器，根据上位控制器的指令，实现电机驱动机械系统的转速和旋转角度的快速跟随。

如图1.4所示的多关节机器人，有多个电机驱动关节。控制目的是根据上位控制器指令或外部施加的力，高速、稳定地操作机器人各关节的角度、机械臂的位置和轨迹。对此，需要伺服驱动器精确、高速地控制各关节电机的转矩、转速和旋转角度（位置）。同步电机的转矩控制可以通过本书介绍的电流矢量控制或直接转矩控制来实现。控制电机转速和旋转角度进而控制机械臂运动（移动速度或位置），被称为运动控制（motion control）。如果可以根据指令值精确地控制电机的转速和旋转角度，就可以利用轨迹生成指令协同控制所有关节，从而控制机器人整体的动作。

本书还将介绍转矩控制系统。电机驱动系统可以看作转矩发生器（相当于图1.4中的转矩控制单元和电机），进行速度、位置控制系统设计。转矩的响应特性取决于电机控制器设计，指令转矩T^*和实际转矩T的关系可以用一阶滞后系统近似表示为

$$G_T(s)=\frac{T}{T^*}=\frac{\omega_T}{s+\omega_T}=\frac{1}{T_T s+1} \tag{1.1}$$

式中，ω_T和T_T（$=1/\omega_T$）分别为转矩控制系统的交越角频率（截止角频率）和时间常数。

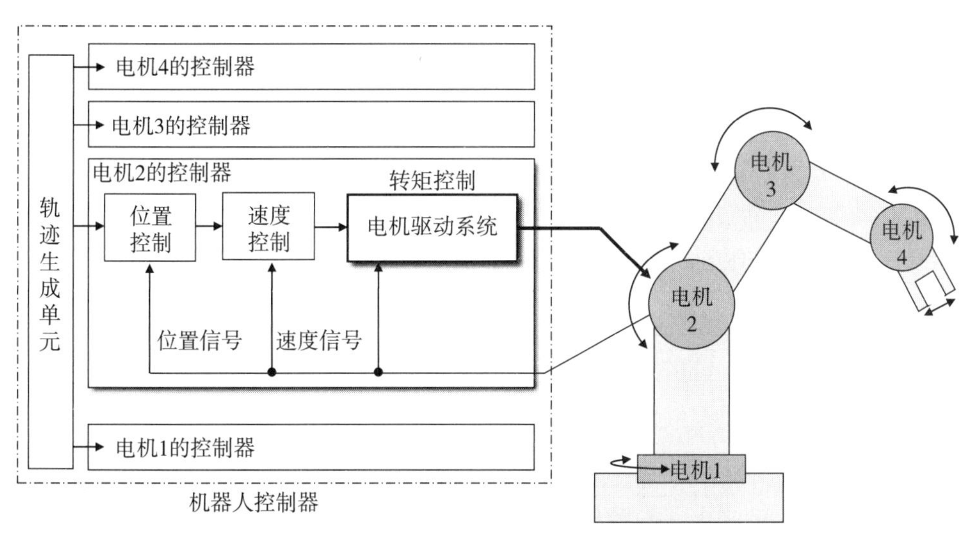

图1.4　多关节机器人的电机控制系统

如果转矩控制系统的响应足够快，则包含电机驱动负载在内的机械系统控制（转速和位置控制）如图1.5所示，由速度控制系统和位置控制系统组成，可以根据各种控制理论设计控制器。在图1.5所示的位置控制系统中，位置反馈环内有速度反馈环，再往内是转矩控制系统，像这样的控制结构被称为“级联控制”。如果内环的响应速度（交越角频率）是外环的10倍以上，那么设计外环控制器时可以忽略内环的响应。电机控制通常是这样的级联控制。如有条件构建转矩控制系统，则速度和位置控制系统可以自由设计，请参考控制系统和控制器设计的相关专业书籍。

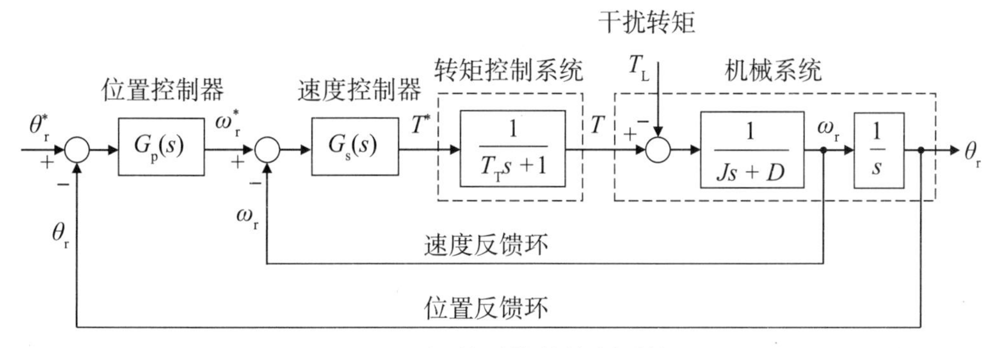

图1.5　机械系统的控制系统

1.2　电机驱动系统组成部分与各章的对应关系

本节将概述图1.1所示电机驱动系统的各组成部分，并说明它们与本书各章的对应关系。图1.6所示为本书的研究对象——同步电机驱动系统，图中注明了本书对应的章号。

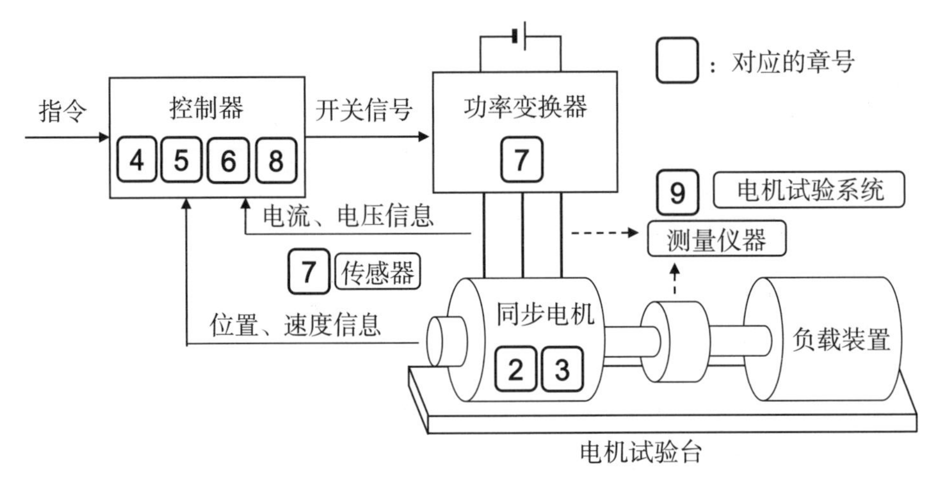

图1.6　同步电机驱动系统

● 同步电机

如前所述，本书研究的是节能、高效的永磁同步电机（PMSM）和同步磁阻电机（SynRM），前者常用于节能家用电器、混合动力汽车和电动汽车等，后者则作为替代感应电机的工业电机而广受关注。

PMSM和SynRM作为控制对象，第2章将介绍它们的基本结构和转矩产生原理等基础知识。第3章将推导同步电机的数学模型，这对于电机特性分析、控制方法研究和控制系统设计都是不可或缺的。理解第3章的数学模型是构建本书所述电机驱动系统的关键。

● 控制器

着眼于同步电机的控制方法，本书将详细讲解电流矢量控制和直接转矩控制，分别展示使用具体电机参数计算出的特性图、模拟结果和实机测试结果。

电流矢量控制系统的基本结构如图1.7所示。电流矢量控制一般要在旋转坐标系d–q坐标上构建控制系统，用转子位置信息进行坐标变换。这是因为d–q坐标上的电流和电压是直流量，控制系统设计会变得简单。首先，根据速度和转矩的指令以及检测到的速度和电流信息，生成d、q轴电流的指令值（电流指令生成单元）。电流指令值的生成方法是决定电机运转特性的关键。电流控制单元通过电流反馈控制产生电压指令值，使实际电流跟随电流指令值。PWM电路根据电压指令值产生开关信号，控制逆变器。第4章将具体说明电流矢量控制系统的电流指令生成方法以及电流反馈控制。

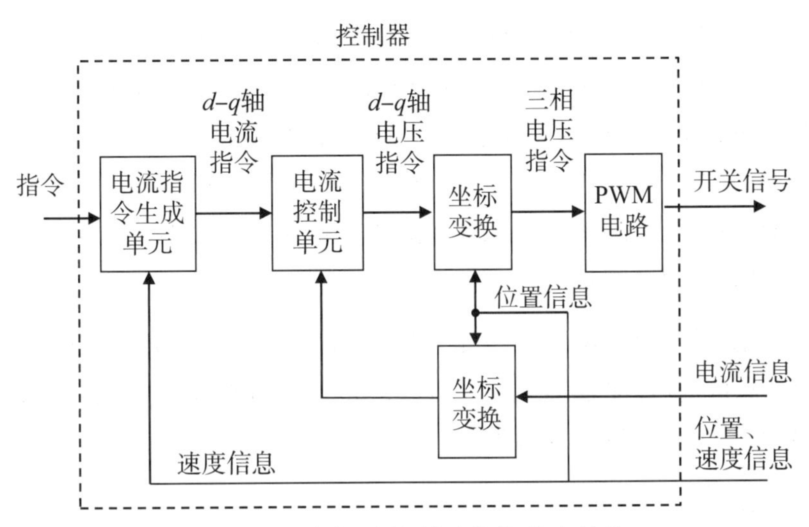

图1.7 电流矢量控制系统的基本结构

同步电机控制几乎都需要位置信息，一般会使用位置传感器。安装在电机侧的位置传感器既有安装空间和成本的问题，又有使用环境复杂以及噪声干扰传感器信号的问题，所以无传感器控制是大势所趋。事实上，各种无传感器控制方法已在研究和实际应用中屡见不鲜。第5章将介绍电流矢量控制系统中的无位置传感器控制，并给出具体实例。

直接转矩控制系统中控制器的基本结构如图1.8所示。直接转矩控制的特点

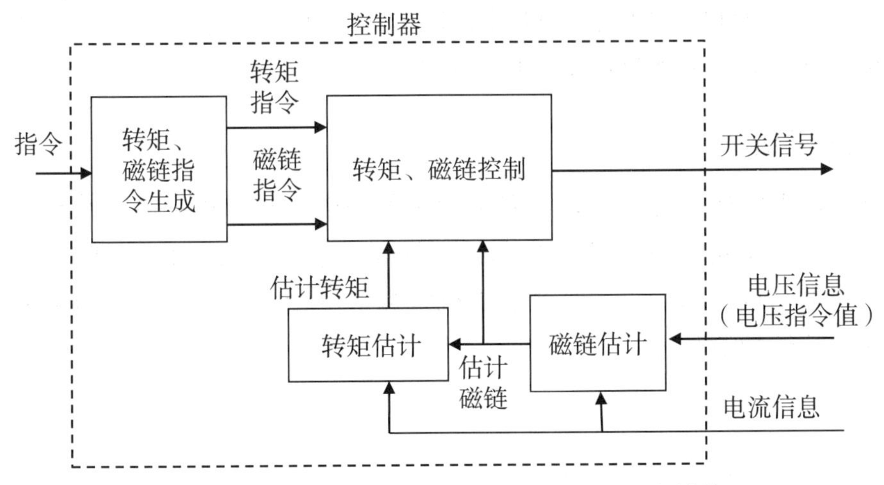

图1.8 直接转矩控制系统中控制器的基本结构

是，指令值输入为转矩、磁链指令，根据电压、电流信息估计磁链和转矩，在此基础上产生开关信号。与电流矢量控制不同，直接转矩控制不直接控制电流。直接转矩控制一般在静止坐标系α-β坐标上进行控制，因此不需要转子位置信息。

转矩、磁链控制单元的结构大致分为两种。一种是典型的开关表式，根据转矩、磁链的指令值与估计值之间的偏差直接生成开关信号，不像电流矢量控制系统那样生成电压指令值。另一种以与电流矢量控制系统相同的方式生成电压指令，通过PWM电路生成开关信号。这种根据转矩指令与估计转矩的偏差以及磁链指令生成指令磁链矢量，并由此生成电压指令值的方式，在本书中被称为RFVC[1] DTC。第6章将详细介绍直接转矩控制系统的控制思路以及开关表式DTC与RFVC DTC的系统构建。

上述各种控制一般使用微处理器或数字信号处理器（DSP）进行数字控制，控制算法都是通过程序来实现的。第8章将介绍数字控制系统的基本结构，以及控制系统数字化的方法和注意事项。

● 功率变换器

在调速交流电机驱动系统中，将直流电源转换为可变电压、可变频率电源的功率变换器是关键单元，其结构和控制方法也有多种。本书的重心是电机控制，电机驱动系统中常用的功率变换器是电压型三相逆变器。第7章将介绍逆变器的结构、调制方式等。

● 传感器

实现高性能控制的前提是掌握电机的运转状态，诸如电流和电压信息（电气量），转子的位置和速度信息（机械量）。第7章将立足于利用传感器进行电机驱动系统设计，介绍检测这些信息的传感器。

● 电机测试系统

电机驱动系统构建完成后，需要进行实际的电机驱动和控制，并利用电机测试台和测量仪器对电机本身的特性和控制性能进行测量与评价。第9章将介绍电机测试系统的结构与初始设置方法、电机常数的测量方法，以及常用于电机性能评价的基本特性的测量方法。

1）Reference Flux Vector Calculation，参考磁链矢量计算。

参考文献

[1] 森本茂雄, 真田雅之. 省エネモータの原理と設計法. 科学情報出版, 2013.
[2] 武田洋次, 松井信行, 森本茂雄, 本田幸夫. 埋込磁石同期モータの設計と制御. オーム社, 2001.
[3] 松瀬貢規. 電動機制御工学. 電気学会, 2007.
[4] 百目鬼英雄. 電動モータドライブの基礎と応用. 技術評論社, 2010.
[5] 森本雅之. EE Textパワーエレクトロニクス. オーム社, 2010.
[6] 堀洋一, 大西公平. 制御工学の基礎. 丸善, 1997.
[7] 堀洋一, 大西公平. 応用制御工学. 丸善, 1998.
[8] 山本重彦, 加藤尚武. PID制御の基礎と応用. 朝倉書店, 1997.

第2章
永磁同步电机与同步磁阻电机的基础知识

本章疏理本书的控制对象——永磁同步电机（PMSM）与同步磁阻电机（SynRM）的基础知识。首先，对比其他电机说明PMSM与SynRM的概要及特征。其次，介绍交流电机的定子绕组、PMSM与SynRM各种转子的结构，并在此基础上讲解转矩产生原理。

2.1　电机的种类和基本结构

2.1.1　电机的种类

电机种类多种多样，可以根据电源、转矩产生原理、结构等进行分类。图2.1所示为以电源为基础，同时考虑转矩产生原理和结构的电机分类。虽然电机的种类繁多，但近年来采用电机驱动器进行调速驱动已是主流，且驱动器上的逆变器等功率变换器大多由微处理器等进行数字控制。

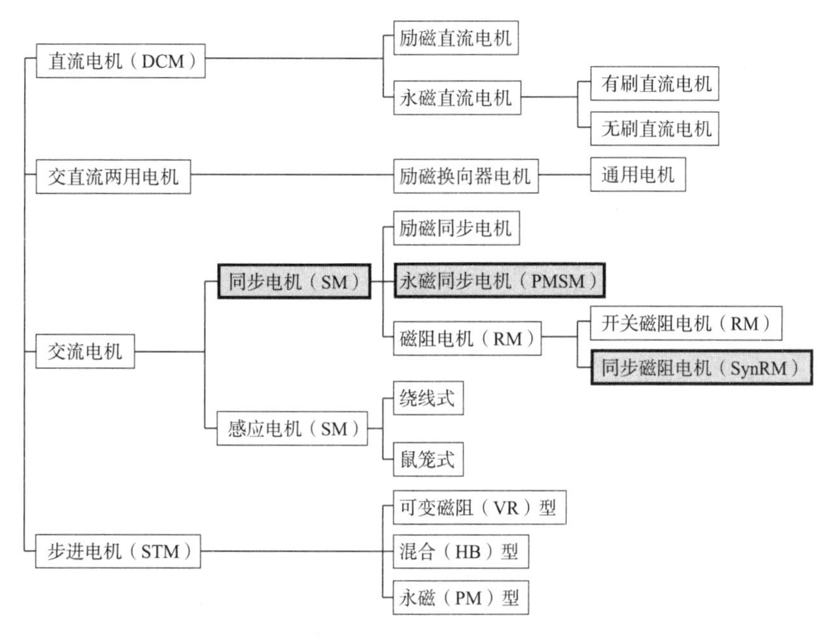

图2.1　电机的分类

表2.1给出了由逆变器驱动的中小型电机的分类，典型的电机截面如图2.2所示。表2.1是从驱动控制系统的角度，根据驱动电源的波形（正弦波和非正弦波）、是否需要转子位置信息等进行分类。首先，电机主要分为同步电机和异步电机两大类，前者的转子随绕组电流产生的磁场变化同步旋转；其次，看控制是否需要转子位置信息，以及驱动波形是否为正弦波。

异步电机中的感应电机（induction motor，IM）如图2.2(e)所示，由正弦波驱动，不需要转子位置信息；但是，应用矢量控制等进行高精度转矩控制和速度控制时需要速度信息。同步电机可分为具有永磁体的永磁同步电机（PMSM）和没有永磁体的磁阻电机（reluctance motor，RM）。步进电机（stepper motor，STM）的旋转与绕组电流的切换是同步的，所以也归类为同步电机。永磁同步电机和磁阻电机的控制需要转子位置信息，而步进电机不需要。

在PMSM中，采用120° 导通等非正弦方波驱动的电机被称为无刷直流电机，以区别于正弦波驱动的PMSM。正弦波驱动的PMSM根据转子的永磁体配置方式，又分为永磁体贴在转子表面的表面式永磁同步电机（surface permanent magnet synchronous motor，SPMSM）和永磁体埋入转子内部的内置式永磁同步电机（interior permanent magnet synchronous motor，IPMSM），分别如图2.2(a)和图2.2(b)所示。

磁阻电机还可分为正弦波驱动的同步磁阻电机（synchronous reluctance motor，SynRM）和非正弦波驱动的开关磁阻电机（switched reluctance motor，SRM），分别如图2.2(c)和图2.2(d)所示。本书中，主要控制对象是SPMSM、IPMSM和SynRM，它们都是利用转子位置信息进行正弦波驱动的同步电机。而且，将SPMSM与PMSM统称为PMSM，将PMSM与SynRM统称为同步电机。

表 2.1　逆变器驱动的中小型电机的分类

<table>
<tr><th colspan="2" rowspan="2">类　别</th><th colspan="2">需要转子位置信息</th><th colspan="2">无需转子位置信息</th><th rowspan="2">永磁体</th></tr>
<tr><th>正弦波驱动</th><th>非正弦波驱动</th><th>正弦波驱动</th><th>非正弦波驱动</th></tr>
<tr><td rowspan="4">同步电机</td><td rowspan="2">永磁同步电机（PMSM）</td><td>表面式永磁同步电机（SPMSM）</td><td rowspan="2">无刷直流电机（BLDCM）</td><td rowspan="2">自启动永磁同步电机</td><td rowspan="2"></td><td>有</td></tr>
<tr><td>内置式永磁同步电机（IPMSM）</td><td>有
有</td></tr>
<tr><td>磁阻电机（RM）</td><td>同步磁阻电机（SynRM）</td><td>开关磁阻电机（SRM）</td><td></td><td></td><td></td></tr>
<tr><td>步进电机（STM）</td><td></td><td></td><td></td><td>VR 型步进电机
HB 型步进电机
PM 型步进电机</td><td>
有
有</td></tr>
<tr><td>异步电机</td><td>感应电机（IM）</td><td></td><td></td><td>鼠笼式感应电机</td><td></td><td></td></tr>
</table>

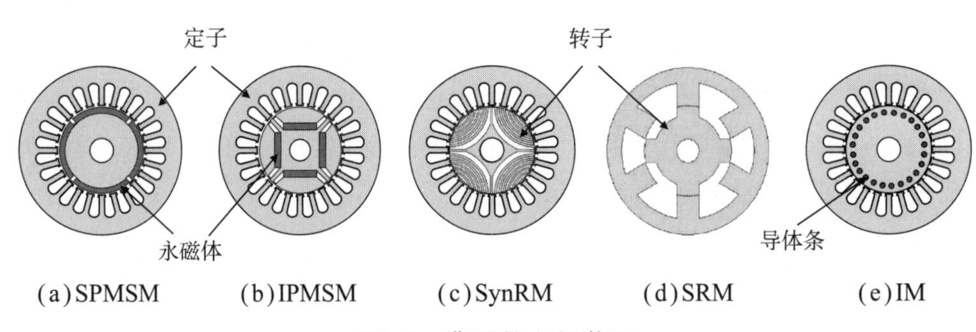

图2.2　典型的电机截面

2.1.2　定子结构及旋转磁场

电机的基本结构如图2.3所示。其中，图2.3(b)和图2.3(c)所示为垂直于旋转轴的平面切割的截面图。一般而言，电机的截面是相同的形状，绕组嵌在定子槽中。图2.3(c)所示为间隔2π/3rad配置三相绕组（U-U′为U相绕组、V-V′为V相绕组、W-W′为W相绕组）的6槽定子示意图。这种各相间隔2π/3rad配置的绕组被称为三相对称绕组。交流电机的定子绕组基本上都是三相对称绕组，一般采用各相绕组的尾端U′、V′、W′结为一点的星形接法，本书中的定子绕组亦是如此。

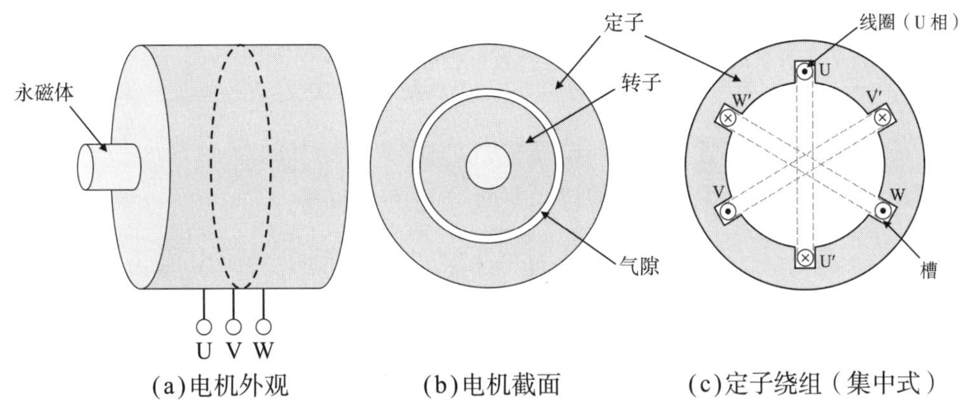

(a)电机外观　(b)电机截面　(c)定子绕组（集中式）

图2.3　电机的基本结构

假设绕组通电时，磁通势在气隙中产生的磁通密度的空间分布呈正弦波，U、V、W各相的绕组电流$i_U = i_V = i_W = I$时，各相电流产生的磁通密度矢量$\boldsymbol{B}_U$、$\boldsymbol{B}_V$、$\boldsymbol{B}_W$如图2.4(a)所示，方向上相互间隔2π/3。当各相通正电流（流入U、V、W端子的方向为正）时，如图2.4(b)所示，三相对称绕组可表示为绕组轴方向（磁通密度矢量方向）的线圈。

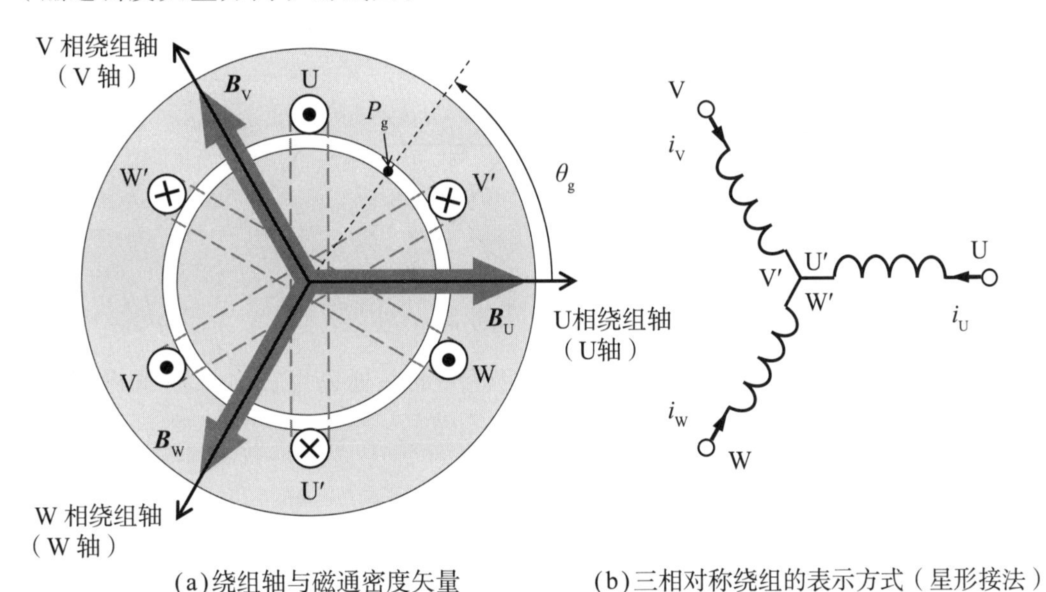

(a)绕组轴与磁通密度矢量　(b)三相对称绕组的表示方式（星形接法）

图2.4　三相对称绕组与磁通密度（$i_U = i_V = i_W = I$时）

结合绕组配置，各相电流i_U、i_V、i_W产生的磁通密度的空间分布可用下式表示：

$$\left.\begin{aligned} \boldsymbol{B}_U(\theta_g) &= Ki_U\cos\theta_g \\ \boldsymbol{B}_V(\theta_g) &= Ki_V\cos\left(\theta_g - \frac{2\pi}{3}\right) \\ \boldsymbol{B}_W(\theta_g) &= Ki_W\cos\left(\theta_g - \frac{4\pi}{3}\right) = Ki_w\cos\left(\theta_g + \frac{2\pi}{3}\right) \end{aligned}\right\} \tag{2.1}$$

式中，K为磁路、绕组匝数等决定的常数；θ_g为气隙中任意位置P_g与基准轴（U相绕组轴）的夹角（rad），参照图2.4(a)。

接下来，看一下三相绕组流过满足下式的平衡三相交流电流（图2.5）时，磁通密度的空间分布情况。

$$\left.\begin{aligned} i_U &= I\cos\omega t \\ i_V &= I\cos\left(\omega t - \frac{2\pi}{3}\right) \\ i_W &= I\cos\left(\omega t - \frac{4\pi}{3}\right) = I\cos\left(\omega t + \frac{2\pi}{3}\right) \end{aligned}\right\} \tag{2.2}$$

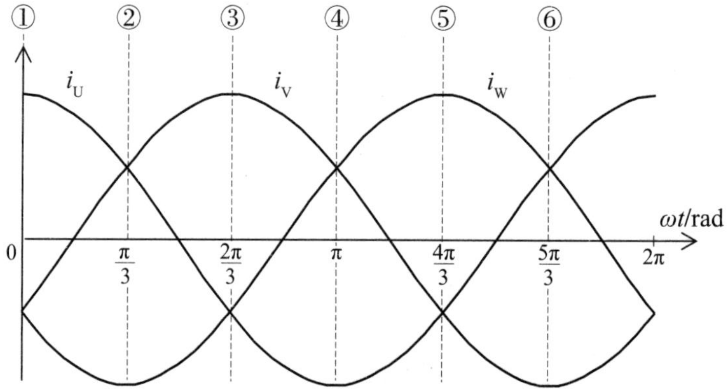

图2.5　平衡三相交流电流

将式（2.2）代入式（2.1）可得各绕组产生的磁通密度，合成后就得到了表示磁通密度分布的下式：

$$
\begin{aligned}
\boldsymbol{B}(\theta_g) &= \boldsymbol{B}_U(\theta_g) + \boldsymbol{B}_V(\theta_g) + \boldsymbol{B}_W(\theta_g) \\
&= KI\cos\theta_g \cos(\omega t) + KI\cos\left(\theta_g - \frac{2\pi}{3}\right)\cos\left(\omega t - \frac{2\pi}{3}\right) \\
&\quad + KI\cos\left(\theta_g - \frac{4\pi}{3}\right)\cos\left(\omega t - \frac{4\pi}{3}\right) \\
&= \frac{3}{2}KI\cos(\theta_g - \omega t)
\end{aligned}
\tag{2.3}
$$

合成磁通密度分布也呈正弦波，磁通密度最大的位置（磁通密度矢量方向）为$\theta_g = \omega t$，随着时间的推移而移动（旋转）。图2.6所示为图2.5中时刻①～⑥的合成磁通密度矢量$\boldsymbol{B}$。磁通密度矢量$\boldsymbol{B}$的大小固定，逆时针旋转，这被称为旋转磁场，旋转角速度即同步角速度ω_s（rad/s）。如图2.7所示，旋转磁场可等效为磁极的旋转。

前面说过，每相定子绕组在空间上间隔π[图2.3(c)、图2.4(a)]，形成N、S两极（图2.7）。这种电机被称为2极电机，绕组极数为2，极对数$P_n = 1$。

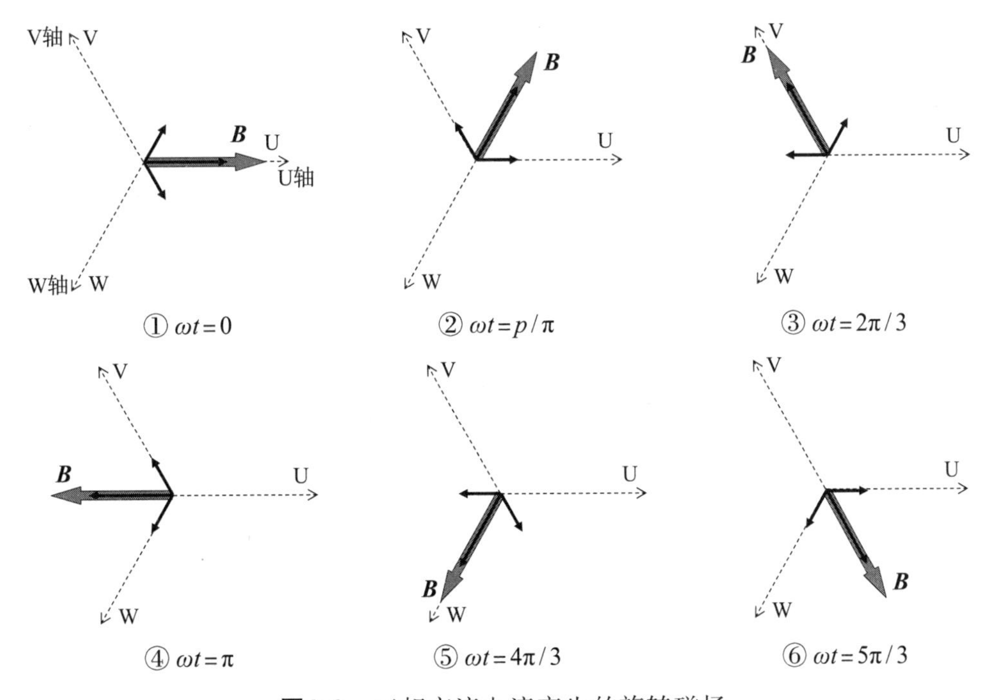

图2.6 三相交流电流产生的旋转磁场

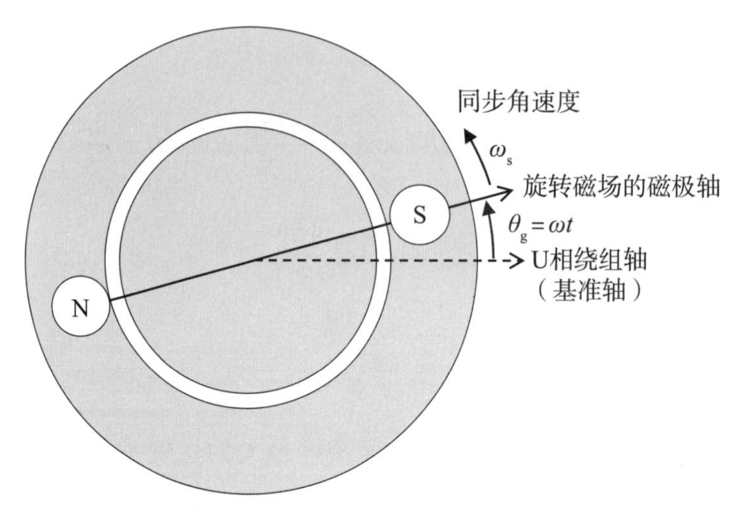

图2.7　旋转磁场的等效（对极电机）

相应的，如图2.8(a)所示，每相定子绕组在空间上间隔π/2（如U_1-U_1'-U_2-U_2'）形成图2.8(b)所示的4极，则极数为4，极对数$P_n=2$，这样的电机被称为4极电机。

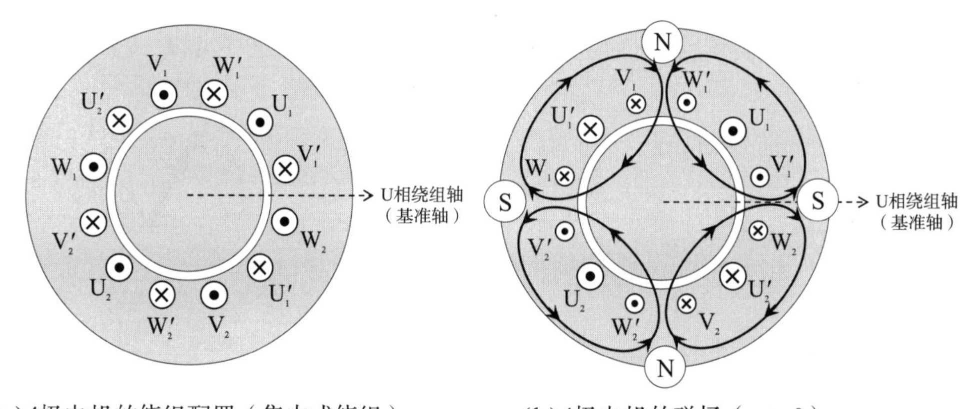

(a)4极电机的绕组配置（集中式绕组）　(b)4极电机的磁场（$\omega t=0$）

图2.8　4极电机的绕组配置与磁场

像这样改变绕组的绕制方式可以形成$2P_n$极。由此，用$P_n\theta_g$置换式（2.3）中的θ_g，磁通密度的空间分布可表示为

$$\boldsymbol{B}(\theta_g)=\frac{3}{2}KI\cos(P_n\theta_g-\omega t) \tag{2.4}$$

旋转磁场的旋转角速度（同步角速度）ω_s（rad/s）的一般表达式为

$$\omega_s=\frac{\omega}{P_n} \tag{2.5}$$

也就是说，同步角速度是电源角速度ω（电角速度）的极对数分之一。同步角速度ω_s对应同步电机的转旋角速度（机械角速度），如下文所述。另外，电机转速一般不用角速度表示，而是表示为每分钟转数N（r/min）或每秒钟转数n（r/s）。电源频率f（$=\omega/2\pi$）下的同步转速可用下式计算：

$$N=\frac{60f}{P_n},\quad n=\frac{f}{P_n} \tag{2.6}$$

简单起见，之前只针对图2.3(c)、图2.4(a)所示的集中式绕组进行了说明。但是，为了使气隙中的磁通密度分布接近正弦波，一般采用分布式绕组。图2.9所示为4极电机的分布式绕组定子示例。请注意，该截面图只显示了U相绕组。分布式绕组定子多用于包括感应电机在内的交流电机，相比之下，图2.10所示的集中式绕组定子越来越多地用于有小型化、扁平化、低铜损需求的电机。需要注意的是，这种集中式绕组不同于前述集中式绕组，图2.8(a)所示集中式绕组是线圈节距为π/P_n（4极电机为$\pi/2$）的整节距集中式绕组，而图2.10所示集中式绕组是短节距集中式绕组。PMSM普遍使用短节距集中式绕组定子，相关文献中提及的“集中式绕组”一般代指短节距集中式绕组。

对比图2.9和图2.10可知，集中式绕组定子的线圈端部长度更小，绕组电阻更小，铜损更小。此外，轴向尺寸减小，有利于电机的小型化。这些优势在扁平电机上更为突出。与分布式绕组相比，集中式绕组更容易绕制，使用分体式铁心还可以进一步提高绕组占空系数。但是，集中式绕组也存一些问题，如永磁体磁通量的有效利用率低、磁阻转矩小、磁通量谐波含量高导致铁损大，以及转矩脉动、振动、噪声增大等。集中式绕组定子在小型化、减小铜损、提高效率方面优势明显，常用于空调、冰箱压缩机的驱动电机等。

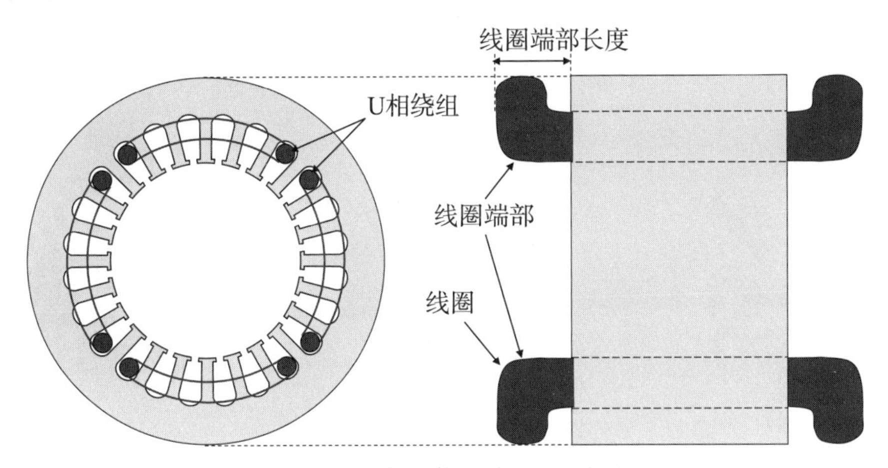

图2.9　分布式绕组定子（4极）

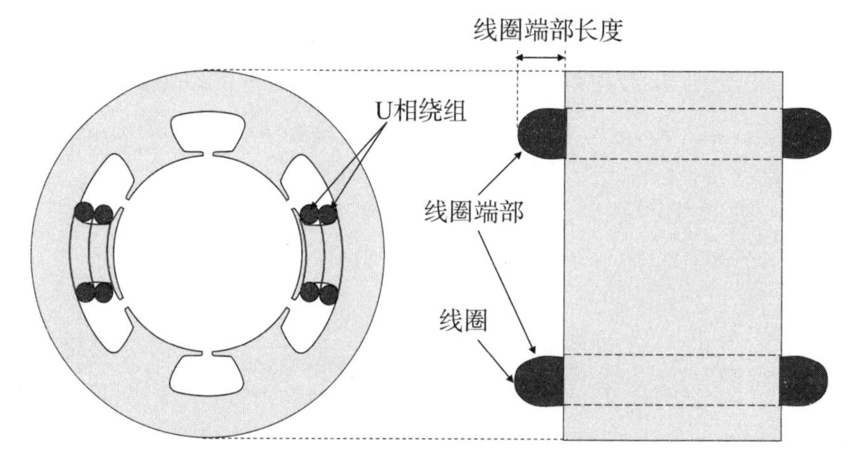

图2.10　集中式绕组（短节距）定子（4极）

2.1.3　转子结构

以永磁同步电机（PMSM）为例，其转子结构说明如下。

PMSM使用永磁体构成转子磁极，考虑到永磁体配置和形状的自由度，结构多种多样。图2.11所示为PMSM的典型转子结构（4极）。其中，永磁体磁场的

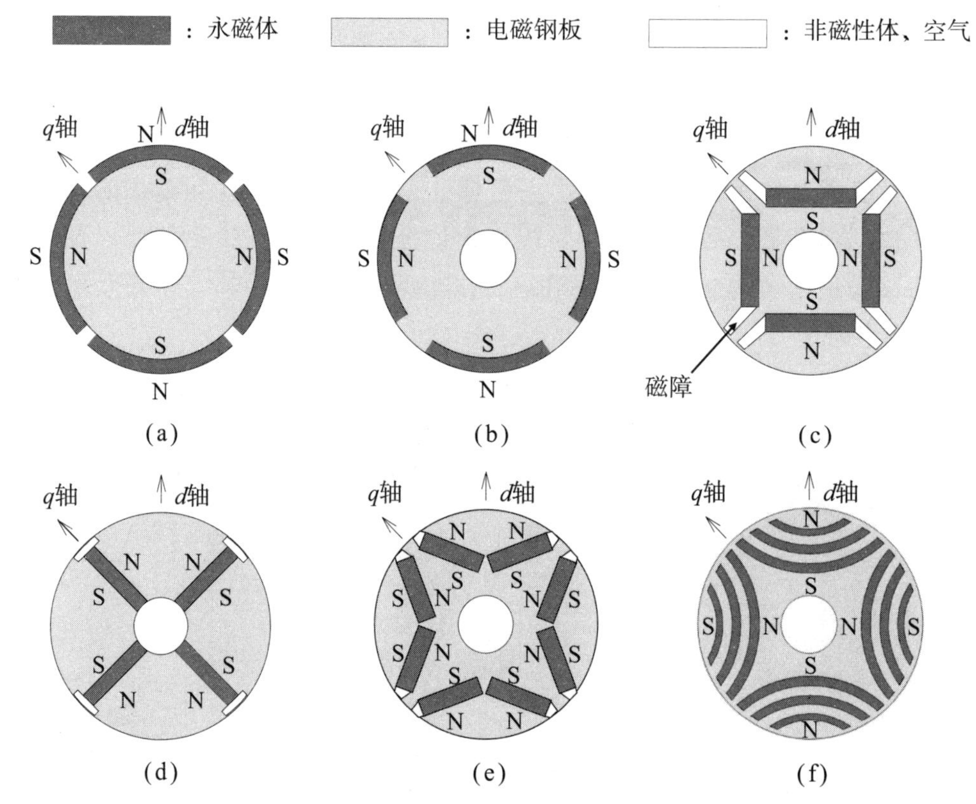

图2.11　永磁同步电机的典型转子结构（4极）

磁通量方向为d轴（direct axis，纵轴），从d轴前进π/2电角（逆时针旋转，本书视为正转）就是q轴（quadrature axis，横轴）。在4极电机中，从d轴前进π/4机械角就是q轴。

如前所述，永磁同步电机可以分为永磁体贴在转子表面的表面式永磁同步电机（SPMSM）和永磁体埋在转子内部的内置式永磁同步电机（IPMSM）。图2.11(b)所示SPMSM的永磁体嵌在铁心表面凹部，被称为嵌入式SPMSM，其磁特性与图2.11(a)所示SPMSM不同。另外，高速SPMSM为了防止永磁体因离心力作用而飞出，通常会在永磁体外周设置非磁性体保护环（不锈钢或玻璃纤维）。

图2.11(c)～图2.11(f)所示IPMSM由于永磁体配置的自由度很高，还有其他各种结构。IPMSM的永磁体埋在转子内部的永磁体插孔中，具备很高的机械强度。此外，转子表面是叠层电磁钢板，比SPMSM转子表面（永磁体或不锈钢环）的涡流损耗小得多。但是，由于永磁体磁通量被永磁体端部的铁心短路，电枢绕组交链磁通减小。为了防止这种情况出现，永磁体端部一般会设置磁障（隔磁槽），如图2.11(c)～图2.11(e)所示。

永磁体的相对磁导率为1.05～1.20，与真空磁导率差不多。因此，图2.11所示转子永磁体部分的磁阻可视为与空气等效。图2.11(a)所示SPMSM，从定子绕组看到的磁阻不随转子位置变化，是电感恒定的非凸极电机。图2.11(b)～图2.11(f)所示转子结构中，磁阻随转子位置变化。在图2.11(c)所示转子结构中，U相绕组通电时的主磁通路径如图2.12所示。d轴方向的磁路中有磁导率几乎与空气相等的永磁体，磁阻大；而q轴方向的磁路中没有永磁体，磁阻小。因此，电感随转子的旋转角度（位置）变化而变化。

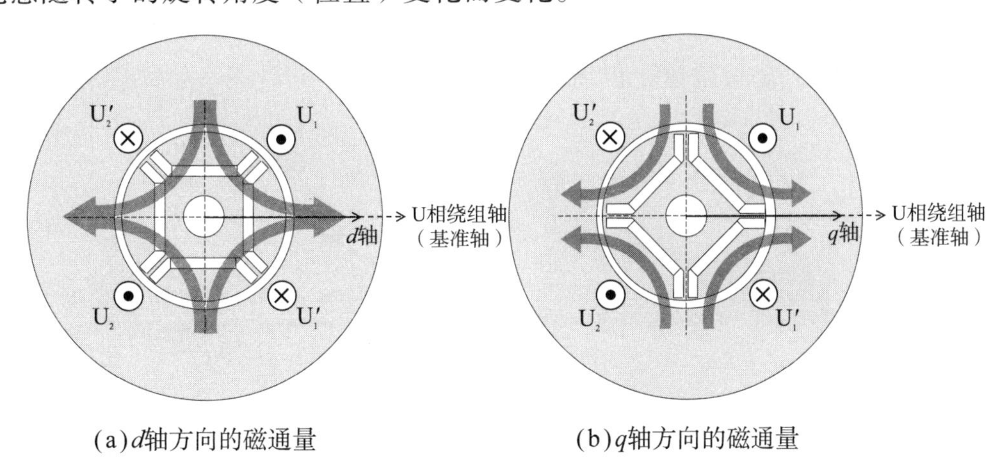

(a) d轴方向的磁通量　　(b) q轴方向的磁通量

图2.12　IPMSM转子内部的主磁通路径

当U相绕组轴与d轴重合时[图2.12(a)]，U相绕组的自感L_U最小；当U相绕组轴与q轴重合时[图2.12(b)]，L_U最大。这里，设U相绕组轴从d轴逆时针旋转（正转）电角θ（rad），则L_U随转子位置的变化如图2.13所示。另外，本书假设L_U呈正弦波变化。

三相绕组可以等效转换为与转子同步旋转的d轴绕组和q轴绕组，详见第3章。d轴等效绕组在转子d轴上，q轴等效绕组在转子q轴上，它们的电感分别为L_d和L_q。图2.13所示IPMSM的d轴、q轴电感的关系为$L_d<L_q$，图2.11(b)～图2.11(f)所示结构全都有$L_d<L_q$的凸极性。绕组励磁型凸极同步电机$L_d>L_q$，上述永磁同步电机具有相反的凸极性，故被称为反凸极电机。一般情况下，IPMSM是$L_d<L_q$的反凸极电机，但根据转子的铁心形状和永磁体配置，也有可能是$L_d>L_q$的凸极电机。

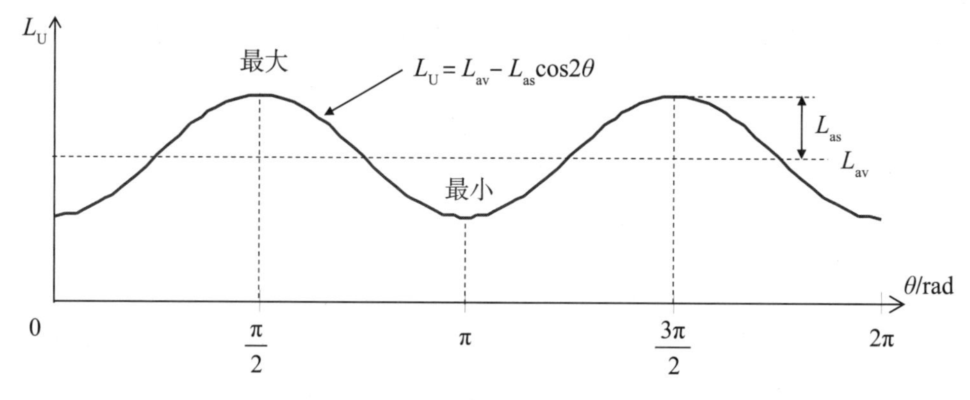

图2.13　U相自感随转子位置的变化

去除嵌入式SPMSM和IPMSM等具有凸极性的PMSM的永磁体，就得到了没有永磁体磁通量和凸极性的同步磁阻电机（SynRM）。SynRM的凸极性（转子位置引起的磁阻差之比）越强，越有利于高转矩化、高功率因数化。于是，如何提高凸极性就成了转子结构研究的重点。SynRM的典型转子结构如图2.14所示。SynRM转子不含永磁体，仅由铁心构成，依赖转子结构，如铁心和非磁性

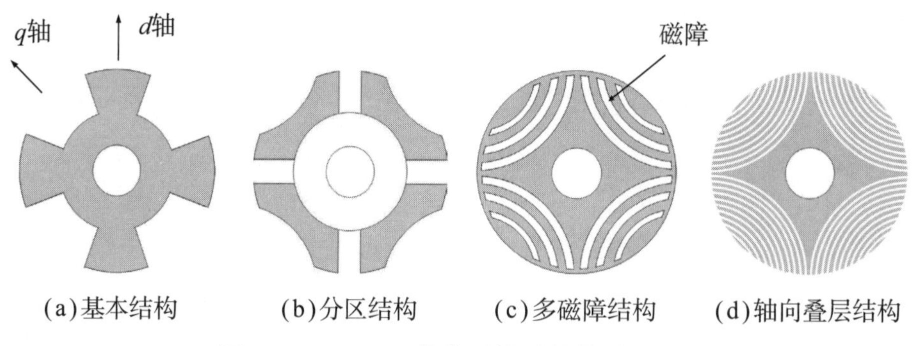

(a)基本结构　(b)分区结构　(c)多磁障结构　(d)轴向叠层结构

图2.14　SynRM的典型转子结构（4极）

体（空气）的配置产生凸极性。一般将SynRM转子磁阻最小的方向定义为d轴，因此d轴、q轴电感的关系为$L_d > L_q$。图2.14(d)所示的轴向叠层结构可以最大限度地提高d轴、q轴电感比L_d/L_q，但由于制造困难，实际多采用图2.14(c)所示的多层磁障结构。

2.2 转矩产生原理

如前所述，当同步电机定子的三相对称绕组中流过平衡三相交流电流时，就会产生旋转磁场，等效于N极、S极以同步速度旋转（参见图2.7）。

图2.15(a)所示为非凸极永磁同步电机（2极）模型。当非凸极永磁体以同步速度ω_s旋转时，永磁体磁极和旋转磁场磁极相吸或相斥，从而产生转矩。这里，将旋转磁场旋转方向（逆时针方向）的转矩定义为正转矩。转矩的大小取决于旋转磁场的磁极轴与d轴（场磁极的方向）的夹角α（rad）。当$\alpha = 0$时，转矩在稳定平衡点为0；当$\alpha = \pi$时，转矩在不稳定平衡点为0；当$\alpha = \pi/2$时，转矩为最大值；当$\alpha = -\pi/2$时，转矩为最小值（负最大值）。这里，假设转矩为$\sin\alpha$的函数，则转矩特性如图2.15(b)所示。这种由旋转磁场和永磁体磁通量产生的转矩被称为电磁转矩T_m。有效产生电磁转矩的条件是，保持$\alpha = \pi/2$。为此，需要检测转子的位置（d轴），控制电枢电流，使旋转磁场的磁极轴位于$\alpha = \pi/2$的位置。4.3节将介绍的$\dot{I}_d = 0$控制就是这样的控制方法。

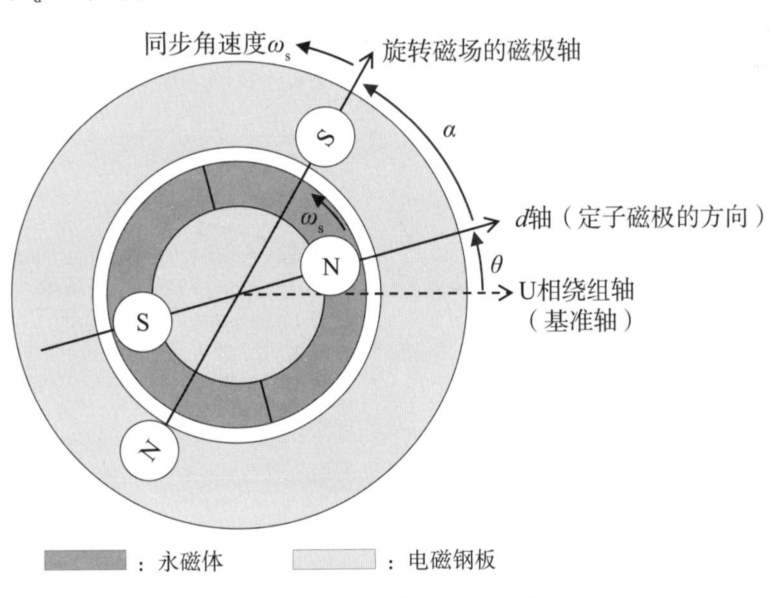

(a)非凸极永磁同步电机（2极）

图2.15　非凸极永磁同步电机的转矩产生

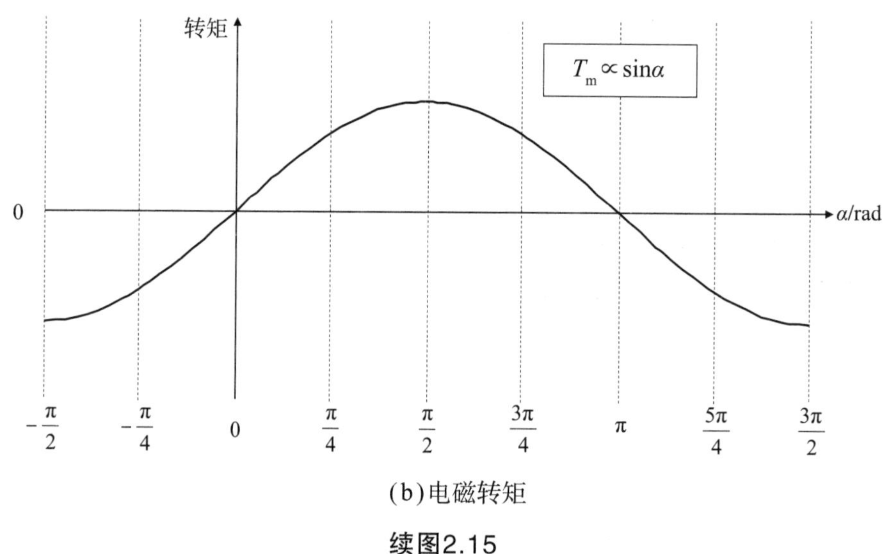

(b)电磁转矩

续图2.15

接下来，看看转子为凸极结构的同步磁阻电机（SynRM）模型（2极），如图2.16(a)所示。如前所述，SynRM中磁阻最小的方向为d轴。当凸极转子以同步速度旋转时，d轴被旋转磁场的磁极吸引而产生转矩。当$\alpha = 0$或$\alpha = \pi$时，转矩在稳定平衡点为0；当$\alpha = \pi/2$或$\alpha = 3\pi/2$时，转矩在不稳定平衡点为0；当$\alpha = \pi/4$时，转矩为最大值；当$\alpha = -\pi/4$时，转矩为最小值（负最大值）。这里，假设转矩为$\sin 2\alpha$的函数，则转矩特性如图2.16(b)所示。这种转子磁阻随转动角度变化的凸极转子与旋转磁场之间产生的转矩被称为磁阻转矩T_r。

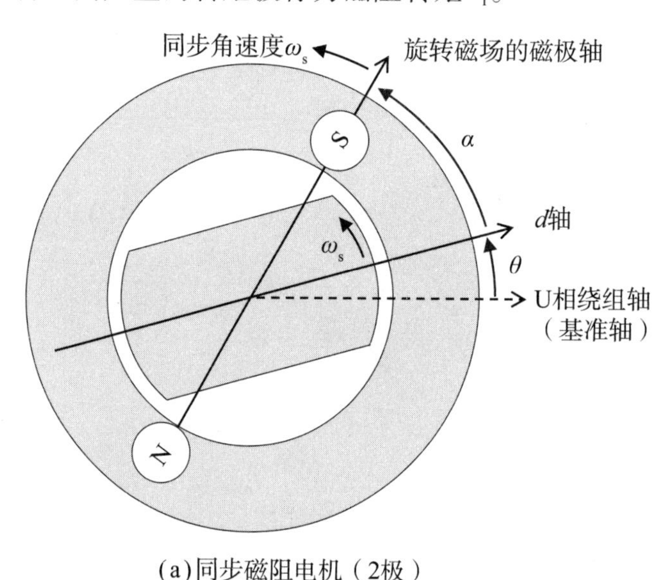

(a)同步磁阻电机（2极）

图2.16　同步磁阻电机（凸极转子、无永磁体）的转矩产生

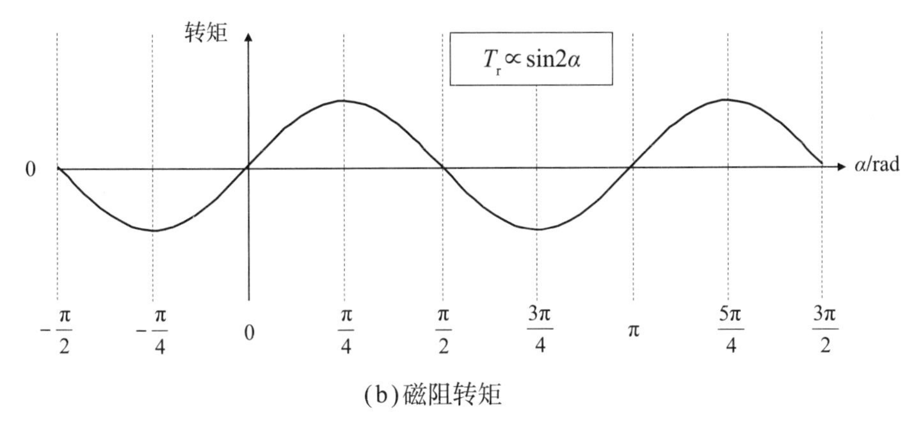

(b)磁阻转矩

续图2.16

考虑图2.16(a)所示的凸极转子带永磁体的情况。这里，将永磁体的N极方向定义为d轴（参照PMSM）。图2.17(a)所示为d轴方向磁阻最小的情况，对应凸极（$L_d > L_q$）永磁同步电机；图2.18(a)所示为d轴方向磁阻最大的情况，对应反凸极（$L_d < L_q$）永磁同步电机。凸极永磁同步电机的转矩特性如图2.17(b)所示，其转矩为图2.15(b)所示电磁转矩与图2.16(b)所示磁阻转矩之和。而常见的嵌磁体同步电机是反凸极永磁同步电机，由于d轴方向的磁阻最大，所以磁阻转矩与夹角α的关系如图2.18(b)所示，相位与图2.17(b)所示相差π/2。

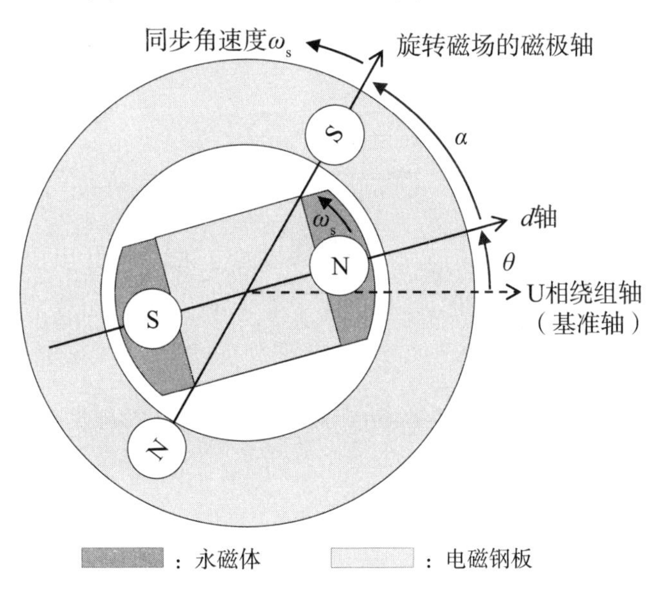

(a)凸极永磁同步电机

图2.17　凸极永磁同步电机的转矩产生

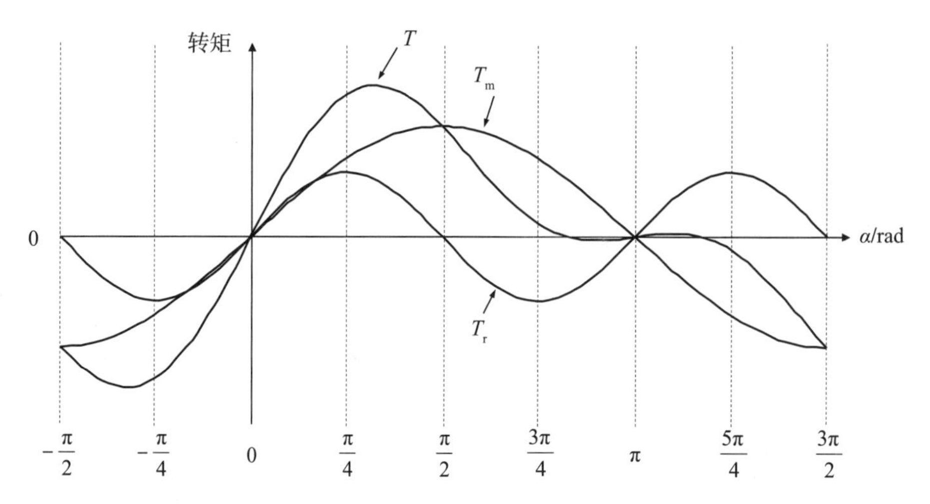

(b)凸极永磁同步电机的转矩特性

续图2.17

具有凸极性的永磁同步电机除了利用电磁转矩，还可以利用磁阻转矩。在恒电流下获得最大转矩的夹角α，凸极永磁同步电机（$L_d>L_q$）的范围为$\pi/4<\alpha<\pi/2$，反凸极永磁同步电机（$L_d<L_q$）的范围为$\pi/2<\alpha<3\pi/4$。为了有效利用这两个转矩，须适当控制α，绕组电流的相位控制十分重要。这里，α相当于3.3.1节介绍的电流矢量从d轴前进的相位角。

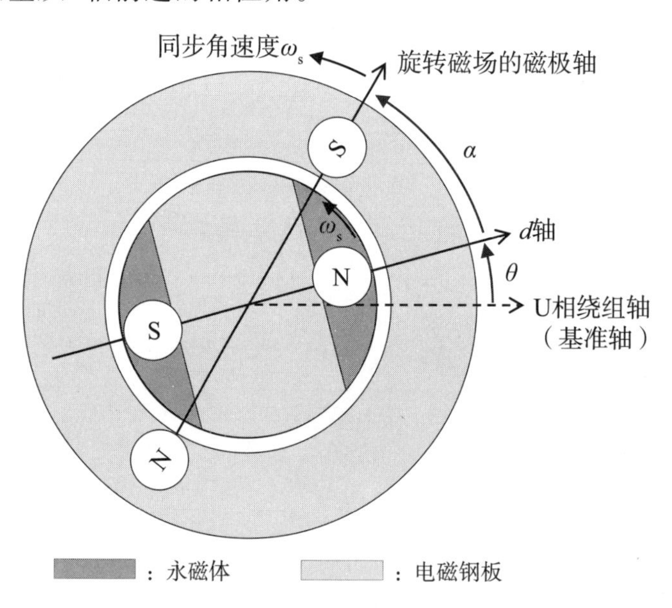

(a)反凸极永磁同步电机

图2.18　反凸极永磁同步电机的转矩产生

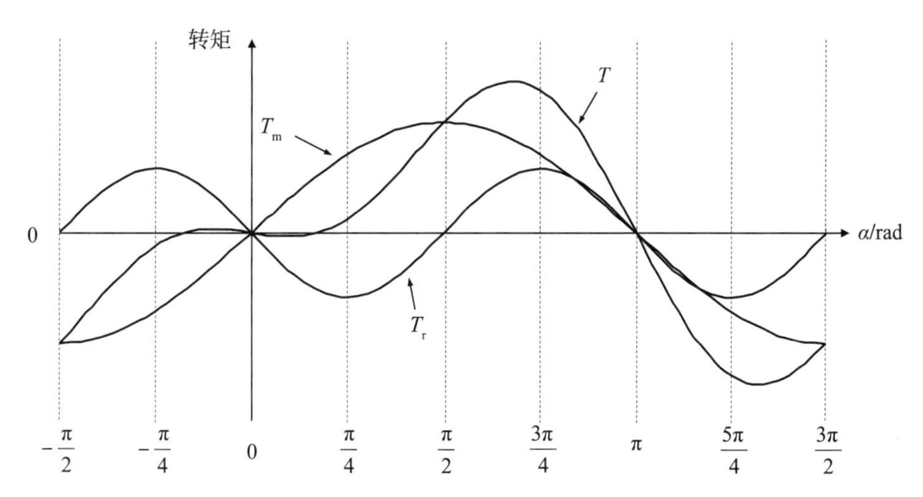

(b)反凸极永磁同步电机的转矩特性

续图2.18

综上所述，具有凸极性的同步电机（IPMSM和SynRM）会产生电磁转矩和磁阻转矩，它们的比例取决于电机结构，特别是转子结构。典型转子结构的电磁转矩和磁阻转矩的大致比例如图2.19所示。非凸极PMSM（I区）只利用电磁转矩，而反凸极电机可以同时利用电磁转矩和磁阻转矩（II区、III区）。同步磁阻电机不使用永磁体，凸极性依赖转子结构设计，故只利用磁阻转矩（IV区）。IPMSM得益于多层永磁体或多层磁障结构，d轴方向和q轴方向的电感差变大（凸极性增强），故磁阻转矩占比增大。此外，在同步磁阻电机的磁障中插入永磁体，除了磁阻转矩，还可以获得电磁转矩。这种磁阻转矩占比很大，辅以永磁体的电机有时也被称为永磁辅助式同步磁阻电机（permanent magnet assisted synRM，PMASynRM）。

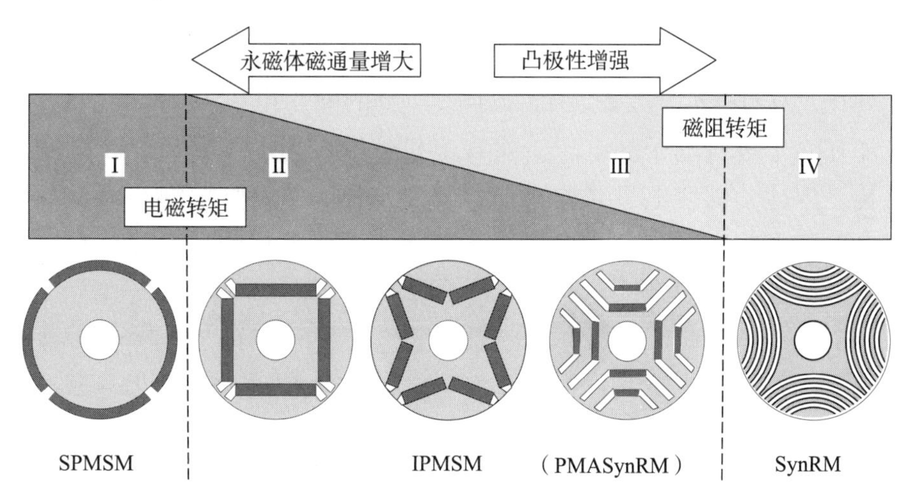

图2.19 典型转子结构的电磁转矩和磁阻转矩的大致比例

表2.2归纳了同步电机按定子结构、转子结构、电感和永磁体磁链随位置的变化，以及转矩产生原理的分类。虽然分布式绕阻定子或集中式绕组定子与各种转子相结合可以构成各种同步电机，但集中式绕组定子不适用于通过增强凸极性来增大磁阻转矩的电机，如图2.11(f)所示。另外，SynRM基本上使用分布式绕组定子。

表 2.2 同步电机按结构和转矩产生原理分类

项 目	SPMPM	IPMSM	SynRM
定子结构	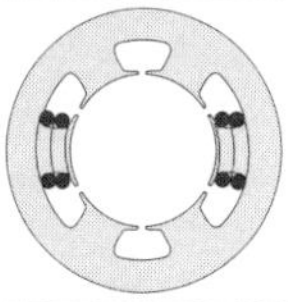	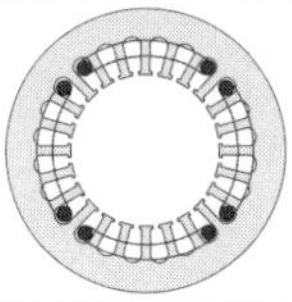	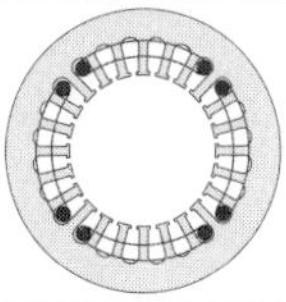
转子结构	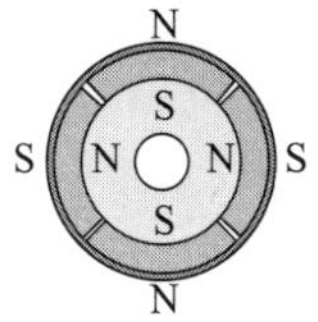		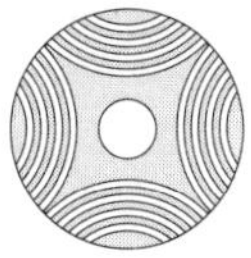
电感、永磁体磁链随位置的变化	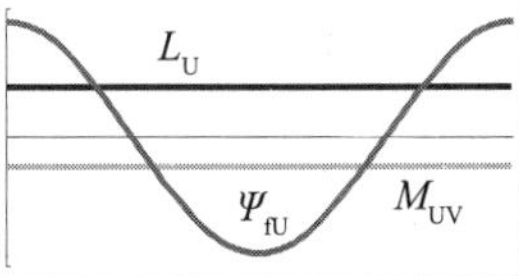	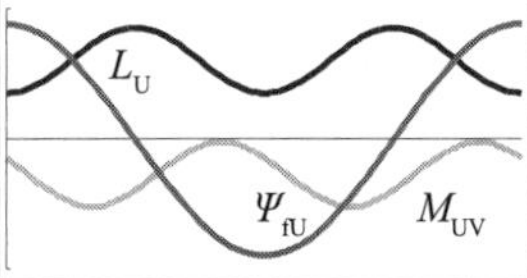	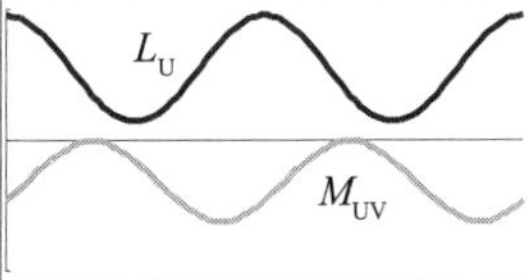
转矩产生原理	永磁体引起的电枢磁链变化（电磁转矩）	永磁体引起的电枢磁链变化（电磁转矩）+ 自感和互感的变化（磁阻转矩）	自感和互感的变化（磁阻转矩）

到目前为止，所述电机都是转子置于定子内的内转子电机，但永磁同步电机的结构自由度高，转子置于定子外的外转子电机也很常见。此外，还有旋转轴方向有气隙的轴向气隙电机。

尽管同步电机的定子和转子有上述各种结构，但电机外部只有U、V、W三个端子，如图2.3(a)所示。也就是说，本书涉及的同步电机控制，归根结底是适当控制施加在三个电机端子的电压，实现电机位置、速度、转矩的高精度控制和高效率运转。因此，即使电机结构未知，只要掌握了其数学模型和模型参数，就可以实现电机的高效率、高性能控制。下一章将围绕电机的特性分析和控制，介绍各种同步电机的数学模型。

参考文献

[1] 電気学会. 電気機器学. 電気学会, 1985.
[2] 森本茂雄, 真田雅之. 省エネモータの原理と設計法. 科学情報出版, 2013.
[3] リラクタンストルク応用電動機の技術に関する調査専門委員会. リラクタンストルク応用モータ. 電気学会, 2016.
[4] 武田洋次, 松井信行, 森本茂雄, 本田幸夫. 埋込磁石同期モータの設計と制御. オーム社, 2001.
[5] 松瀬貢規. 電動機制御工学. 電気学会, 2007.
[6] 松井信行. 省レアアース・脱レアアースモータ. 日刊工業新聞社, 2013.
[7] 日立製作所総合教育センタ技術研修所. わかりやすい小形モータの技術. オーム社, 2002.
[8] 堀洋一, 正木良三, 寺谷達夫. 自動車用モータ技術. 日刊工業新聞社, 2003.

第3章 永磁同步电机与同步磁阻电机的数学模型

交流电机的特性分析、控制方法研究和控制系统设计，都离不开电机数学模型。本章先推导存在物理三相绕组的电机模型，然后利用坐标变换推导出各种直角坐标系的电机模型。典型的直角坐标系有α-β静止坐标系、与转子同步旋转的d-q旋转坐标系。d-q旋转坐标系模型通常用作控制系统设计模型，因为它将同步电机的电压和电流作为直流量处理，这对于理解本书的内容非常重要。此外，本章还将介绍包含α-β坐标系和d-q坐标系在内的任意直角坐标系的电机模型，以及着眼于电枢磁链以磁链矢量为基准的M-T坐标系模型。这些模型是理解后续各章所述控制方法的基础。在本章中，虽然控制方法等的讨论以不考虑电机空间谐波和磁饱和的理想电机模型为基础，但在章末也简要介绍了考虑谐波和磁饱和等情况的电机模型。

3.1 坐标变换

3.1.1 什么是坐标变换

电机中与电、磁有关的物理量（状态变量）有电压、电流、磁通量。如前章所述，磁通量在电机截面的二维平面上呈空间分布，假设该空间分布为正弦波，那么它可以表示为空间矢量。某一瞬间的磁通量矢量$\boldsymbol{\phi}$如图3.1所示。磁通量矢量$\boldsymbol{\phi}$是由U、V、W三相对称绕组电流产生的磁通量矢量（$\boldsymbol{\phi}_{\mathrm{U}}$、$\boldsymbol{\phi}_{\mathrm{V}}$、$\boldsymbol{\phi}_{\mathrm{W}}$）的合成矢量，可以用任意直角坐标系（图3.1中的$\gamma$-$\delta$坐标系）表示。此外，产生磁通量的三相绕组的电压和电流不呈空间分布，但可以联系三相绕组与电机截面的物理空间（图2.4所示绕组配置），将它们作为电压矢量和电流矢量处理。电压矢量、电流矢量和磁通量矢量一样，可以用任意直角坐标系表示。

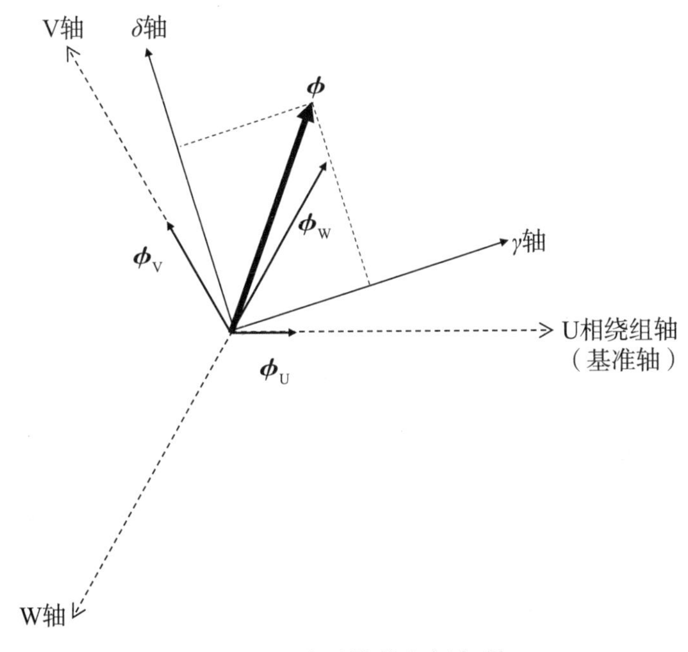

图3.1 磁通量的空间矢量

在分析和控制带三相绕组的交流电机时，与直接处理三相坐标系中实际存在的三相绕组的电压、电流、磁链相比，处理直角坐标系中等效电压、电流、磁链简单得多，在研究控制法时更具预见性。这种不同坐标系的转换被称为坐标变换。

电机的电气系统模型一般表示为下述电路方程（电压方程）：

$$\boldsymbol{v}=\boldsymbol{Z}\boldsymbol{i} \tag{3.1}$$

式中，v为电压矢量；$\boldsymbol{Z}$为阻抗矩阵；$\boldsymbol{i}$为电流矢量。

在此，使用变换矩阵$\boldsymbol{C}$进行任意坐标系的坐标变换：

$$\boldsymbol{C}v=\boldsymbol{CZi}=\boldsymbol{CZC}^{-1}\boldsymbol{Ci} \tag{3.2}$$

式中，$\boldsymbol{C}^{-1}$为$\boldsymbol{C}$的逆矩阵。

坐标变换后的电路方程为

$$\boldsymbol{v}'=\boldsymbol{Z}'\boldsymbol{i}' \tag{3.3}$$

式中，$\boldsymbol{v}'=\boldsymbol{Cv}$；$\boldsymbol{Z}'=\boldsymbol{CZC}^{-1}$；$\boldsymbol{i}'=\boldsymbol{Ci}$。

坐标变换前后的功率（瞬时功率）P_{W}和P_{W}'分别为

$$P_{\mathrm{W}}=\boldsymbol{i}^{\mathrm{T}}\boldsymbol{v} \tag{3.4}$$

$$P_{\mathrm{W}}'=\boldsymbol{i}'^{\mathrm{T}}\boldsymbol{v}'=(\boldsymbol{Ci})^{\mathrm{T}}(\boldsymbol{Cv})=\boldsymbol{i}^{\mathrm{T}}\boldsymbol{C}^{\mathrm{T}}\boldsymbol{Cv} \tag{3.5}$$

式中，$\boldsymbol{i}^{\mathrm{T}}$、$\boldsymbol{C}^{\mathrm{T}}$分别为$\boldsymbol{i}$、$\boldsymbol{C}$的转置。

为了使坐标变换前后功率不变，即$P_{\mathrm{W}}=P_{\mathrm{W}}'$，要让式（3.5）中的$\boldsymbol{C}^{\mathrm{T}}\boldsymbol{C}=1$（单位矩阵），即坐标变换矩阵满足

$$\boldsymbol{C}^{-1}=\boldsymbol{C}^{\mathrm{T}} \tag{3.6}$$

满足上式的矩阵被称为酉矩阵或幺正矩阵，当$\boldsymbol{C}$元素只有实部时被称为正交矩阵。使用酉矩阵的坐标变换被称为绝对变换，本书中的坐标变换都是绝对变换。

3.1.2　坐标变换矩阵

本节主要探讨各种坐标系的关系，如图3.2所示。三相坐标系基于定子三相对称绕组的绕组轴（U轴、V轴、W轴）坐标系，是空间静止坐标系。α-β坐标系是α轴与U轴重合，β轴自α轴前进（逆时针旋转）电角$\pi/2$的直角坐标系，是静止坐标系。三相坐标系至α-β坐标系（静止两相正交坐标系）的变换矩阵$\boldsymbol{C}_1$，根据各坐标轴的位置关系和绝对变换条件可表示为

$$\boldsymbol{C}_1=\sqrt{\frac{2}{3}}\begin{bmatrix} 1 & -\frac{1}{2} & -\frac{1}{2} \\ 0 & \frac{\sqrt{3}}{2} & -\frac{\sqrt{3}}{2} \\ \frac{1}{\sqrt{2}} & \frac{1}{\sqrt{2}} & \frac{1}{\sqrt{2}} \end{bmatrix} \tag{3.7}$$

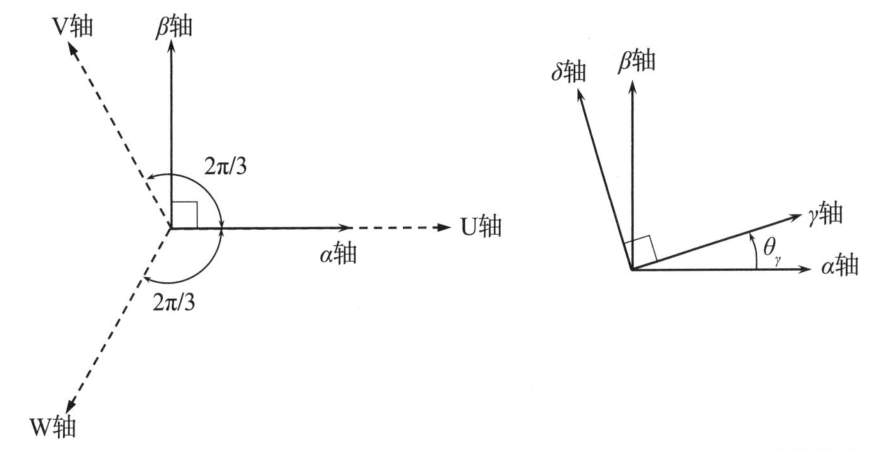

(a) 三相坐标系与α-β坐标系的关系　　(b) α-β坐标系与γ-δ坐标系的关系

图3.2　各种坐标系的关系

这种坐标变换被称为三相-两相变换或α-β变换。例如，三相交流电流i_U、i_V、i_W变换成α-β坐标上的电流i_α、i_β和零相电流i_0：

$$\begin{bmatrix} i_\alpha \\ i_\beta \\ i_0 \end{bmatrix} = \boldsymbol{C}_1 \begin{bmatrix} i_U \\ i_V \\ i_W \end{bmatrix} \tag{3.8}$$

对于三相三线制，$i_U+i_V+i_W=0$，零相电流$i_0=0$。因此，变换矩阵$\boldsymbol{C}_1$的第3行可以省略，变成下式

$$\boldsymbol{C}_2 = \sqrt{\frac{2}{3}} \begin{bmatrix} 1 & -\frac{1}{2} & -\frac{1}{2} \\ 0 & \frac{\sqrt{3}}{2} & -\frac{\sqrt{3}}{2} \end{bmatrix} \tag{3.9}$$

$\boldsymbol{C}_1$、$\boldsymbol{C}_2$的系数$\sqrt{2/3}$是功率不变的绝对变换所必需的。在这种情况下，α-β坐标系的电流、电压幅度是三相坐标系电流、电压幅度的$\sqrt{2/3}$倍。

如图3.2(b)所示，将γ-δ坐标定义为α-β坐标前进任意角度θ_γ（rad）的坐标，则从α-β坐标系至γ-δ坐标系的变换矩阵$\boldsymbol{C}_\gamma$为

$$\boldsymbol{C}_\gamma = \begin{bmatrix} \cos\theta_\gamma & \sin\theta_\gamma \\ -\sin\theta_\gamma & \cos\theta_\gamma \end{bmatrix} \tag{3.10}$$

这里，θ_γ为任意角度，若将其选定为转子位置对应的d轴角度θ，则式（3.10）变为下式：

$$C_3 = \begin{bmatrix} \cos\theta & \sin\theta \\ -\sin\theta & \cos\theta \end{bmatrix} \tag{3.11}$$

这种变换被称为d–q变换。

d–q坐标系是以角速度$\omega = \mathrm{d}\theta/\mathrm{d}t$（rad/s）旋转的旋转坐标系。通常定义$d$轴为磁场轴（主磁通方向），在PMSM中是永磁体N极方向，在SynRM中是转子磁阻最小方向。

一般来说，交流电机的零相电流为0，三相坐标系至d–q坐标系的变换矩阵$\boldsymbol{C}_4$如下：

$$\boldsymbol{C}_4 = \boldsymbol{C}_3\boldsymbol{C}_2 = \sqrt{\frac{2}{3}}\begin{bmatrix} \cos\theta & \cos(\theta - 2\pi/3) & \cos(\theta + 2\pi/3) \\ -\sin\theta & -\sin(\theta - 2\pi/3) & -\sin(\theta + 2\pi/3) \end{bmatrix} \tag{3.12}$$

除了上述绝对变换，还有不改变电流、电压幅度的相对变换。在这种情况下，$\boldsymbol{C}_1$、$\boldsymbol{C}_2$和$\boldsymbol{C}_4$的系数从$\sqrt{2/3}$变成2/3。注意，在α–β坐标系和d–q坐标系中计算出的功率是原三相坐标系中功率（实际功率）的2/3。也就是说，三相交流电机的输出功率、转矩、损耗及其他与功率有关的量，在相对变换后的坐标系（α–β坐标系和d–q坐标系）中计算值须乘以3/2。日本一般使用绝对变换，但欧美多使用相对变换。

作为状态变量的坐标变换例子，由式（3.13）给出三相交流电流，可以求出各坐标系的电流。

$$\begin{bmatrix} i_{\mathrm{U}} \\ i_{\mathrm{V}} \\ i_{\mathrm{W}} \end{bmatrix} = I\begin{bmatrix} \cos(\omega t + \alpha) \\ \cos\left(\omega t - \dfrac{2}{3}\pi + \alpha\right) \\ \cos\left(\omega \mathrm{t} + \dfrac{2}{3}\pi + \alpha\right) \end{bmatrix} \tag{3.13}$$

对于α–β坐标系的电流i_α、i_β，将变换矩阵$\boldsymbol{C}_2$[式（3.9）]用于上式可得：

$$\begin{bmatrix} i_\alpha \\ i_\beta \end{bmatrix} = \boldsymbol{C}_2\begin{bmatrix} i_{\mathrm{U}} \\ i_{\mathrm{V}} \\ i_{\mathrm{W}} \end{bmatrix} = \sqrt{\frac{3}{2}}I\begin{bmatrix} \cos(\omega t + \alpha) \\ \sin(\omega t + \alpha) \end{bmatrix} \tag{3.14}$$

可以看出，幅度为两相交流坐标系的$\sqrt{3/2}$倍。然后，应用变换矩阵$\boldsymbol{C}_3$[式（3.11）]将上式转换为d–q坐标系，并代入$\theta = \omega t$，便可得到d–q坐标系的电流：

$$\begin{bmatrix} i_{\mathrm{d}} \\ i_{\mathrm{q}} \end{bmatrix} = \boldsymbol{C}_3 \begin{bmatrix} i_{\alpha} \\ i_{\beta} \end{bmatrix} = \sqrt{\frac{3}{2}} I \begin{bmatrix} \cos\alpha \\ \sin\alpha \end{bmatrix} \tag{3.15}$$

d–q坐标系电流为直流。

式（3.13）~式（3.15）中，$\alpha = 2\pi/3$时各坐标系的电流波形如图3.3所示。另外，$\omega t = \pi/6$时刻的电流矢量$\boldsymbol{i}_{\mathrm{a}}$如图3.4所示。即使电流矢量$\boldsymbol{i}_{\mathrm{a}}$相同，各坐标轴上电流值也不同。由于$d$–$q$坐标以与电流矢量$\boldsymbol{i}_{\mathrm{a}}$相同的角速度$\omega$旋转，因此$d$–$q$坐标与$\boldsymbol{i}_{\mathrm{a}}$的位置关系不变。也就是说，$d$–$q$坐标系的电流为恒定值（直流）。

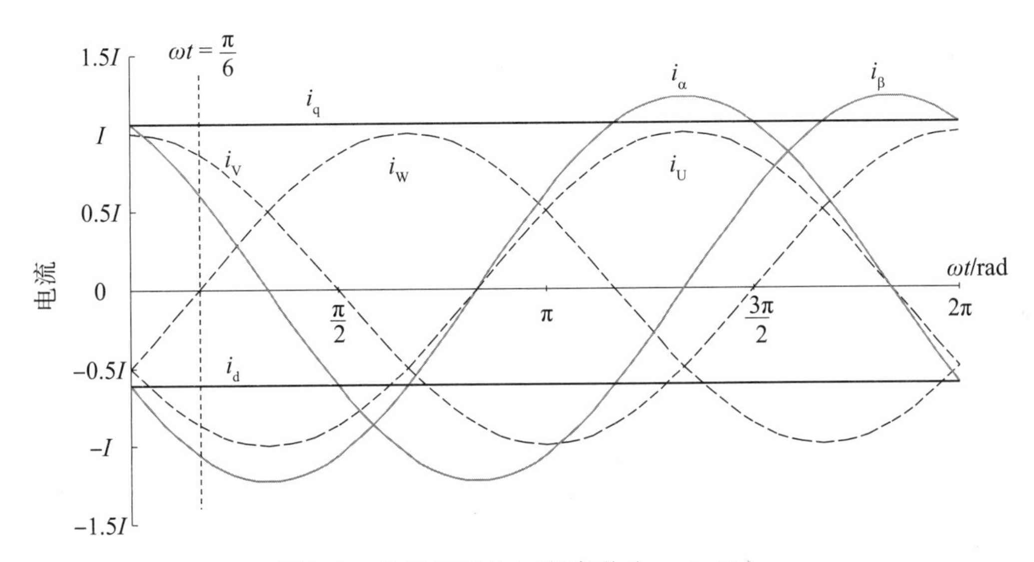

图3.3 各坐标系的电流波形（$\alpha = 2\pi/3$）

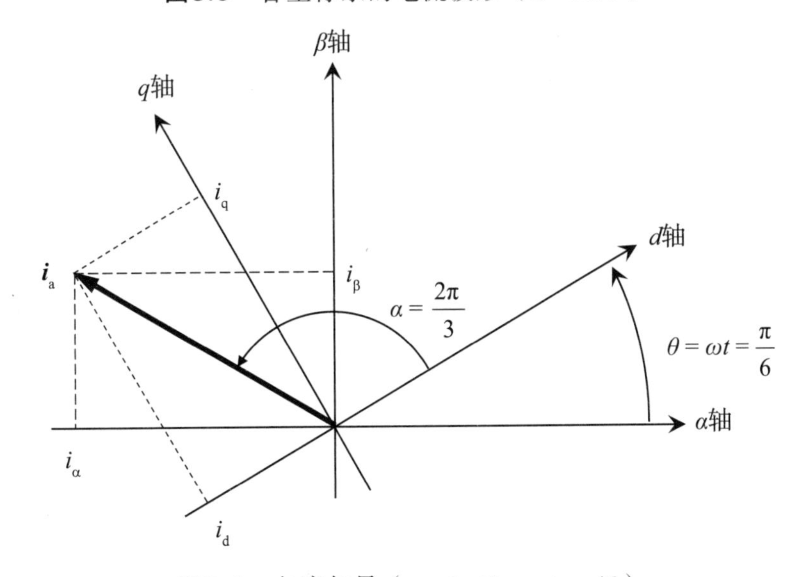

图3.4 电流矢量（$\alpha = 2\pi/3$，$\omega t = \pi/6$）

3.2 静止坐标系模型

3.2.1 三相静止坐标系模型

正如第2章所述，同步电机的结构多种多样，按转矩产生原理可分为有永磁体但无凸极性的非凸极PMSM（SPMSM）、无永磁体但有凸极性的同步磁阻电机（SynRM）、有永磁体且有反凸极性的反凸极PMSM（IPMSM）三种。其中，IPMSM兼具SPMSM和SynRM特征。本章将推导IPMSM的数学模型，通过给IPMSM模型参数赋予特殊条件，展示SPMSM和SynRM的数学模型。

内置式永磁同步电机（反凸极PMSM）三相坐标系等效模型如图3.5所示。下面基于该模型，推导三相静止坐标系的电压方程。

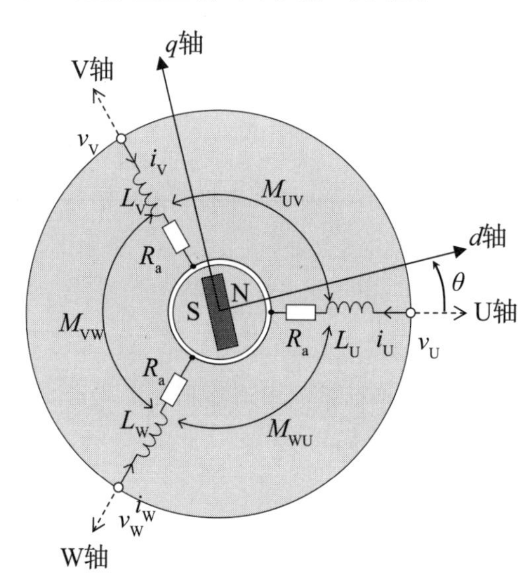

图3.5　IPMSM三相坐标系等效模型

各相电压为绕组电阻引起的电压降与各绕组磁链经时间微分得到的反电动势之和。各相磁链为绕组电流产生的磁链与永磁体产生的磁链之和，表示为下式：

$$\begin{bmatrix} \Psi_U \\ \Psi_V \\ \Psi_W \end{bmatrix} = \begin{bmatrix} L_U & M_{UV} & M_{WU} \\ M_{UV} & L_V & M_{VW} \\ M_{WU} & M_{VW} & L_W \end{bmatrix} \begin{bmatrix} i_U \\ i_V \\ i_W \end{bmatrix} + \begin{bmatrix} \Psi_f \cos\theta \\ \Psi_f \cos\left(\theta - \dfrac{2\pi}{3}\right) \\ \Psi_f \cos\left(\theta + \dfrac{2\pi}{3}\right) \end{bmatrix} \tag{3.16}$$

$$\boldsymbol{\psi}_{s}=\boldsymbol{L}_{s}\boldsymbol{i}_{s}+\boldsymbol{\psi}_{fs} \tag{3.16'}$$

式中，Ψ_U、Ψ_V、Ψ_W分别为U、V、W相电枢磁链（Wb）；i_U、i_V、i_W分别为U、V、W相电枢电流(A)；L_U、L_V、L_W分别为U、V、W相自感（H）；M_{UV}、M_{VW}、M_{WU}分别各相之间的互感（H）；Ψ_f为永磁体产生的每相电枢磁链最大值（Wb）；θ为d轴相对于U轴的进角（电角）（rad）；$\boldsymbol{\psi}_s$为三相静止坐标系的磁链矢量；$\boldsymbol{\psi}_{fs}$为三相静止坐标系的永磁体磁链矢量；$\boldsymbol{i}_s$为三相静止坐标系的电枢电流矢量；$\boldsymbol{L}_s$为三相静止坐标系的电感矩阵。

在具有反凸极性的IPMSM中，如2.1.2节所述，自感和互感随着转子位置θ变化而变化。假设其变化呈正弦波，则有

$$\left.\begin{aligned}L_U&=l_a+L_a-L_{as}\cos 2\theta\\L_V&=l_a+L_a-L_{as}\cos\left(2\theta+\frac{2\pi}{3}\right)\\L_W&=l_a+L_a-L_{as}\cos\left(2\theta-\frac{2\pi}{3}\right)\end{aligned}\right\} \tag{3.17}$$

$$\left.\begin{aligned}M_{UV}&=-\frac{1}{2}L_a-L_{as}\cos\left(2\theta-\frac{2\pi}{3}\right)\\M_{VW}&=-\frac{1}{2}L_a-L_{as}\cos 2\theta\\M_{WU}&=-\frac{1}{2}L_a-L_{as}\cos\left(2\theta+\frac{2\pi}{3}\right)\end{aligned}\right\} \tag{3.18}$$

式中，l_a为每相漏感（H）；L_a为每相有效电感平均值（H）；L_{as}为每相有效电感幅度（H）。

L_{as}是表示凸极性的电感。当$L_{as}>0$时，如式（3.17）所示，U相自感在$\theta=0$（U相绕组轴与d轴重合）时最小。这意味着d轴方向的磁阻最大，呈反凸极电机（IPMSM）特征。相对的，当$L_{as}<0$时，呈凸极电机特征。另外，非凸极电机的$L_{as}=0$，电感与位置无关，为常数。图3.6所示为$L_{as}>0$的反凸极电机的U相自感L_U和U-V相互感M_{UV}。IPMSM具有凸极性，磁阻随转子位置θ变化而变化，电感随2θ的函数变化。在反凸极电机中，d轴方向的磁阻最大，也就是永磁体磁场方向，因此自感在U轴与d轴重合的位置（$\theta=0$）最小。

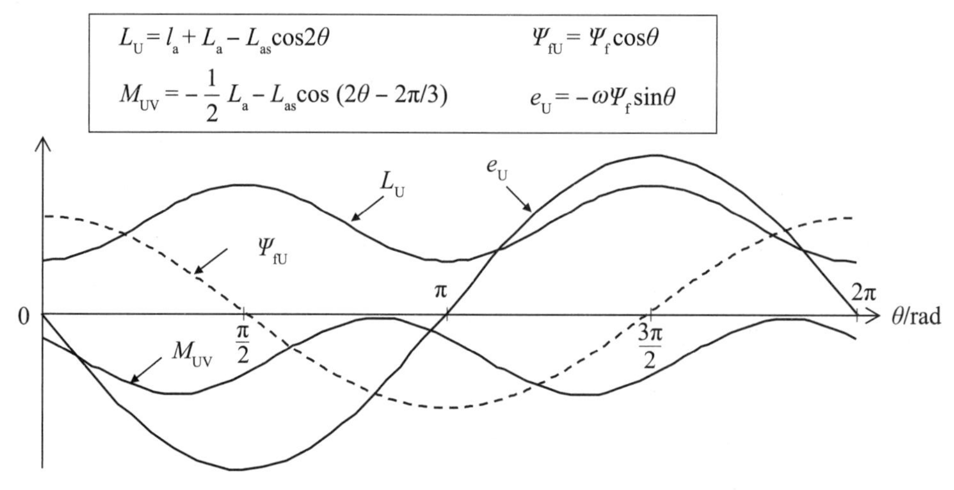

图3.6　电感、永磁体磁链、感应电压的波形

三相绕组的电压是绕组电阻压降与感应电压之和，电压方程如下：

$$
\begin{bmatrix} v_U \\ v_V \\ v_W \end{bmatrix} = R_a \begin{bmatrix} i_U \\ i_V \\ i_W \end{bmatrix} + p \begin{bmatrix} \Psi_U \\ \Psi_V \\ \Psi_W \end{bmatrix}
$$

$$
= R_a \begin{bmatrix} i_U \\ i_V \\ i_W \end{bmatrix} + p \begin{bmatrix} L_U & M_{UV} & M_{WU} \\ M_{UV} & L_V & M_{VW} \\ M_{WU} & M_{VW} & L_W \end{bmatrix} \begin{bmatrix} i_U \\ i_V \\ i_W \end{bmatrix} + \begin{bmatrix} e_U \\ e_V \\ e_W \end{bmatrix} \tag{3.19}
$$

$$
= \begin{bmatrix} R_a + pL_U & pM_{UV} & pM_{WU} \\ pM_{UV} & R_a + pL_V & pM_{VW} \\ pM_{WU} & pM_{VW} & R_a + pL_W \end{bmatrix} \begin{bmatrix} i_U \\ i_V \\ i_W \end{bmatrix} + \begin{bmatrix} e_U \\ e_V \\ e_W \end{bmatrix}
$$

$$
\boldsymbol{v}_s = R_a \boldsymbol{i}_s + p(\boldsymbol{L}_s \boldsymbol{i}_s) + \boldsymbol{e}_s = \boldsymbol{Z}_s \boldsymbol{i}_s + \boldsymbol{e}_s \tag{3.19'}
$$

式中，

$$
\boldsymbol{e}_s = \begin{bmatrix} e_U \\ e_V \\ e_W \end{bmatrix} = \begin{bmatrix} -\omega\Psi_f \sin\theta \\ -\omega\Psi_f \sin\left(\theta - \dfrac{2\pi}{3}\right) \\ -\omega\Psi_f \sin\left(\theta + \dfrac{2\pi}{3}\right) \end{bmatrix} \tag{3.20}
$$

v_U、v_V、v_W分别为U、V、W相的电枢电压（V）；R_a为电枢绕组电阻（Ω）；$p = \mathrm{d}/\mathrm{d}t$，为微分算子；$e_U$、$e_V$、$e_W$分别为永磁体磁通量产生的U、V、W相感应

电压（V）；$\omega = \mathrm{d}\theta/\mathrm{d}t$，为电角速度（rad/s）；$\boldsymbol{v}_\mathrm{s}$为三相静止坐标系的电枢电压矢量；$\boldsymbol{e}_\mathrm{s}$为三相静止坐标系中永磁体磁通量产生的感应电压矢量；$\boldsymbol{Z}_\mathrm{s}$为三相静止坐标系的阻抗矩阵。

图3.6所示为永磁体磁通量产生的U相感应电压e_U与磁链Ψ_fU的时间微分波形，e_U比Ψ_fU的相位超前π/2，幅度大ω倍。

3.2.2 两相静止坐标系（α−β坐标系）模型

利用变换矩阵$\boldsymbol{C}_2$[式（3.9）]，将三相坐标系的电压方程[式（3.19）]转换为两相静止坐标系（α−β坐标系）：

$$\boldsymbol{C}_2\boldsymbol{v}_\mathrm{s}=\boldsymbol{C}_2\boldsymbol{Z}_\mathrm{s}\boldsymbol{i}_\mathrm{s}+\boldsymbol{C}_2\boldsymbol{e}_\mathrm{s}=(\boldsymbol{C}_2\boldsymbol{Z}_\mathrm{s}\boldsymbol{C}_2{}^\mathrm{T})(\boldsymbol{C}_2\boldsymbol{i}_\mathrm{s})+\boldsymbol{C}_2\boldsymbol{e}_\mathrm{s} \tag{3.21}$$

经过计算，可得下式：

$$\begin{bmatrix} v_\alpha \\ v_\beta \end{bmatrix}=\begin{bmatrix} R_\mathrm{a}+p(L_0+L_1\cos 2\theta) & pL_1\sin 2\theta \\ pL_1\sin 2\theta & R_\mathrm{a}+p(L_0-L_1\cos 2\theta) \end{bmatrix}\begin{bmatrix} i_\alpha \\ i_\beta \end{bmatrix} +\omega\Psi_\mathrm{a}\begin{bmatrix} -\sin\theta \\ \cos\theta \end{bmatrix} \tag{3.22}$$

$$\boldsymbol{v}_{\alpha-\beta}=\boldsymbol{Z}_{\alpha-\beta}\boldsymbol{i}_{\alpha-\beta}+\boldsymbol{e}_{\alpha-\beta} \tag{3.22'}$$

式中，

$$L_0=l_\mathrm{a}+\frac{3}{2}L_\mathrm{a}, L_1=-\frac{3}{2}L_\mathrm{as},\ \Psi_\mathrm{a}=\sqrt{\frac{3}{2}}\Psi_\mathrm{f}$$

v_α、v_β分别为电枢电压的α轴、β轴分量；i_α、i_β分别为电枢电流的α轴、β轴分量；$\boldsymbol{v}_{\alpha-\beta}$为$\alpha$−$\beta$坐标系的电枢电压矢量；$\boldsymbol{i}_{\alpha-\beta}$为$\alpha$−$\beta$坐标系的电枢电流矢量；$\boldsymbol{e}_{\alpha-\beta}$为$\alpha$−$\beta$坐标系中永磁体磁通量产生的感应电压矢量；$\boldsymbol{Z}_{\alpha-\beta}$为$\alpha$−$\beta$坐标系的阻抗矩阵。

可以看出，α−β坐标系的电压方程比三相坐标系简单。电感L_1表示凸极性，反凸极电机$L_1<0$。

3.3 旋转坐标系模型

3.3.1 d−q坐标系模型

利用变换矩阵$\boldsymbol{C}_3$[式（3.11）]，将α−β坐标系的电压方程[式（3.22）]转换为d−q坐标系：

$$\boldsymbol{C}_3\boldsymbol{v}_{\alpha-\beta}=\boldsymbol{C}_3\boldsymbol{Z}_{\alpha-\beta}\boldsymbol{i}_{\alpha-\beta}+\boldsymbol{C}_3\boldsymbol{e}_{\alpha-\beta}=(\boldsymbol{C}_3\boldsymbol{Z}_{\alpha-\beta}\boldsymbol{C}_3^{\mathrm{T}})(\boldsymbol{C}_3\boldsymbol{i}_{\alpha-\beta})+\boldsymbol{C}_3\boldsymbol{e}_{\alpha-\beta} \tag{3.23}$$

由式（3.23）计算得到$d-q$旋转坐标系的电压方程如下。计算过程中要注意，阻抗矩阵$\boldsymbol{Z}_{\alpha-\beta}$中包含微分算子$p$，变换矩阵$\boldsymbol{C}_3$中的$\theta$为时间函数（$p\theta=\omega$）。

$$\begin{bmatrix} v_\mathrm{d} \\ v_\mathrm{q} \end{bmatrix}=\begin{bmatrix} R_\mathrm{a}+pL_\mathrm{d} & -\omega L_\mathrm{q} \\ \omega L_\mathrm{d} & R_\mathrm{a}+pL_\mathrm{q} \end{bmatrix}\begin{bmatrix} i_\mathrm{d} \\ i_\mathrm{q} \end{bmatrix}+\begin{bmatrix} 0 \\ \omega\Psi_\mathrm{a} \end{bmatrix} \tag{3.24(a)}$$

$$\boldsymbol{v}_\mathrm{a}=\boldsymbol{Z}_\mathrm{a}\boldsymbol{i}_\mathrm{a}+\boldsymbol{e}_\mathrm{a} \tag{3.24(a')}$$

$$\begin{bmatrix} v_\mathrm{d} \\ v_\mathrm{q} \end{bmatrix}=R_\mathrm{a}\begin{bmatrix} i_\mathrm{d} \\ i_\mathrm{q} \end{bmatrix}+\begin{bmatrix} L_\mathrm{d} & 0 \\ 0 & L_\mathrm{q} \end{bmatrix}p\begin{bmatrix} i_\mathrm{d} \\ i_\mathrm{q} \end{bmatrix}+\begin{bmatrix} -\omega L_\mathrm{q}i_\mathrm{q} \\ \omega L_\mathrm{d}i_\mathrm{d}+\omega\Psi_\mathrm{a} \end{bmatrix} \tag{3.24(b)}$$

$$\boldsymbol{v}_\mathrm{a}=R_\mathrm{a}\boldsymbol{i}_\mathrm{a}+p\boldsymbol{L}_\mathrm{a}\boldsymbol{i}_\mathrm{a}+\boldsymbol{v}_\mathrm{o} \tag{3.24(b')}$$

式中，

$$L_\mathrm{d}=l_\mathrm{a}+\frac{3}{2}(L_\mathrm{a}-L_\mathrm{as})=L_0+L_1,\ L_\mathrm{q}=l_\mathrm{a}+\frac{3}{2}(L_\mathrm{a}+L_\mathrm{as})=L_0-L_1 \tag{3.25}$$

v_d、v_q分别为电枢电压的d轴、q轴分量；i_d、i_q分别为电枢电流的d轴、q轴分量；L_d、L_q分别为d轴、q轴电感；$\boldsymbol{v}_\mathrm{a}$为$d-q$坐标系的电枢电压矢量；$\boldsymbol{i}_\mathrm{a}$为$d-q$坐标系的电枢电流矢量；$\boldsymbol{e}_\mathrm{a}$为$d-q$坐标系永磁体磁通量产生的感应电压矢量；$\boldsymbol{Z}_\mathrm{a}$为$d-q$坐标系的阻抗矩阵；$\boldsymbol{L}_\mathrm{a}$为$d-q$坐标系的电感矩阵；$\boldsymbol{v}_\mathrm{o}$为$d-q$坐标系的感应电压矢量。

在$d-q$坐标系，即使存在凸极性，电感也是常数，电压、电流的d轴、q轴分量如前文所述为直流。另外，作为表示凸极性的指标，凸极比ρ由下式定义：

$$\rho=\frac{L_\mathrm{q}}{L_\mathrm{d}} \tag{3.26}$$

三相坐标系的磁链[式（3.16）]，可以用式（3.12）转换为$d-q$坐标系，用下式简单表示：

$$\begin{bmatrix} \Psi_\mathrm{d} \\ \Psi_\mathrm{q} \end{bmatrix}=\begin{bmatrix} L_\mathrm{d} & 0 \\ 0 & L_\mathrm{q} \end{bmatrix}\begin{bmatrix} i_\mathrm{d} \\ i_\mathrm{q} \end{bmatrix}+\begin{bmatrix} \Psi_\mathrm{a} \\ 0 \end{bmatrix} \tag{3.27}$$

$$\boldsymbol{\psi}_\mathrm{o}=\boldsymbol{L}_\mathrm{a}\boldsymbol{i}_\mathrm{a}+\boldsymbol{\psi}_\mathrm{a} \tag{3.27'}$$

式中，Ψ_d、Ψ_q分别为电枢磁链的d轴、q轴分量；$\boldsymbol{\psi}_\mathrm{o}$为$d-q$坐标系的磁链矢量；$\boldsymbol{\psi}_\mathrm{a}$为$d-q$坐标系的永磁体磁链矢量；$\boldsymbol{L}_\mathrm{a}$为$d-q$坐标系的电感矩阵。

$d-q$坐标系模型可用性强，常用于电机分析和控制。

图3.7所示为IPMSM的d–q坐标系等效模型。定子的三相绕组等效转化为与转子同步旋转的d轴绕组和q轴绕组，因此，转子和定子绕组是相对静止的，d轴、q轴绕组可视为直流电路。根据式（3.24）、式（3.27），稳态下PMSM的基础矢量如图3.8所示，电枢电流矢量i_a自d轴前进相位角α，对应图2.15、图2.16、图2.17所示旋转磁场的磁极轴位置。另外，IPMSM中电流矢量的相位角多控制在$\alpha \geqslant \pi/2$区域，因此，多使用电流矢量自q轴前进相位角β（$=\alpha-\pi/2$）。

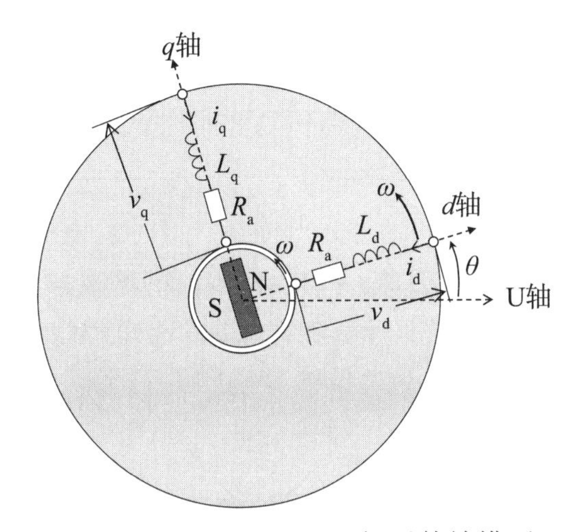

图3.7　IPMSM的d–q坐标系等效模型

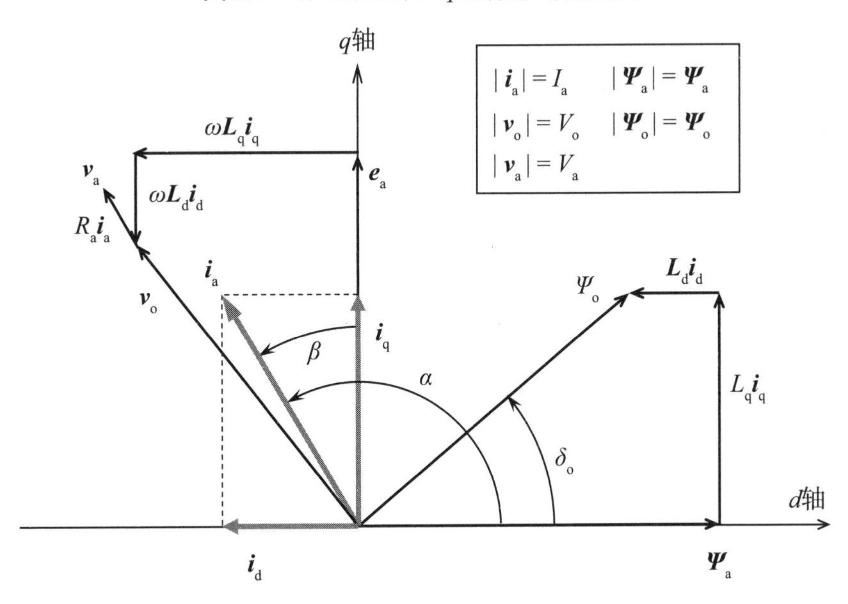

图3.8　PMSM的d–q坐标系基础矢量（稳态）

根据电枢电流矢量$\boldsymbol{i}_a$和电枢磁链矢量$\boldsymbol{\psi}_0$的向量积，转矩T（N · m）为

$$T = P_n\left(\Psi_d i_q - \Psi_q i_d\right) = P_n\left[\Psi_a i_q + (L_d - L_q) i_d i_q\right] \tag{3.28}$$

式中，P_n为极对数。

另外，如果用电流矢量的大小I_a（$= |I_a|$）和电流矢量自q轴前进的相位角（电流相位）β来表示转矩，则根据$i_d = -I_a \sin\beta$、$i_q = I_a \cos\beta$的关系，有

$$T = P_n\left[\Psi_a I_a \cos\beta + \frac{1}{2}(L_q - L_d) I_a^2 \sin 2\beta\right] \tag{3.29}$$

式（3.28）、式（3.29）中，右边第1项是永磁体磁链和q轴电流产生的电磁转矩，第2项是凸极性产生的磁阻转矩。当电流I_a一定时，转矩由电流相位β决定。图3.9所示为反凸极电机（$L_d < L_q$）电流一定时的电流相位和转矩的关系。由式（3.29）可知，电磁转矩T_m在$\beta = 0$时最大。相对的，$L_d < L_q$的反凸极电机，磁阻转矩T_r在$\beta = \pi/4$时最大。结果是，总转矩T在电流相位为$0 < \beta < \pi/4$时最大。

比较图3.9和图2.18(b)所示的反凸极PMSM转矩特性，曲线形状相同但横轴不同，存在$\beta = \alpha - \pi/2$的关系。也就是说，当电流相位为$\beta = 0$，即$\alpha - \pi/2$时，电枢电流产生的旋转磁场的磁极轴与永磁体磁场轴（d轴）正交，与永磁体磁场产生的感应电压矢量的方向（q轴）一致。

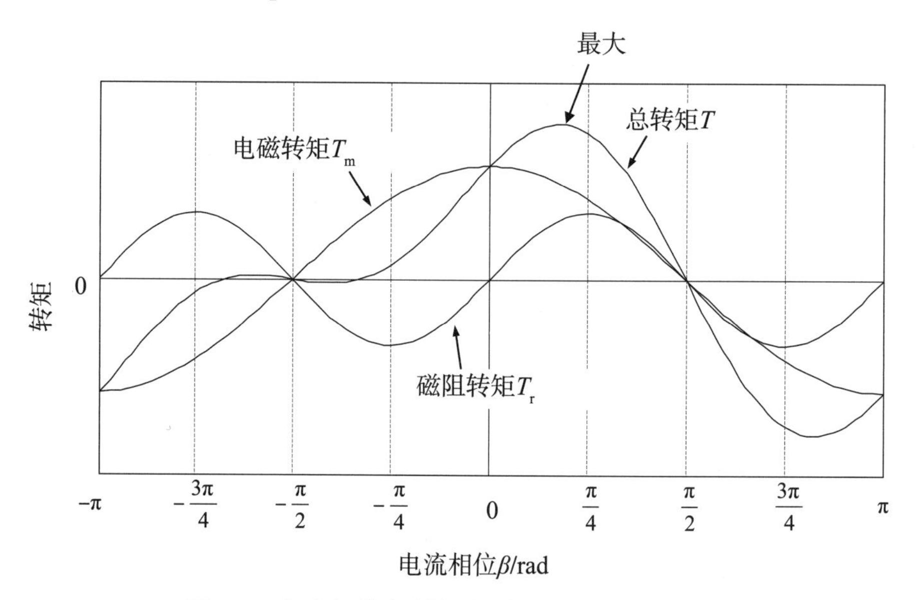

图3.9　电流相位与转矩的关系（反凸极电机）

对于图2.11和图2.14所示各种转子结构的PMSM和SynRM，IPMSM的d–q坐标系模型（电压方程和转矩方程）中，3个参数（Ψ_a、L_d、L_q）分别表示各种电机的特征。表3.1总结了各种电机的典型转子结构和d轴、q轴的定义，以及d–q坐标系的基本表达式和电机参数的特征。如前所述，反凸极IPMSM的电压方程和转矩方程包含了SPMSM和SynRM的基本表达式。当$\Psi_a>0$、$L_d=L_q$时，非凸极的SPMSM[参见图2.11(a)]产生的转矩只有式（3.28）和式（3.29）的第1项（电磁转矩）。嵌入式SPMSM[图2.11(b)]和IPMSM[图2.11(c)～图2.11(f)]等具有反凸极性的PMSM，$\Psi_a>0$，$L_d<L_q$，除了电磁转矩，还可以利用磁阻转矩。$L_d\neq L_q$、$\Psi_a=0$对应不使用永磁体，只利用凸极性产生磁阻转矩的SynRM。

表 3.1　d–q 坐标系的各种电机模型

电机类型	SPMPM	IPMSM	SynRM	
			PMSM 基准	SynRM 基准
转子结构与 d-q 轴的定义	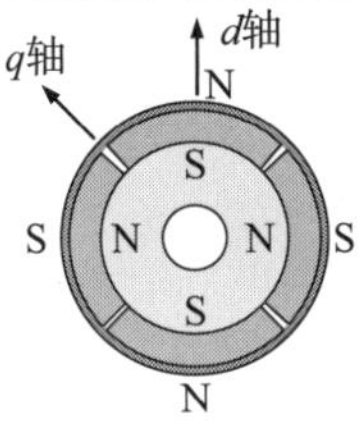 q轴 d轴 N S S N N S S N	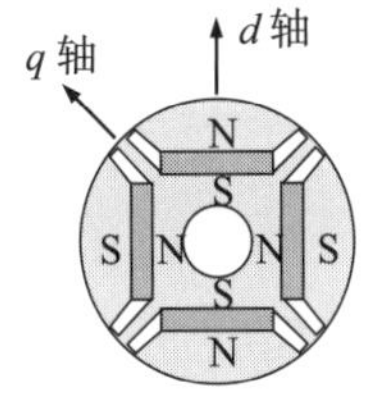 q 轴 d 轴 N S S N N S S N	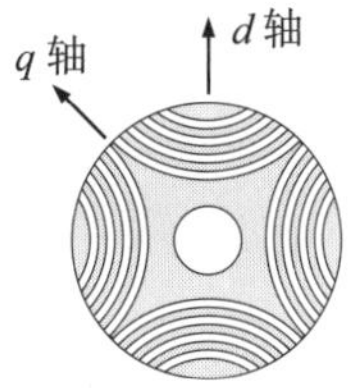 q 轴 d 轴	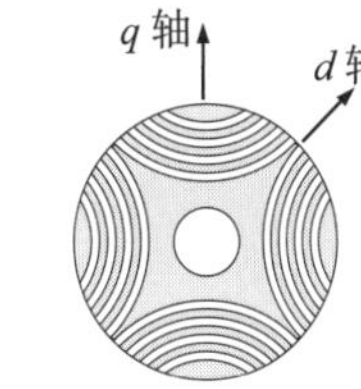 q 轴 d 轴
电压方程	$\begin{bmatrix} v_d \\ v_q \end{bmatrix} = \begin{bmatrix} R_a + pL_d & -\omega L_q \\ \omega L_d & R_a + pL_q \end{bmatrix} \begin{bmatrix} i_d \\ i_q \end{bmatrix} + \begin{bmatrix} 0 \\ \omega \Psi_a \end{bmatrix}$　[3.24(a)]			
转矩方程	$T = P_n\left[\Psi_a i_q + (L_d - L_q) i_d i_q\right]$　（3.28）			
参　数	$\Psi_a>0, L_d=L_q$	$\Psi_a>0, L_d<L_q$	$\Psi_a=0, L_d<L_q$	$\Psi_a=0, L_d>L_q$

注：本书中的 SynRM 使用 PMSM 基准的 d-q 坐标系模型。

在SynRM中，如2.1.2节所述，一般将转子磁阻最小的方向定义为d轴，如表3.1中SynRM基准d–q坐标系所示，d轴、q轴电感的关系为$L_d>L_q$。如果将SynRM的d轴定义为转子磁阻最大的方向，则如表3.1中PMSM基准d–q坐标系所示，$L_d<L_q$，和IPMSM的情况一样。鉴于此，SynRM模型也可以用PMSM基准d–q坐标系来表示，将SPMSM和SynRM看作特殊的IPMSM，在分析和控制算法构建上作统一处理。因此，在本书中除非特别说明，SynRM都是用PMSM基准d–q坐标系处理的。表3.2归纳了用PMSM基准和SynRM基准d–q坐标系表示的SynRM矢量图和转矩方程（用电流矢量的极坐标表示）。在SynRM基准d–q坐标系中，电流矢量的基准轴一般是d轴，使用电流矢量自d轴前进的相位角α计算。对于相同的电流I_a，$\alpha=\pi/4$时转矩最大。将SynRM基准d–q坐标系中的各个矢量逆时针旋转$\pi/2$，就与PMSM基准d–q坐标系中的各个矢量重合了。

表 3.2　SynRM 矢量图和转矩方程

模型基准	PMSM 基准	SynRM 基准
转子结构与 d-q 轴的定义	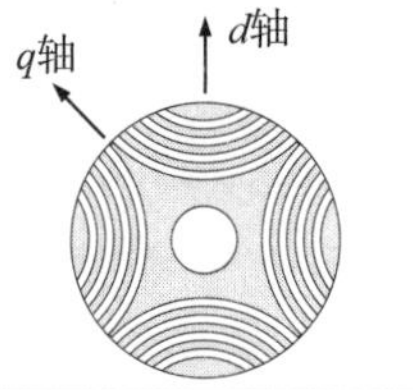 q轴 d轴	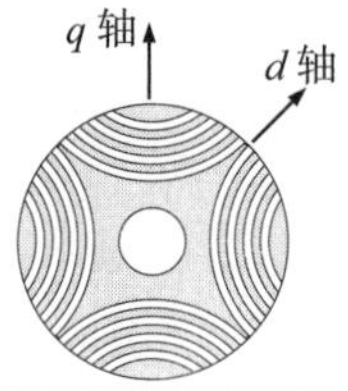 q 轴 d 轴
参　数	$\Psi_a=0, L_d<L_q$	$\Psi_a=0, L_d>L_q$
矢量图	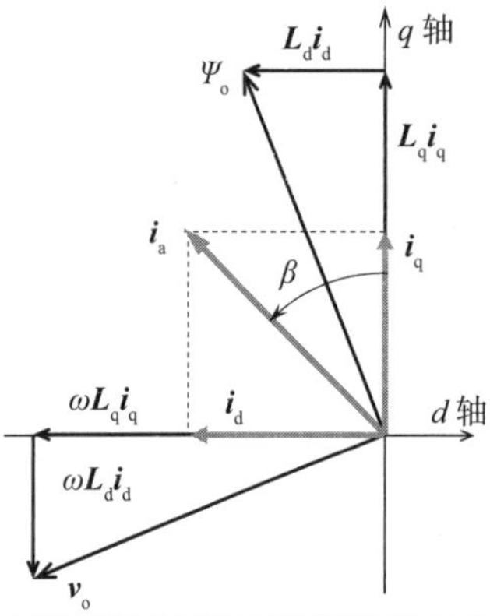 $L_d i_d$ q 轴 Ψ_o $L_q i_q$ i_a i_q β $\omega L_q i_q$ i_d d 轴 $\omega L_d i_d$ v_o	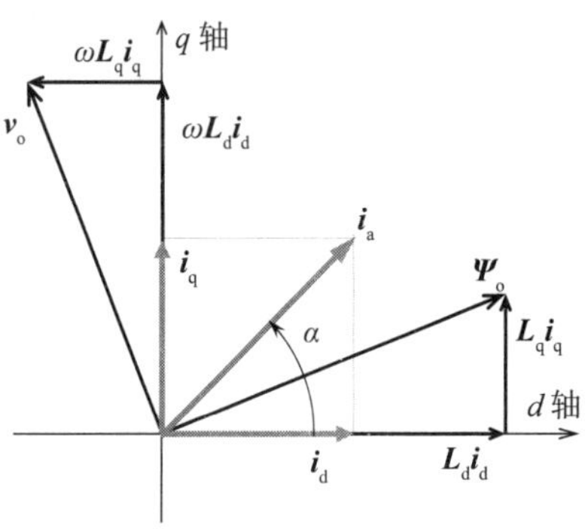 $\omega L_q i_q$ q 轴 v_o $\omega L_d i_d$ i_a i_q Ψ_o $L_q i_q$ α d 轴 i_d $L_d i_d$
转矩方程	$T=\frac{P_n}{2}(L_q-L_d)I_a^2\sin 2\beta$	$T=\frac{P_n}{2}(L_d-L_q)I_a^2\sin 2\alpha$

注：本书中使用 PMSM 基准的 d-q 坐标系模型。

3.3.2　考虑铁损的d−q坐标系模型

以往电机模型的损耗只有电枢电阻R_a产生的铜损W_c（$=3I_e^2R_a=I_a^2R_a$）。但讨论电机效率时还需要考虑铁损，铁损W_i（W）的一般表达式如下：

$$W_i=W_h+W_e \tag{3.30}$$

式中，

$$W_h=m_{core}k_h fB_{max}^{1.6\sim2} \tag{3.31}$$

$$W_e=m_{core}k_e\left(fB_{max}\right)^2 \tag{3.32}$$

W_h为磁滞损耗；W_e为涡流损耗；m_{core}为铁心质量（kg）；k_h、k_e为铁心材料决定的常数；f为电源频率（Hz）；B_{max}为铁心中磁通密度的最大值（T）。

上式中，磁通密度B_{max}对应d−q轴模型的磁链Ψ_o，频率f对应电角频率ω。因此，fB_{max}对应感应电压V_o（$=|v_o|=\omega\Psi_o$），考虑了铁损的PMSM的d轴、q轴等效电路如图3.10所示，插入了与感应电压并联的铁损等效电阻R_c。在等效电路中，铁损可通过下式计算：

$$W_{\mathrm{i}}=\frac{v_{\mathrm{od}}^{2}}{R_{\mathrm{c}}}+\frac{v_{\mathrm{oq}}^{2}}{R_{\mathrm{c}}}=\frac{V_{\mathrm{o}}^{2}}{R_{\mathrm{c}}}=\frac{\left(\omega\Psi_{\mathrm{o}}\right)^{2}}{R_{\mathrm{c}}} \tag{3.33}$$

如果铁损等效电阻R_c恒定，则涡流损耗W_e与V_o^2 [对应$(fB_{max})^2$]成正比。根据电源角频率ω和磁链Ψ_o改变R_c，就可以调节由涡流损耗和磁滞损耗组成的铁损。此时，转矩由下式给出，而不是式（3.28）。

$$T=P_{\mathrm{n}}\left(\Psi_{\mathrm{d}}i_{\mathrm{oq}}-\Psi_{\mathrm{q}}i_{\mathrm{od}}\right)=P_{\mathrm{n}}\left[\Psi_{\mathrm{a}}i_{\mathrm{qo}}+(L_{\mathrm{d}}-L_{\mathrm{q}})i_{\mathrm{do}}i_{\mathrm{qo}}\right] \tag{3.34}$$

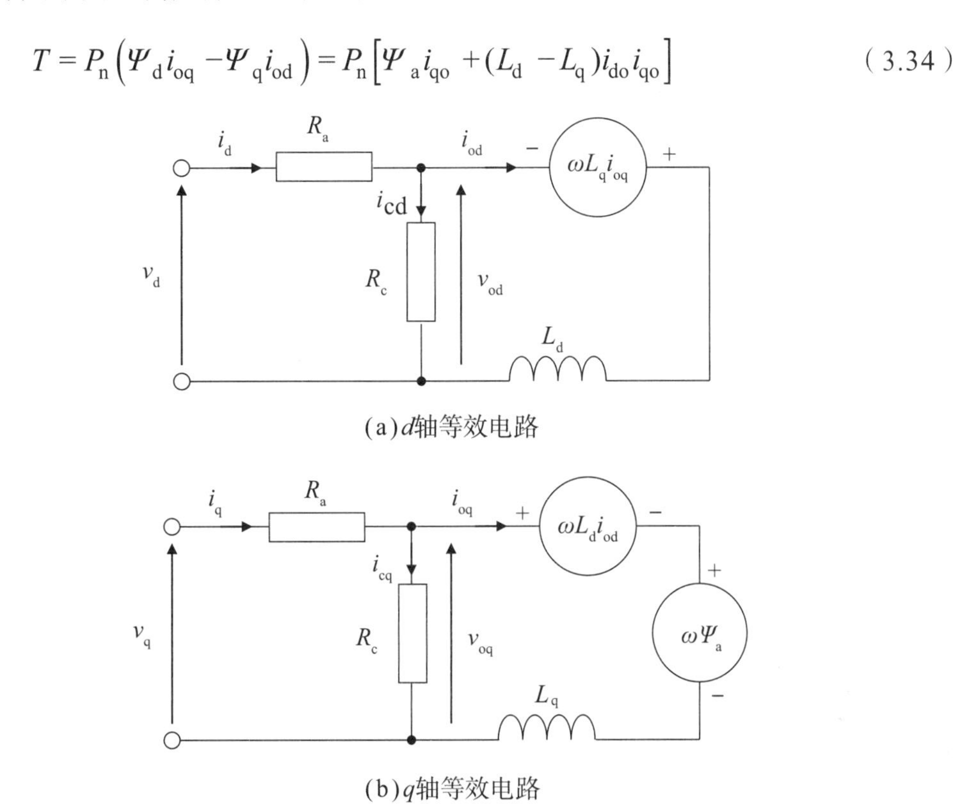

图3.10 考虑了铁损的PMSM的d轴、q轴等效电路

3.3.3 *M*–*T*坐标系模型

上述d–q坐标系是与转子旋转角度同步的旋转坐标系，永磁体磁链矢量$\boldsymbol{\psi}_a$的方向（N极的方向）被定义为d轴。相比之下，M–T坐标系也考虑了电枢电流引起的电枢反应磁链，将定子绕组磁链矢量$\boldsymbol{\psi}_o$的方向定义为M轴，自M轴前进π/2就是T轴。图3.11所示为M–T坐标系与其他坐标系的关系，以及电流矢量和磁链矢量。以d轴为基准，如图3.8所示，绕组磁链矢量$\boldsymbol{\psi}_o$的方向（M轴的方向）在前进了δ_o的位置；若以α轴为基准，则在前进了θ_o（$=\theta+\delta_o$）的位置。永磁体磁链矢量$\boldsymbol{\psi}_a$的方向取决于转子的旋转角度θ，可以用位置传感器进行检测。但是，绕组磁链矢量$\boldsymbol{\psi}_o$的方向一般难以检测，需要根据电压、电流信息和电机参数进行估计。

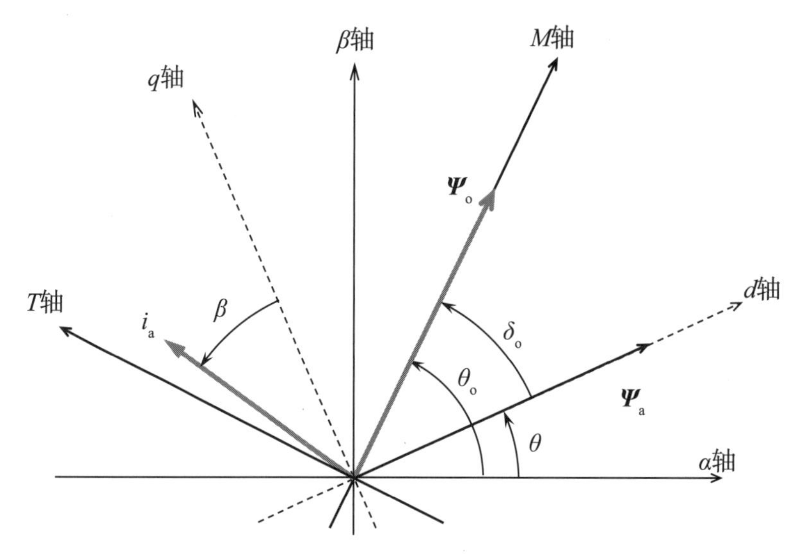

图3.11　M-T坐标系的矢量图（稳态）

以绕组磁链的大小Ψ_o（$=|\boldsymbol{\psi}_o|$）为状态变量，M–T坐标系的电压方程和转矩方程表示如下：

$$\begin{bmatrix} v_M \\ v_T \end{bmatrix} = R_a \begin{bmatrix} i_M \\ i_T \end{bmatrix} + \begin{bmatrix} p \\ \omega \end{bmatrix} \Psi_o \tag{3.35}$$

$$T = P_n \Psi_o i_T \tag{3.36}$$

非常简洁的表达式，不论是PMSM还是SynRM都适用。特别是转矩可以仅由i_T控制，对于转矩控制非常方便。该模型与第6章将要介绍的转矩控制兼容，只要知道绕组磁链矢量的方向和大小，就很容易实现转矩控制。

3.3.4　任意直角坐标系模型

如图3.12所示，考虑从α–β坐标前进任意角度θ_γ，旋转ω_γ（$= \mathrm{d}\theta_\gamma / \mathrm{d}t$）的γ–δ坐标系。应用式（3.10）的变换矩阵$\boldsymbol{C}_\gamma$，对式（3.22）的α–β坐标系模型以角度$\theta_\gamma$进行旋转坐标变换，则γ–δ坐标系的电压方程如下：

$$\begin{bmatrix} v_\gamma \\ v_\delta \end{bmatrix} = \begin{bmatrix} R_a + pL_\gamma - \omega_\gamma L_{\gamma\text{-}\delta} & -\omega_\gamma L_\delta + pL_{\gamma\text{-}\delta} \\ \omega_\gamma L_\gamma + pL_{\gamma\text{-}\delta} & R_a + pL_\delta + \omega_\gamma L_{\gamma\text{-}\delta} \end{bmatrix} \begin{bmatrix} i_\gamma \\ i_\delta \end{bmatrix} + \omega \Psi_a \begin{bmatrix} -\sin \Delta\theta \\ \cos \Delta\theta \end{bmatrix} \tag{3.37}$$

式中，

$$\Delta\theta = \theta - \theta_\gamma,\ L_\gamma = L_0 + L_1 \cos 2\Delta\theta,\ L_\delta = L_0 - L_1 \cos 2\Delta\theta,\ L_{\gamma\text{-}\delta} = L_1 \sin 2\Delta\theta$$

γ–δ坐标系为任意直角坐标系，如果$\Delta\theta = \theta$（$\theta_\gamma = 0$），则它与α–β坐标系重合；如果$\Delta\theta = 0$（$\theta_\gamma = \theta$），则它与d–q坐标系重合。在第5章介绍的无传感器控制

中，γ-δ坐标系通常被视为估计的d-q坐标系。相应的，θ_γ、ω_γ分别为估计的转子位置和速度，$\Delta\theta$为位置估计误差。

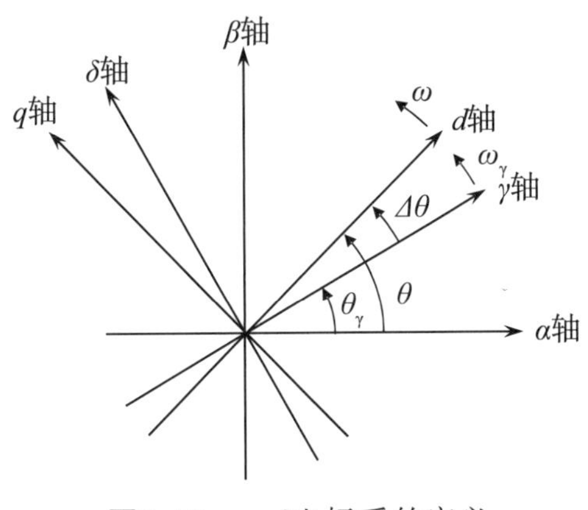

图3.12　γ-δ坐标系的定义

3.4　作为控制对象的基本电机模型

3.4.1　*d*–*q*坐标系基本模型

由同步电机（PMSM或SynRM）及其驱动的负载机械系统构成的电机系统的基本结构如图3.13所示。电机由逆变器驱动，电机端子电压v产生绕组电流i。电流产生转矩T，驱动负载机械系统。根据机械系统的运动方程，电机的旋转角速度（速度）ω_r和旋转角度（位置）θ_r是变化的。电机系统由电气系统、电能→机械能转换装置和机械系统组成。电机控制的目的是，使电机的转矩、速度、位置等快速、稳定地跟随目标值（指令值），以及在受到干扰时使目标值的变化尽可能小。此外，还应尽可能地减小各种运转状态下的损耗，提高效率。设计电机

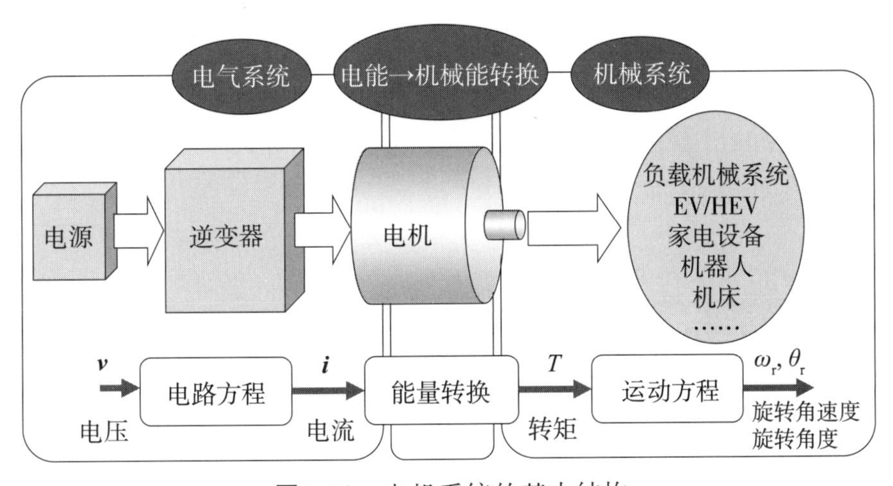

图3.13　电机系统的基本结构

控制系统，需要对控制对象进行精确建模。截至上一章，包括SPMSM和SynRM在内的IPMSM的数学模型，推导出各种坐标系的电压方程。在这些模型中，以d-q坐标系表示的模型最简单、最容易处理，因此，d-q轴模型多用于控制算法构建和控制器设计。下面从控制对象的角度，对电机模型进行总结。

● 电气系统模型

用d-q坐标系表示的永磁同步电机的电压方程[式（3.24）]，一般可作为控制对象模型，用控制中的状态方程（微分方程）表示：

$$p\begin{bmatrix} i_d \\ i_q \end{bmatrix} = \begin{bmatrix} -\dfrac{R_a}{L_d} & \dfrac{\omega L_q}{L_d} \\ -\dfrac{\omega L_d}{L_q} & -\dfrac{R_a}{L_q} \end{bmatrix} \begin{bmatrix} i_d \\ i_q \end{bmatrix} + \begin{bmatrix} \dfrac{1}{L_d} & 0 \\ 0 & \dfrac{1}{L_q} \end{bmatrix} \begin{bmatrix} v_d \\ v_q \end{bmatrix} - \begin{bmatrix} 0 \\ \dfrac{\omega \Psi_a}{L_q} \end{bmatrix} \tag{3.38}$$

$$p\boldsymbol{i}_a = \boldsymbol{A}_e \boldsymbol{i}_a + \boldsymbol{B}_e \boldsymbol{v}_a + \boldsymbol{d}_e \tag{3.38'}$$

在永磁同步电机的电气系统模型中，状态变量为电枢电流i_a（$=[i_d \quad i_q]^T$），输入为电枢电压v_a（$=[v_d \quad v_q]^T$），而永磁体磁链Ψ_a产生的感应电压作为扰动$\boldsymbol{d}_e$。另外，由矩阵$\boldsymbol{A}_e$可知，d轴和q轴互相干扰，$\boldsymbol{A}_e$中包含角速度ω，这表明系统是时变的。与电气系统不同，机械系统的时间常数通常足够大，所以相对于电流的变化，角速度ω的变化是非常缓慢的，ω可以视为常数。

● 电能→机械能转换

如前所述，用d-q坐标系表示的永磁同步电机的转矩为

$$T = P_n\left[\Psi_a i_q + (L_d - L_q) i_d i_q\right] = P_n\left[\Psi_a + (L_d - L_q) i_d\right] i_q \tag{3.39}$$

电磁转矩是只含i_q的函数，但磁阻转矩是i_d与i_q的乘积，呈非线性。如果d轴电流i_d保持恒定，转矩就可以通过i_q进行线性控制。然而，为了根据运转状态控制PMSM等高效率运转，就需要如第4章所述，对i_d进行主动控制。在这种情况下，转矩特性是非线性的。

● 机械系统模型

机械系统的运动方程如下：

$$T = J\frac{d\omega_r}{dt} + D\omega_r + T_L \tag{3.40}$$

式中，$\omega_r = \omega/P_n$，为机械角速度（rad/s）；J为转动惯量（kg·m^2）；D为黏性摩擦系数（N·m·s/rad）；T_L为负载转矩（N·m）。

用状态方程式表示：

$$p\omega_r = -\frac{D}{J}\omega_r + \frac{1}{J}T - \frac{1}{J}T_L \tag{3.41}$$

通过式（3.38）、式（3.39）和式（3.41），可以得到包括机械系统在内的IPMSM控制系统整体框图，如图3.14所示。该图还显示了由式（3.27）得到的磁链，表明由d轴磁链Ψ_d和q轴磁链Ψ_q产生的感应电压v_{oq}、v_{od}分别干扰q轴和d轴。

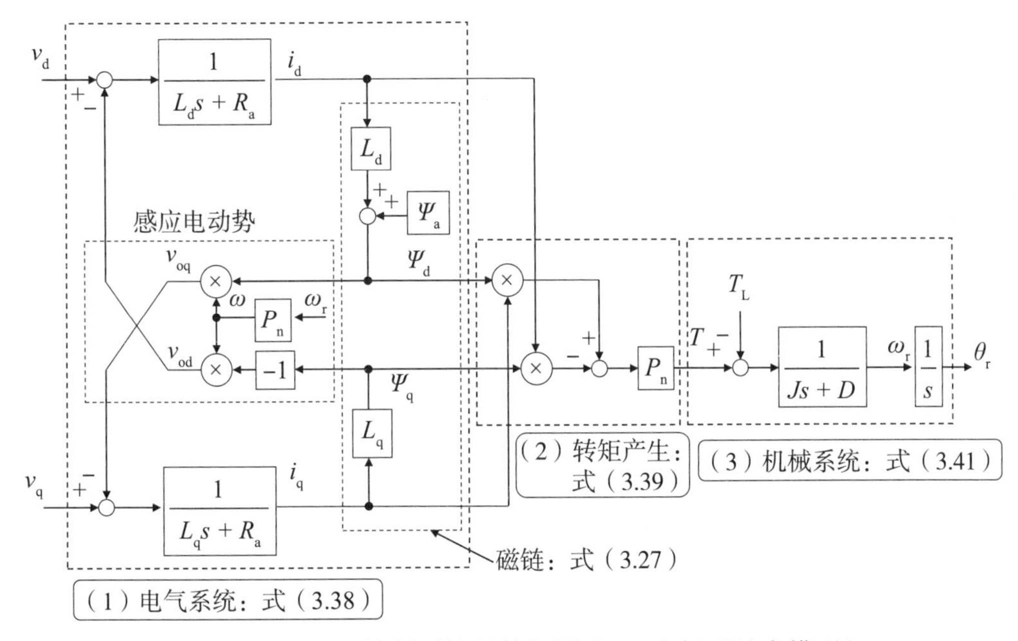

图3.14　IPMSM控制系统整体框图（d-q坐标系基本模型）

3.4.2　本书使用的电机和设备常数

从下一章开始，将介绍各种电机控制方法和特性，并尽量使用由具体电机常数计算得到的特性图。特性计算使用的电机模型及参数见表3.3。另外，SynRM使用PMSM基准d-q坐标系模型（$L_d < L_q$）。作为基准的IPMSM，采用结构和特性明确的日本电气学会D1模型[3]（集中式绕组IPMSM模型IPM_D1）。对于其他电机，d轴电感L_d设为与IPM_D1相同的值，其他参数（Ψ_a、L_q）设置为额定电流下产生的最大转矩与IPM_D1相同。SPMSM（模型SPM_1）的凸极比为1（$L_d = L_q$），分布式绕组IPMSM模型IPM_3的L_q被设为使凸极比为3。此外，还通过调整磁链Ψ_a，使SPM_1和IPM_3的额定转矩为1.83N·m，与IPM_D1相同。对于

SynRM（模型SynRM_3.8），L_q被设为使转矩为1.83N·m，电机凸极比为3.8。另外，与集中式绕组相比，分布式绕组的绕组电阻R_a大，但这里使其与IPM_D1的值相同。表中的特征电流I_{ch}是选择电机速度–转矩特性曲线形状和控制方法的重要参数，详见第4章的相关说明。

表 3.3　本书中特性计算使用的电机模型及参数

电机模型名称	IPM_D1	SPM_1	IPM_3	SynRM_3.8
电机类型	集中式绕组 IPMSM（日本电气学会 D1 模型）	SPMSM	分布式绕组 IPMSM	SynRM
极对数 P_n	2			
R_a/Ω	0.380			
Ψ_a/Wb	0.107	0.12	0.047	0
L_d/mH	11.2	11.2	11.2	11.2
L_q/mH	19	11.2	33.6	42.7
凸极比 $\rho=L_q/L_d$	1.7	1	3	3.8
特征电流 I_{ch}（$=\Psi_a/L_d$）/A	9.55	10.71	4.12	0
最大线电压 V_{max}/V_{rms}（V_{amax}/V）	165（165）			
最大相电流 I_{emax}/A_{rms}（I_{amax}/A）	7.5（13.0）			
额定相电流 I_{er}/A_{rms}（I_{ar}/A）	4.4（7.62）			
额定转矩 /（N·m）	1.83			

本书使用的基本上是由IPM_D1的参数计算得到特性图，但也根据需要使用了带有SPM_1、IPM_3和SynRM_3.8电机参数的特性图，以便比较。

另外，本书还给出了部分实验结果。实验所用的电机规格见表3.4，接近表3.3中的IPMSM规格。由于磁饱和的原因，q轴电感L_q随电流的变化而变化。图3.15所示为实际工作状态下电感的测量结果。d轴电感L_d被认为是恒定的，但是由于磁饱和，L_q随q轴电流i_q的增大而减小。如图3.15所示，L_q可近似为q轴电流的一阶函数。

表 3.4　本书实验用电机的主要参数

电机模型名称	测试电机 I	测试电机 II
电机类型及转子形态	分布式绕组 IPMSM	
极对数 P_n	2	
R_a/Ω	0.570	0.824

续表 3.4

Ψ_a/Wb	0.106	0.0785
L_d/mH	8.72	9.67
L_q/mH	图 3.15(a)	图 3.15(b)
特征电流 $I_{ch}=\Psi_a/L_d$/A	12.15	8.12
额定相电流 I_{er}/A_{rms}（I_{ar}/A）	5.0（8.66）	

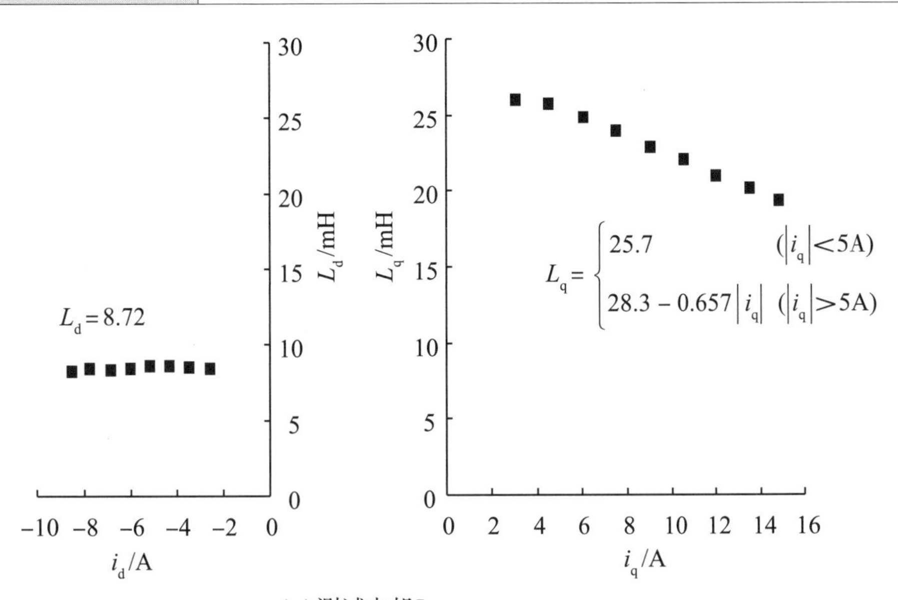

(a)测试电机I

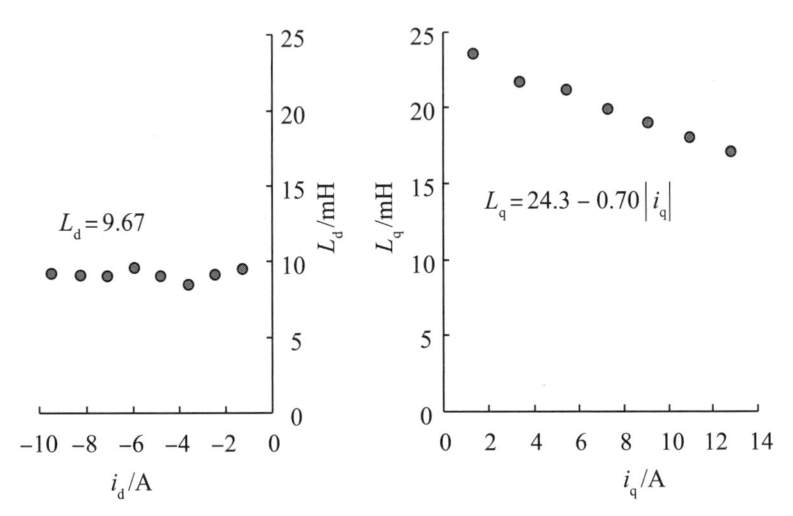

(b)测试电机II

图3.15 测试电机的电感特性

3.5 实际电机模型

到目前为止的数学模型推导（建模）假定以下理想状态：

· 永磁体磁链呈正弦波分布，感应电压也呈正弦波[式（3.16）、式（3.20）]

· 电感随位置的变化呈正弦波[式（3.17）、式（3.18）]

· 无磁饱和，电感的平均值和幅度以及永磁体磁链是恒定的[式（3.16）~式（3.18）中的Ψ_f、L_a、L_{as}为常数]

但是，在实际的电机中，气隙的磁通密度分布可能并非正弦波，还会受槽谐波（包括空间谐波）的影响。这类空间谐波引起的转矩脉动不包含在转矩方程中。另外，电感受磁饱和的影响，具有电流依赖性（随电流变化）。鉴于此，本节将介绍非理想状态下的模型。本书涉及的理想数学模型与本节所述的实际电机之间存在的差异的影响，因电机设计和使用条件等而异。使用理想数学模型时，需要理解这种差异，在某些情况下需要考虑本节所述情况。

3.5.1 磁饱和与空间谐波的影响

● 磁饱和的影响

电机铁心材料的磁化曲线（B-H特性）是非线性的，特别是为了实现小型化、轻量化而提高了转矩密度的电机，铁心的磁通密度极大，容易磁饱和。这里，重点关注磁饱和时的电感。图3.16(a)所示为磁链Ψ与绕组电流I_1的关系。电流为I_1或更小时，电流和磁链呈正比（线性）；但电流大于I_1时，由于铁心磁饱和，二者的关系变为非线性。

在$I<I_1$的线性区，$\Psi=LI$关系式中的电感L为常数；在$I>I_1$的非线性区（磁饱和区），电感随电流变化。非线性区的电感按以下方式处理。

1. 关注磁链的电感量

通过图3.16(a)所示非线性区工作点②的电流I_2与磁链Ψ_2之比，求出的电感被称为电流I_2的静态电感或平均电感（apparent inductance）。

$$L_{app}=\frac{\Psi_2}{I_2} \tag{3.42}$$

在非线性区，静态电感L_{app}随着电流的增大而减小，如图3.16(b)中的实线所示。根据上式的关系，可以用L_{app}表示各电流值下的磁链，进行转矩计算和感应电压计算，参考式（3.39）和式[3.24（b）]右边第3项。本书内容涉及的电感基本上是静态电感。

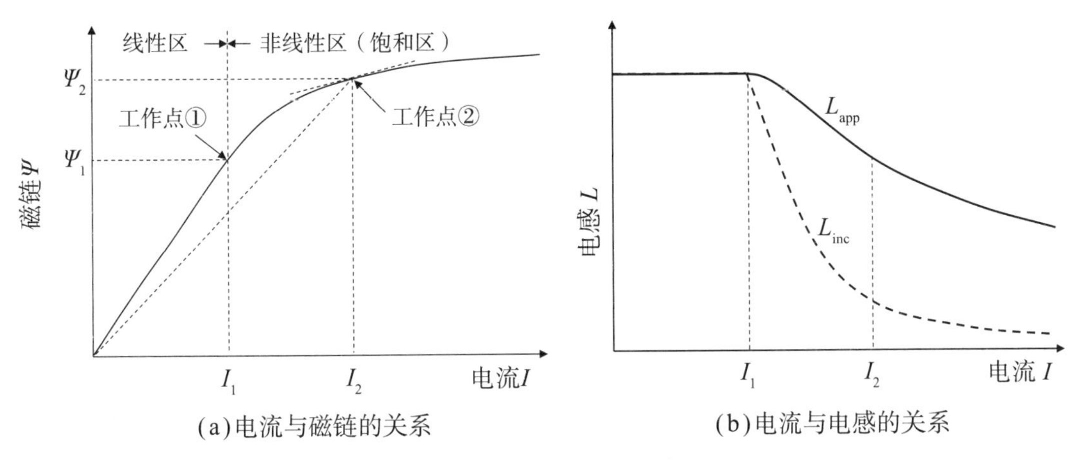

(a)电流与磁链的关系　　(b)电流与电感的关系

图3.16　磁饱和与电感

2. 关注电流微小变化产生的磁链微小变化

根据工作点②处电流I_2附近的微小电流变化对应的磁链变化，求出的电感

$$L_{inc}=\frac{d\Psi}{dI}=\frac{\Delta\Psi}{\Delta I} \tag{3.43}$$

被称为电流I_2的动态电感或增量电感（incremental inductance）。动态电感L_{inc}是工作点处切线的斜率，如图3.16(b)中的虚线所示，在磁饱和区的减小程度大于静态电感L_{app}。由于动态电感L_{inc}对应电流的微小变化，因此适用于电流控制系统的PI增益设计，它还对应高频电压注入式无传感器控制中的电感，参见5.3节。

将d轴、q轴电感分为平均电感（L_{d_app}、L_{q_app}）和增量电感（L_{d_inc}、L_{q_inc}）后，式（3.24）的d-q坐标系电压方程变为

$$\begin{bmatrix} v_d \\ v_q \end{bmatrix}=\begin{bmatrix} R_a+pL_{d\_inc} & -\omega L_{q\_app} \\ \omega L_{d\_app} & R_a+pL_{q\_inc} \end{bmatrix}\begin{bmatrix} i_d \\ i_q \end{bmatrix}+\begin{bmatrix} 0 \\ \omega\Psi_a \end{bmatrix} \tag{3.44}$$

磁饱和的影响多表现在磁阻小、磁通量容易通过、磁通密度较高的q轴方向，随着电流的增大，q轴电感的减小比例增大。因此，讨论磁饱和时，L_d、L_q不应被视为常数，而应作为电流的函数。

图3.17所示为q轴电感L_q随q轴电流i_q变化的情况。如果忽略d轴电流i_d对L_q的影响，则L_q可以表示为只含i_q的函数——$L_q(i_q)$，如图中实线所示。然而，L_q可能

受到i_d的影响，此时如图中虚线所示，L_q随i_d及i_q变化。这种影响被称为交叉耦合或交叉饱和。

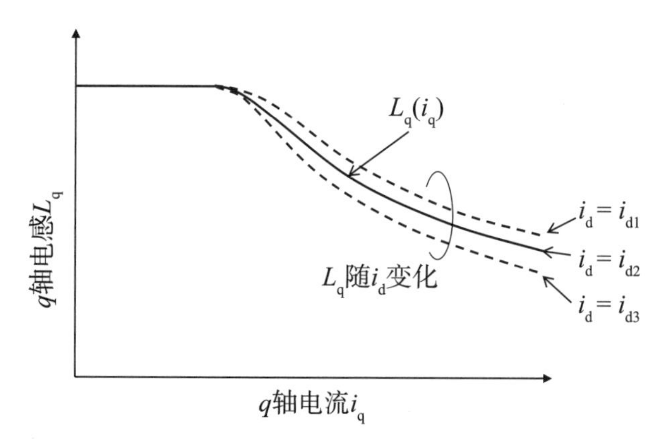

图3.17　电感的交叉耦合

考虑到交叉耦合，d-q坐标系模型中的d轴、q轴电感L_d、L_q应视为i_d和i_q的函数[$L_d(i_d, i_q)$和$L_q(i_d, i_q)$]。实际上，SPMSM由于永磁体部分的等效气隙长度较大，因此，磁饱和的影响较小，L_d、L_q通常可以视为常数。IPMSM的q轴电感必定会受到磁饱和的影响，因此，至少要将L_q视为i_q的函数，有时也要将L_d视为i_d的函数。由图3.15所示测试电机I和测试电机II的电感特性可知，L_d基本恒定，但L_q受磁饱和的影响，随着电流的增大而减小。

当磁饱和的影响较大时，就有必要考虑交叉耦合，对d轴、q轴电感L_d、L_q进行建模。但是，即使在考虑磁饱和的情况下，以这种方式将d轴、q轴电感建模为电流的函数，电感随转子位置的变化也被认为呈正弦波，如图3.18所示。

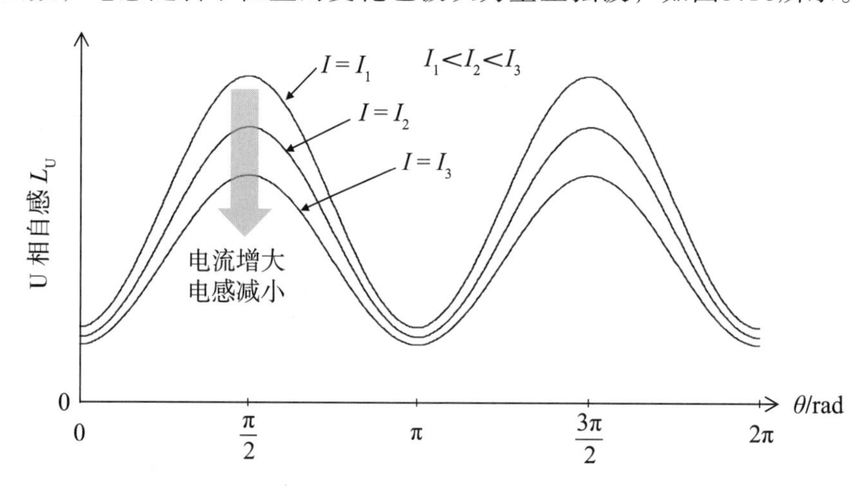

图3.18　自感随电流的增大而发生的变化

● 空间谐波的影响

此前的讨论都假定磁链的空间分布呈正弦波，但也存在包含高次谐波分量的情况。下面讨论受到空间谐波影响时的情况。

考虑永磁体的磁链分布中含有5次和7次谐波分量的情况。永磁体磁链产生的感应电压为

$$
\begin{bmatrix} e_{\mathrm{U}} \\ e_{\mathrm{V}} \\ e_{\mathrm{W}} \end{bmatrix} = \omega \begin{bmatrix} -\Psi_{\mathrm{f1}} \sin\theta \\ -\Psi_{\mathrm{f1}} \sin\left(\theta - \frac{2}{3}\pi\right) \\ -\Psi_{\mathrm{f1}} \sin\left(\theta + \frac{2}{3}\pi\right) \end{bmatrix}
+5\omega \begin{bmatrix} \Psi_{\mathrm{fs5}} \cos 5\theta - \Psi_{\mathrm{fc5}} \sin 5\theta \\ \Psi_{\mathrm{fs5}} \cos 5\left(\theta - \frac{2}{3}\pi\right) - \Psi_{\mathrm{fc5}} \sin 5\left(\theta - \frac{2}{3}\pi\right) \\ \Psi_{\mathrm{fs5}} \cos 5\left(\theta + \frac{2}{3}\pi\right) - \Psi_{\mathrm{fc5}} \sin 5\left(\theta + \frac{2}{3}\pi\right) \end{bmatrix}
+7\omega \begin{bmatrix} \Psi_{\mathrm{fs7}} \cos 7\theta - \Psi_{\mathrm{fc7}} \sin 7\theta \\ \Psi_{\mathrm{fs7}} \cos 7\left(\theta - \frac{2}{3}\pi\right) - \Psi_{\mathrm{fc7}} \sin 7\left(\theta - \frac{2}{3}\pi\right) \\ \Psi_{\mathrm{fs7}} \cos 7\left(\theta + \frac{2}{3}\pi\right) - \Psi_{\mathrm{fc7}} \sin 7\left(\theta + \frac{2}{3}\pi\right) \end{bmatrix} \tag{3.45}
$$

式中，Ψ_{f1}为每相永磁体磁链基波的最大值（Wb）；Ψ_{fs5}和Ψ_{fc5}、Ψ_{fs7}和Ψ_{fc7}分别为每相永磁体磁链中5次、7次正弦和余弦分量的最大值（Wb）。

上式的右边第1项与式（3.20）相同，第2项和第3项为5次、7次谐波分量。将其转换为d–q坐标系，得到下式：

$$\begin{aligned}
\begin{bmatrix} e_{\mathrm{d}} \\ e_{\mathrm{q}} \end{bmatrix} &= \sqrt{\frac{3}{2}}\omega \begin{bmatrix} 0 \\ \Psi_{\mathrm{f1}} \end{bmatrix} \\
&\quad + \sqrt{\frac{3}{2}}\omega \begin{bmatrix} \left(-5\Psi_{\mathrm{fc5}} - 7\Psi_{\mathrm{fc7}}\right)\sin 6\theta + \left(5\Psi_{\mathrm{fs5}} + 7\Psi_{\mathrm{fs7}}\right)\cos 6\theta \\ \left(-5\Psi_{\mathrm{fs5}} + 7\Psi_{\mathrm{fs7}}\right)\sin 6\theta + \left(-5\Psi_{\mathrm{fc5}} + 7\Psi_{\mathrm{fc7}}\right)\cos 6\theta \end{bmatrix} \\
&= \begin{bmatrix} 0 \\ \omega\Psi_{\mathrm{a}} \end{bmatrix} + \omega \begin{bmatrix} K_{\mathrm{hd}}(\theta) \\ K_{\mathrm{hq}}(\theta) \end{bmatrix}
\end{aligned} \tag{3.46}$$

上式右边第1项与式（3.24）右边第2项相同，第2项为5次、7次谐波分量引起的感应电压分量，在d-q坐标上是6次谐波分量。

空间谐波对磁链分布的影响也表现在电感上，电感随位置的变化不再呈图3.18所示的正弦波。考虑到磁链分布的谐波，电感和永磁体产生的感应电压的一般表达式如下：

$$\left.\begin{aligned}
&L_{\mathrm{U}} = \sum L_{\mathrm{n}} \cos 2n\theta,\ L_{\mathrm{V}} = \sum L_{\mathrm{n}} \cos n\left(2\theta + \frac{2}{3}\pi\right), \\
&\qquad L_{\mathrm{W}} = \sum L_{\mathrm{n}} \cos n\left(2\theta - \frac{2}{3}\pi\right) \\
&M_{\mathrm{UV}} = \sum M_{\mathrm{n}} \cos n\left(2\theta - \frac{2}{3}\pi\right), M_{\mathrm{VW}} = \sum M_{\mathrm{n}} \cos 2n\theta, \\
&\qquad M_{\mathrm{WU}} = \sum M_{\mathrm{n}} \cos n\left(2\theta + \frac{2}{3}\pi\right) \\
&e_{\mathrm{U}} = -\sum m\omega\Psi_{\mathrm{fm}} \sin m\theta,\ e_{\mathrm{V}} = -\sum m\omega\Psi_{\mathrm{fm}} \sin m\left(\theta - \frac{2}{3}\pi\right), \\
&\qquad e_{\mathrm{W}} = -\sum m\omega\Psi_{\mathrm{fm}} \sin m\left(\theta + \frac{2}{3}\pi\right)
\end{aligned}\right\} \tag{3.47}$$

$(n=0,1,2\cdots;\ m=1,2\cdots)$

当$n = 0, 1$，$m = 1$时，上式相当于式（3.17）、式（3.18）和式（3.20）。此外，考虑到磁饱和的影响，上式中的L_{n}、M_{n}、Ψ_{fm}都是电流的函数。

3.5.2 电机参数分析实例

本小节我们采用有限元法进行磁场分析，以确认实际电机中磁饱和与空间谐波是如何体现在d-q坐标系电压方程的参数中的。分析对象是输出功率与IPM_D1相同的4极集中式绕组IPMSM。

图3.19所示为相对于转子位置θ（电角），永磁体磁链$\Psi_a(\theta)$的变化。磁链的分布呈正弦波，只有基波时，$\Psi_a(\theta)$恒定。但当其含有高次谐波时，就会随转子位置变化。图中显示了包含6倍于基波（电角频率）频率的成分，它对应式（3.46）右边第2项感应电压中包含的6次谐波分量。$\Psi_a(\theta)$的平均值是前述模型中永磁体磁链Ψ_a。

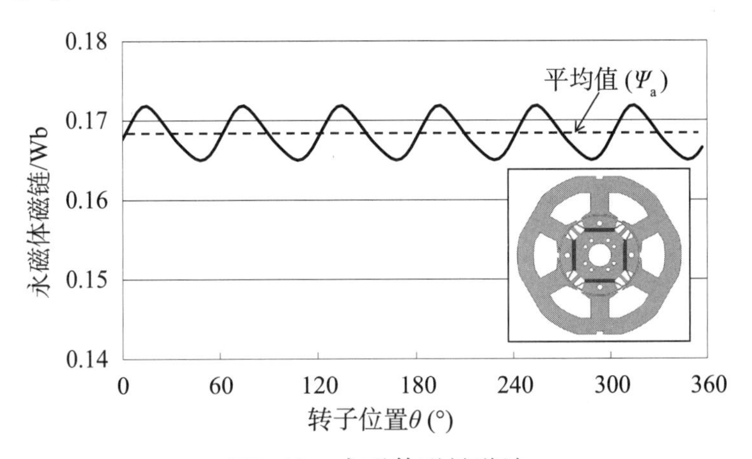

图3.19　永磁体磁链谐波

图3.20所示为在$i_q = 1$p.u.（额定电流）条件下求出的q轴电感。可见，它也是随转子位置θ变化的。同时，随d轴电流的变化，其波形也发生了变化。图中显示，q轴电感的主要谐波分量为6次谐波，随着d轴电流增大，其平均值减小，谐波分量的幅度增大。在这种情况下，平均值也是前述模型中的q轴电感L_q。由此可知，即使i_q相同，L_q也会随i_d变化，这说明发生了交叉耦合。

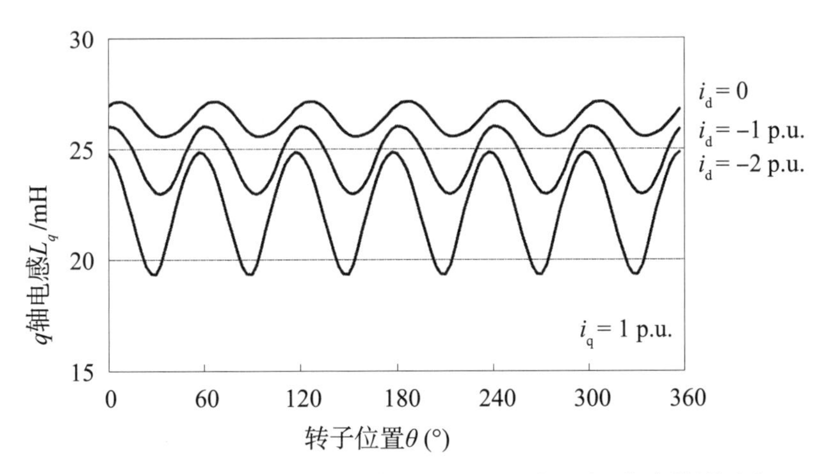

图3.20　q轴电感随位置的变化（磁饱和与空间谐波的影响）

通过改变d轴、q轴电流，求出d轴、q轴电感的平均值L_d、L_q，如图3.21所示。这里，图3.21(a)中标记“×”的值是从图3.20获得的L_q的值。L_d、L_q受d轴、q轴电流的影响而变化，由此可知，d轴、q轴电感应作为i_d和i_q的函数[$L_d(i_d, i_q)$和$L_q(i_d, i_q)$]处理。

本节给出的实例，分析对象是集中式绕组IPMSM，其电流设定得比额定电流大，因此，磁饱和与空间谐波的影响非常明显。但要认识到，现实中实际的电机与理想的电机模型（电机参数）在很多方面都存在差异。

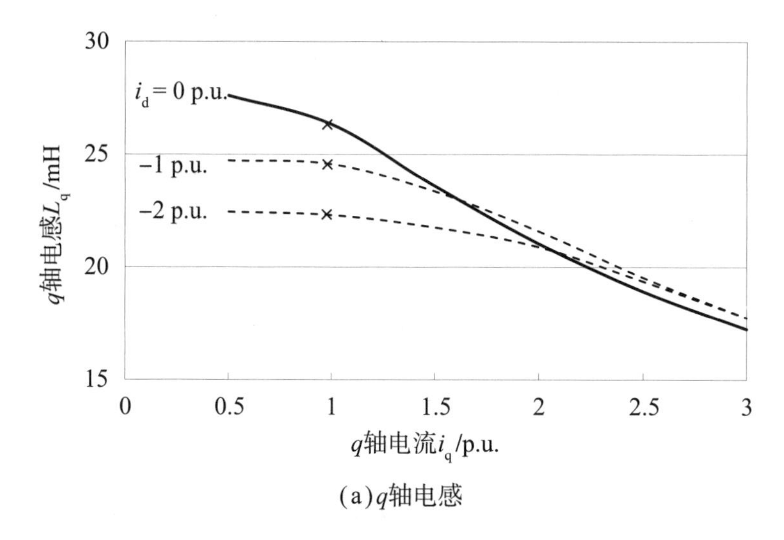

(a) q轴电感

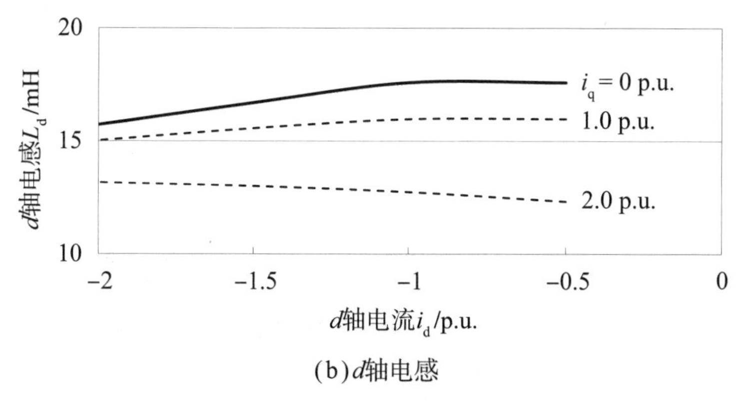

(b) d轴电感

图3.21 磁饱和对电感的影响

参考文献

[1] 森本茂雄, 真田雅之. 省エネモータの原理と設計法. 科学情報出版, 2013.
[2] 電気学会. 基礎電気機器学. 電気学会, 1984.
[3] リラクタンストルク応用電動機の技術に関する調査専門委員会. リラクタンストルク応用モータ. 電気学会, 2016.
[4] 武田洋次, 松井信行, 森本茂雄, 本田幸夫. 埋込磁石同期モータの設計と制御. オーム社, 2001.
[5] 電気学会・センサレスベクトル制御の整理に関する調査専門委員会.ACドライブシステムのセンサレスベクトル制御. オーム社, 2016.
[6] 前川佐理, 長谷川幸久. 家電用モータのベクトル制御と高効率運転法. 科学情報出版, 2014.
[7] 松瀬貢規. 電動機制御工学. 電気学会, 2007.

第4章

电流矢量控制方法

同步电机的运转特性差异很大，具体要看电流矢量（d轴、q轴电流，或电流的大小与相位）是如何确定的。特别是可利用磁阻转矩的IPMSM和SynRM，选择适当的电流矢量非常重要。本章首先介绍电流矢量对PMSM运转特性的影响，然后在此基础上针对本书的研究对象——同步电机，就共通的电流矢量控制方法、控制算法和运转特性进行讲解。此外，对于求出电流矢量指令值后，使实际电机电流与指令值保持一致的电流控制系统，本章也将进行说明。

如无特别说明，本章的特性图皆为使用IPM_D1（参见表3.3）的参数计算而得。根据需要，也会给出SPMSM和SynRM等各种电机的特性图。

4.1　电流矢量平面上的特性曲线

同步电机的电流矢量控制一般在d–q坐标系中进行，控制方法的探讨也基于d–q坐标系模型。借助图3.8所示的d–q坐标系矢量图来理解d–q坐标系的电流、磁链、电压等变量就容易多了。特别是，从控制电流矢量的角度来看，在以d轴电流i_d为横轴、q轴电流i_q为纵轴的坐标上画出各种特性曲线，有利于我们更好地理解控制算法构建、研究电机特性、思考电流和电压的极限等。该二维平面上原点到任意一点的矢量表示电流矢量，因此，被称为d–q坐标系电流矢量平面。

d–q坐标系的PMSM模型见式（3.24），为了研究电流矢量与电机特性的关系，我们整理了各种矢量的极坐标和基本表达式，相关矢量图如图4.1所示。

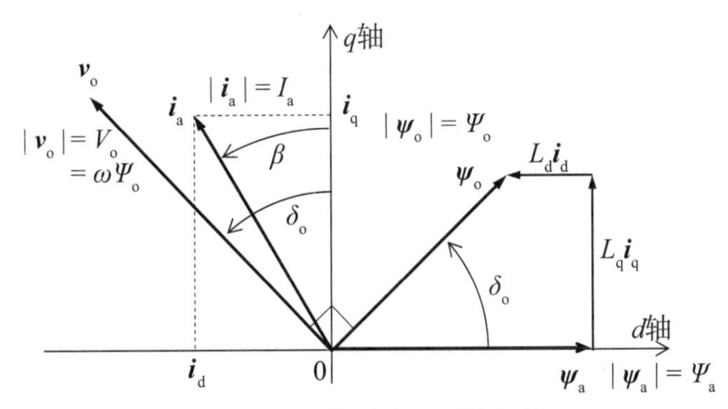

(a)磁链矢量与感应电动势矢量

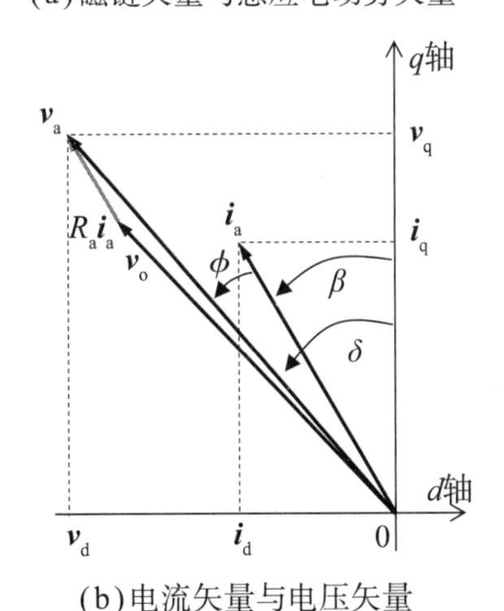

(b)电流矢量与电压矢量

图4.1　d–q坐标系各种矢量的关系

电枢电流矢量的极坐标：

$$I_a = \sqrt{i_d^2 + i_q^2} \tag{4.1}$$

$$\beta = \arctan\left(-\frac{i_d}{i_q}\right) \quad (4.2)$$

式中，I_a为电流矢量$\boldsymbol{i}_a$的大小（A），稳态时$I_a=\sqrt{3}I_e$（I_e为相电流有效值）；β为电流矢量自q轴前进的相位角（rad）。

电枢磁链矢量的极坐标：

$$\Psi_o = \sqrt{\Psi_d^2 + \Psi_q^2} = \sqrt{(\Psi_a + L_d i_d)^2 + (L_q i_q)^2} \quad (4.3)$$

$$\delta_o = \arctan\left(\frac{\Psi_q}{\Psi_d}\right) = \arctan\left(\frac{L_q i_q}{\Psi_a + L_d i_d}\right) \quad (4.4)$$

式中，Ψ_o为电枢磁链矢量$\boldsymbol{\psi}_o$的大小（Wb）；δ_o为电枢磁链矢量自d轴前进的相位角（rad）。

感应电压矢量的极坐标：

$$V_o = \sqrt{v_{od}^2 + v_{oq}^2} = \omega\Psi_o = \omega\sqrt{(\Psi_a + L_d i_d)^2 + (L_q i_q)^2} \quad (4.5)$$

$$\delta_o = \arctan\left(-\frac{v_{od}}{v_{oq}}\right) = \arctan\left(\frac{\Psi_q}{\Psi_d}\right) \quad (4.6)$$

式中，V_o为感应电压矢量$\boldsymbol{v}_o$的大小（V）；δ_o为感应电压矢量自q轴前进的相位角（rad），与电枢磁链矢量自d轴前进的相位角相同。

电枢电压的极坐标：

$$V_a = \sqrt{v_d^2 + v_q^2} = \sqrt{(R_a i_d - \omega L_q i_q)^2 + (R_a i_q + \omega\Psi_a + \omega L_d i_d)^2} \quad (4.7)$$

$$\delta = \arctan\left(-\frac{v_d}{v_q}\right) \quad (4.8)$$

式中，V_a为电枢电压矢量$\boldsymbol{v}_a$的大小（V）；δ为电枢电压矢量自q轴前进的相位角（rad）。

稳态时$V_a = V_1$（V_1为线电压的有效值）。

功率因数：

$$\cos\phi = \cos(\delta - \beta) \quad (4.9)$$

式中，ϕ为功率因数角（rad），即电枢电压矢量$\boldsymbol{v}_a$滞后于电流矢量$\boldsymbol{i}_a$的相位角。

转矩：

$$T = P_n\left[\Psi_a i_q + (L_d - L_q) i_d i_q\right] \tag{4.10}$$

$$T = P_n\left[\Psi_a I_a \cos\beta + \frac{1}{2}(L_q - L_d) I_a^2 \sin 2\beta\right] \tag{4.11}$$

由式（4.10）可知，转矩由d轴、q轴电流决定，产生一定转矩的q轴电流作为d轴电流的函数，由下式给出：

$$i_q = \frac{T}{P_n\left[\Psi_a + (L_d - L_q) i_d\right]} \tag{4.12}$$

该关系在电流矢量平面表示为图4.2所示的恒转矩曲线。恒转矩曲线上的点表示产生相同转矩的i_d与i_q的组合。恒转矩曲线以i_d轴对称，当$i_q<0$时，转矩为负。

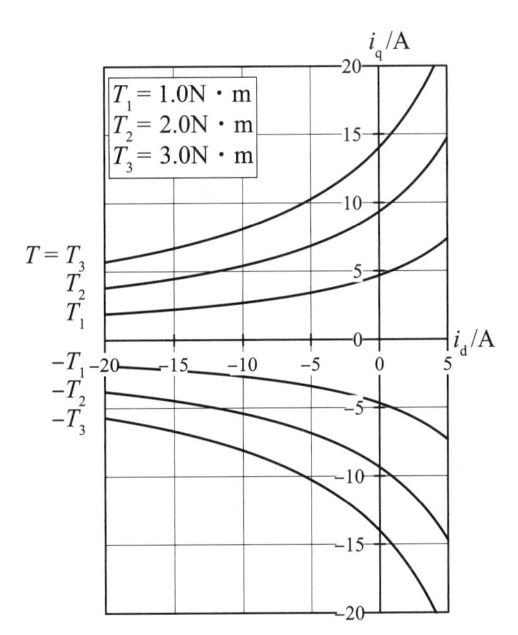

图4.2 IPMSM（IPM_D1）的恒转矩曲线

图4.3所示为表3.3中4种同步电机产生额定转矩（1.83N·m）的恒转矩曲线。非凸极的SPMSM（SPM_1）由于不产生磁阻转矩，所以恒转矩曲线不受i_d的影响，i_q为直线。不产生电磁转矩的SynRM（SynRM_3.8），$-i_d$与i_q成反比关系。凸极比较IPM _D1大的IPM_3，其恒转矩曲线介于IPM_D1与SynRM_3.8之间。

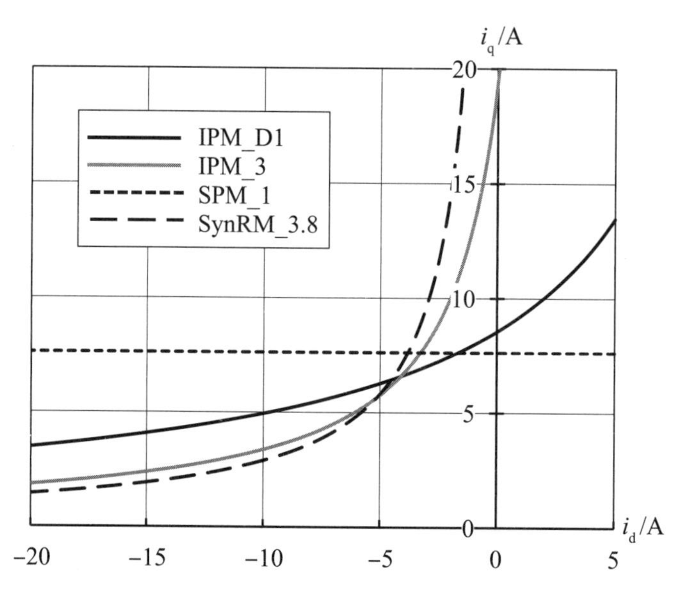

图4.3　额定转矩（1.83N・m）的恒转矩曲线

电枢磁链是d轴、q轴电流决定的，根据式（4.3），使电枢磁链Ψ_o恒定的d轴、q轴电流组合由下式给出：

$$(\Psi_a + L_d i_d)^2 + (L_q i_q)^2 = \Psi_o^2 \tag{4.13}$$

其轨迹呈椭圆形，亦称恒磁链椭圆。IPMSM（IPM_D1）的恒磁链椭圆如图4.4所示，中心为点M（$-\Psi_a/L_d$, 0），长直径为$2\Psi_o/L_d$，短直径为$2\Psi_o/L_q$，随着电枢磁链Ψ_o减小，恒磁链椭圆的直径以点M为中心减小。点M的d轴电流大小如下：

$$I_{ch} = \frac{\Psi_a}{L_d} \tag{4.14}$$

是由永磁体磁链和d轴电感决定的电流值，被称为特征电流。当$i_d = -I_{ch}$时，d轴磁链Ψ_d为0。特征电流或电流矢量平面上点M的位置，是决定PMSM控制及高速区运转特性的重要因素。

另外，由于$V_o = \omega\Psi_o$，式（4.13）也可以改为感应电压表达式：

$$(\Psi_a + L_d i_d)^2 + (L_q i_q)^2 = \left(\frac{V_o}{\omega}\right)^2 \tag{4.15}$$

这称为恒感应电压椭圆。恒感应电压椭圆与恒磁链椭圆一样，只不过它着眼于电压。恒感应电压椭圆被用于研究PMSM高速区电流矢量的选择范围和控制算法。

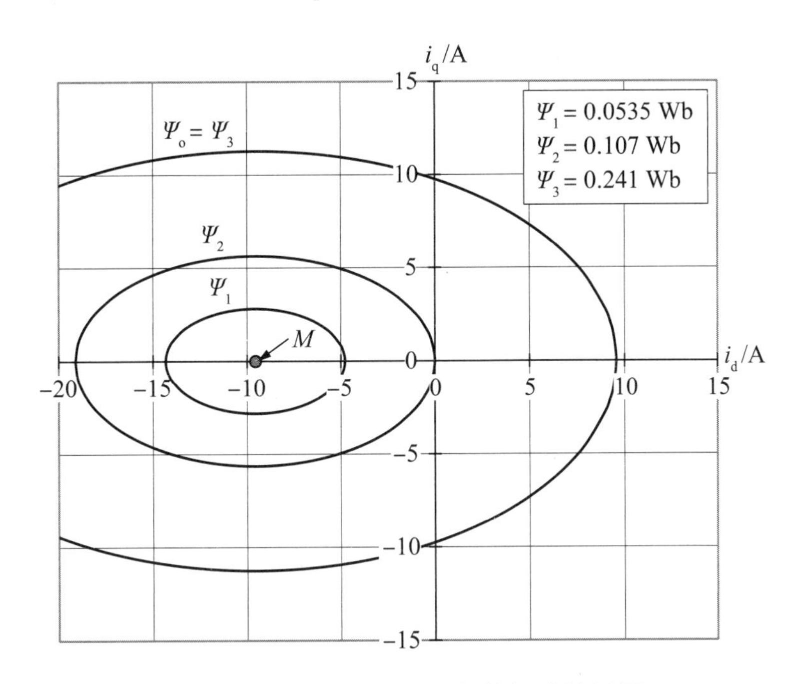

图4.4　IPMSM（IPM_D1）的恒磁链椭圆

图4.5所示为表3.3所列4种同步电机$\Psi_o = 0.107$Wb（与IPM_D1的Ψ_a相同）的恒磁链椭圆（恒感应电压椭圆）。SPM1的凸极比ρ（$= L_q / L_d$）为1的恒磁链椭圆呈圆形，凸极比ρ越大，椭圆越扁。各电机的特征电流I_{ch}（点M的d轴电流）参见表3.3，在没有永磁体磁链的SynRM中I_{ch}为0（点M为原点）。

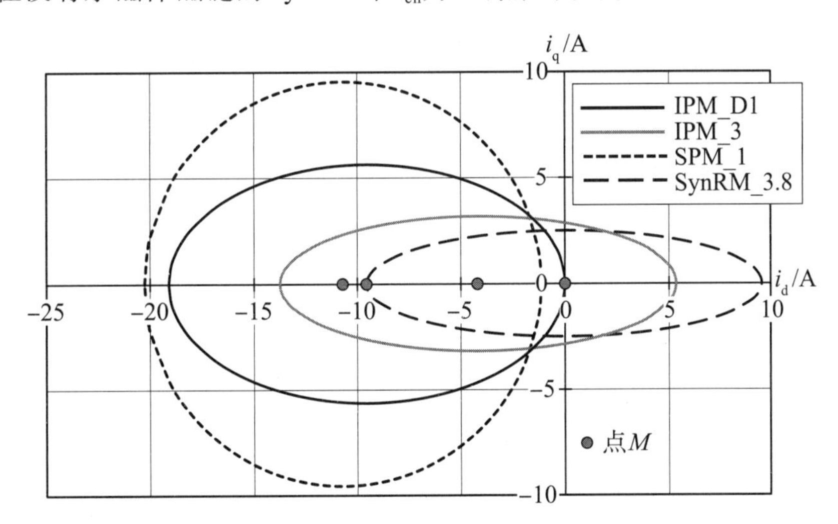

图4.5　各种同步电机的恒磁链椭圆（$\Psi_o = 0.107$Wb）

电流I_a恒定的d轴、q轴电流组合为

$$i_d^2 + i_q^2 = I_a^2 \tag{4.16}$$

轨迹为圆，故称为恒流圆，如图4.6所示。这与电机的类型无关。恒流圆适用于额定电流和最大电流的特性研究，以及电流极限的考虑。

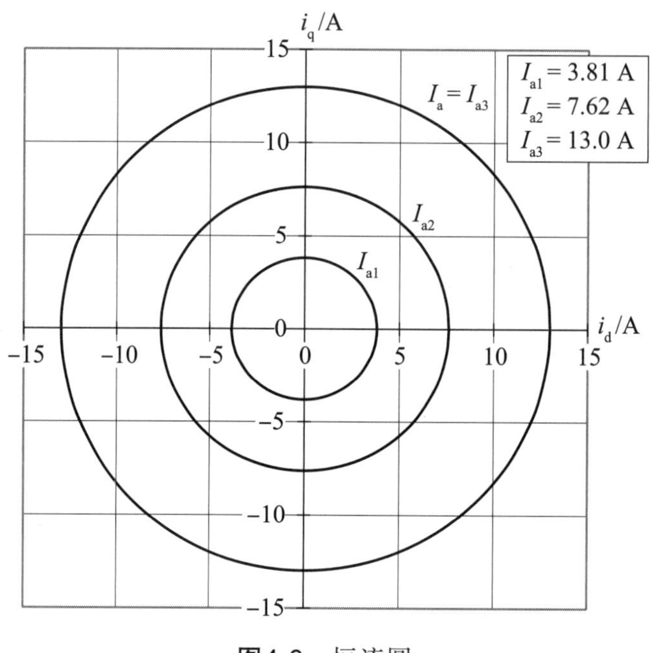

图4.6　恒流圆

4.2 电流相位与各种特性

电流矢量（d轴、q轴电流i_d、i_q，或电流大小I_a与相位β）控制是如何改变各种特性的呢？为了解开其中的奥秘，下面用电角速度ω（$= P_n\omega_r$）来表示电机速度，而不是机械角速度ω_r。

4.2.1 电流恒定时的电流相位控制特性

图4.7所示为电流固定、改变电流相位β时产生的总转矩T、电磁转矩T_m和磁阻转矩T_r。表示的是电流矢量沿图4.6所示的恒流圆运动一周时的转矩变化。

由式（4.11）可知，电磁转矩在$\beta = 0°$时最大，在$\beta = 180°$时最小，参见图4.7(b)。另一方面，由于$L_d < L_q$，磁阻转矩在$\beta = 45°$和$\beta = -135°$时最大，在$\beta = -45°$和$\beta = 135°$时最小，参见图4.7(c)。因此，总转矩最大值在$0° < \beta < 45°$的电流相位范围内，负最大值在$135° < \beta < 180°$的电流相位范围内，参见图4.7(a)。电磁转矩的最大值与电流成正比，磁阻转矩的最大值与电流的平方成正比，因此，电流值越大，产生最大转矩的电流相位越接近45°。

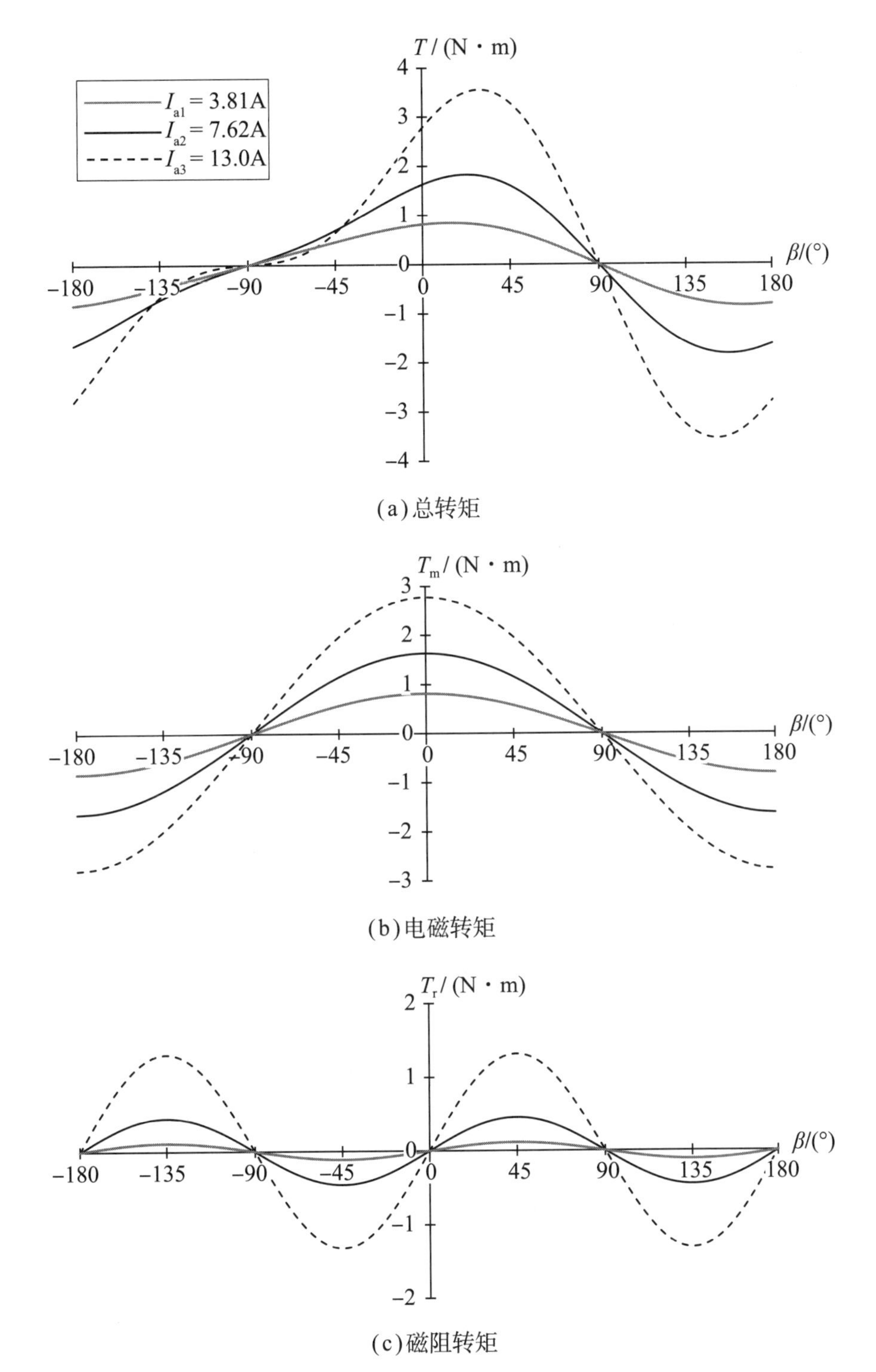

图4.7　恒电流时IPMSM（IPM_D1）的电流相位-转矩特性

由以上转矩特性可知，为了有效利用电磁转矩和磁阻转矩，产生正转矩最好利用$0° < \beta < 90°$ 的范围（电流矢量平面的第2象限），产生负转矩最好利用

$90° < \beta < 180°$ 的范围（电流矢量平面的第3象限）。注意，非凸极的SPMSM（$L_d = L_q$）只产生图4.7(b)所示的电磁转矩，最大转矩产生在$\beta = 0°$ 时；而同步磁阻电机（$\Psi_a = 0$）只产生图4.7(c)所示的磁阻转矩，最大转矩产生在$\beta = 45°$ 时。

图4.7所示的转矩特性是在电机参数（Ψ_a，L_d，L_q）不变的条件下求出的，但实际的IPMSM如3.6节所述，受磁饱和的影响，电机参数常常会发生变化。特别是已知q轴电感L_q会随着电流的增大而减小。因此，在受磁饱和影响较大的IPMSM和SynRM中，大电流时转矩达到最大的电流相位有时大于45°。4.7节将给出具体实例。

按图4.7在电流恒定状态下改变电流相位β时，磁链矢量$\boldsymbol{\psi}_o$的轨迹和大小变化如图4.8所示。在电流恒定的情况下，电流相位β从0开始增大时，q轴电流减小，d轴电流向负方向增大。此时，q轴电枢反应$L_q i_q$减小，d轴电枢反应$L_d i_d$在永磁体磁链Ψ_a减弱的方向上增大。其结果是，永磁体与电枢反应合成的总磁链Ψ_a减小。当$\beta = 90°$ 时，磁链Ψ_o为最小值$\Psi_{omin} = | \Psi_a - L_d I_a |$。这样，施加负的$d$轴电流，可以减小具有永磁体磁链的$d$轴方向的磁链（$d$轴磁链$\Psi_d = \Psi_a + L_d i_d$），可以获得等效

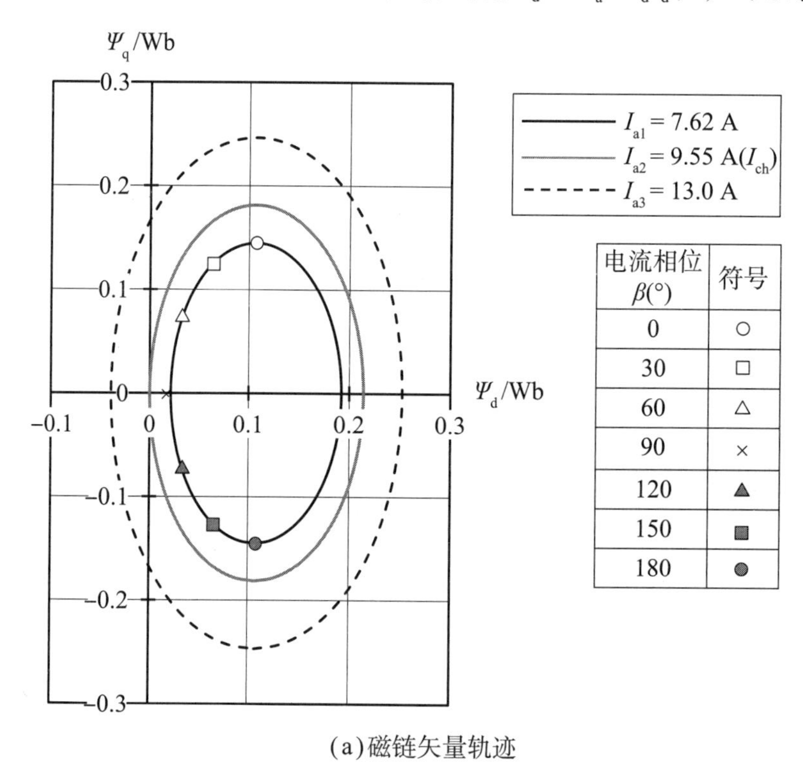

电流相位 β(°)	符号
0	○
30	□
60	△
90	×
120	▲
150	■
180	●

(a)磁链矢量轨迹

图4.8　磁链相对于电流相位的变化

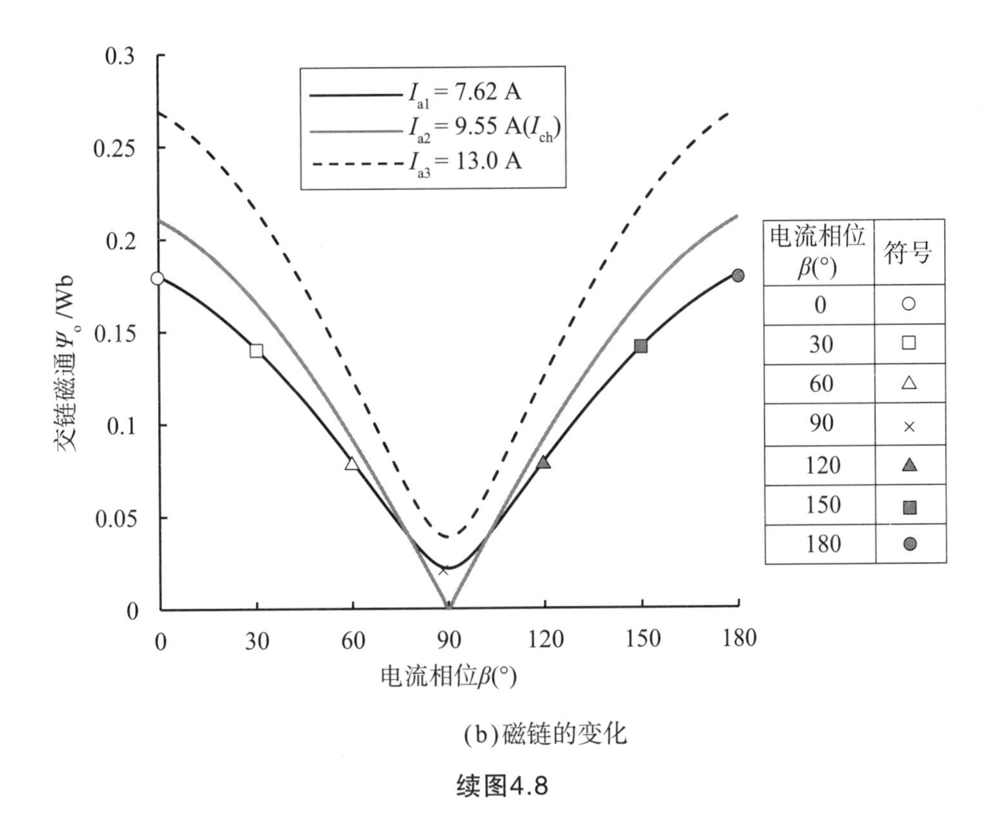

(b)磁链的变化

续图4.8

的弱磁效应。由图4.8(b)可见，磁链最小值Ψ_{omin}（$\beta=90°$ 时的磁链）并没有随着电流（$\beta=90°$ 时$i_d=-I_a$）的增大而减小，这一点要注意。电流为特征电流（$I_a=I_{ch}$）时，$\Psi_{omin}=0$；但当$I_a>I_{ch}$时，$\beta=90°$ 的d轴磁链Ψ_d为负值，$\Psi_{omin}>0$。这些结果表明，电机电流大于特征电流I_{ch}时，比起减小最大电流，减小电流能更有效地降低磁链最小值Ψ_{omin}和感应电压，从而实现更高速运转。

图4.9所示为在额定电流（I_a =7.62A）下改变电流相位，电机速度为3000 r/min时的感应电压矢量轨迹。感应电压矢量轨迹对应图4.8(a)所示的I_a = 7.62A的磁链矢量轨迹，逆时针（前进方向）旋转90°。可以看出，电流相位β从0°增大时，感应电压矢量$\boldsymbol{v}_o$的大小V_o减小，其相位δ_0接近电流矢量i_a的相位β，功率因数得以改善。图4.9中显示，大于$\beta=60°$（△标记）时，功率因数为1。随着β进一步增大，电流矢量的相位超前于感应电压矢量。当$\beta=90°$（×标记）时，感应电压V_o最小，电流矢量i_a与感应电压矢量$\boldsymbol{v}_o$正交。在$\beta>90°$ 的电流相位范围内，$i_q<0$，电流矢量i_a和感应电压矢量$\boldsymbol{v}_o$的相位差大于90°，这是发电机的工作区。

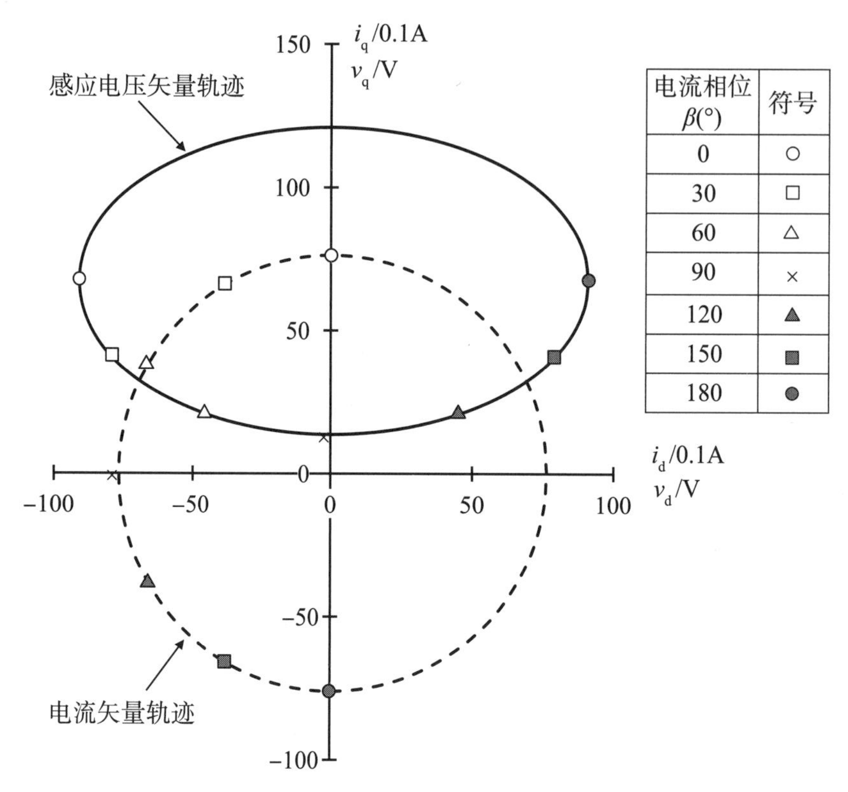

图4.9　电流矢量与感应电压矢量轨迹

4.2.2　转矩恒定时的电流相位控制特性

在速度和转矩恒定（输出功率恒定）的条件下，改变电流相位β时，IPMSM（IPM_D1）的特性如图4.10所示。这就是电流矢量在图4.2中$T = T_1$和$T = T_2$的恒转矩曲线上移动时的特性。注意，图4.10中的纵轴表示$\beta = 0°$时的值为100%。随着电流相位β的增大，电磁转矩减小，但磁阻转矩增大。当电流相位增大到图4.10中的①时，产生相同转矩所需的电流最小，此时的铜损最小。这也是电流恒定时转矩最大的条件。当β进一步增大时，电流还会继续增大。如果电流相位还像电流恒定时那样增大，就会获得等效的弱磁效应，磁链Ψ_o减小，感应电压V_o也下降。这种效应会降低电机端子电压，因此可以在逆变器输出电压的限制下实现高速或恒输出功率运转。磁链Ψ_o（感应电压V_o）在图4.10中的②处最小。也就是说，②是相对于磁链（感应电压）的最大转矩工作点。考虑图3.10所示的等效电路，速度恒定时，铁损与感应电压V_o的平方成正比，因此状态②的铁损最小。在电流I_a最小的电流相位（①）下，铜损W_c最小；在磁链Ψ_o（感应电压V_o）最小的电流相位（②）下，铁损W_i最小。在这两个最佳电流相位之间，存在一个总损耗W_l（铜损W_c+铁损W_i）最小的电流相位，由于输出功率恒定，效率最高。

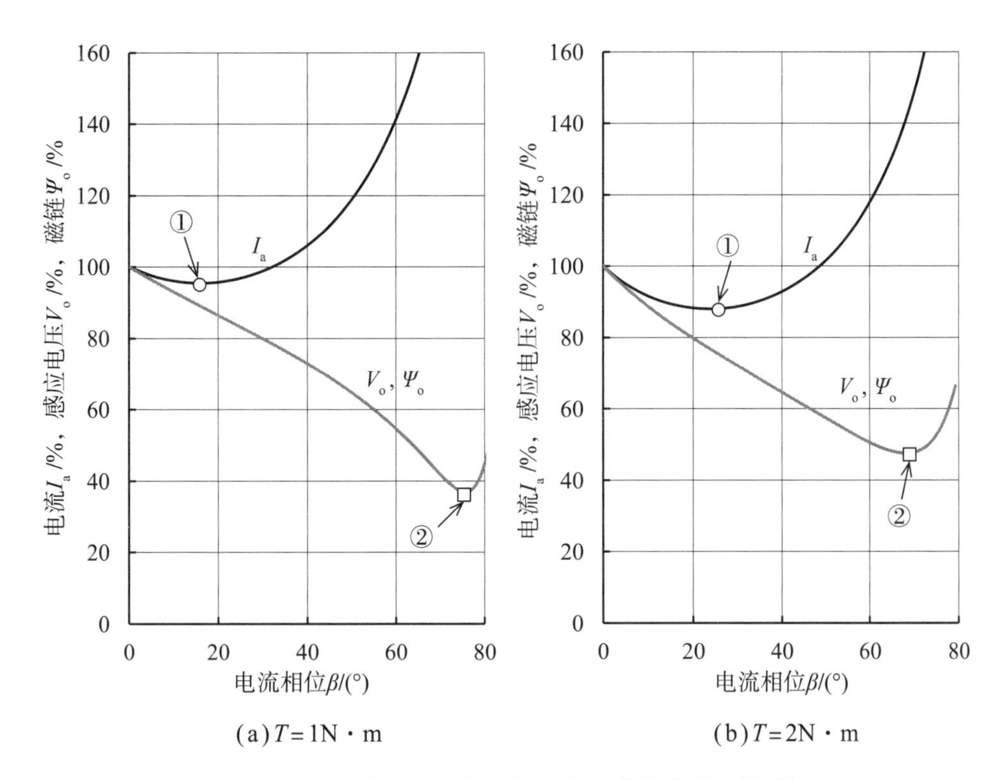

图4.10　转矩、速度恒定时的电流相位控制特性

4.2.3　电流相位控制特性小结

根据图4.7 ~ 图4.10所示的电流相位控制特性，电流矢量（电流相位）控制的运转特性及控制方法总结如下。

（1）电流恒定时，IPMSM产生的转矩在电流相位$0<\beta<45°$最大，最佳相位取决于电流值和电机常数。对于SPMSM，$\beta=0°$ 时相对于电流的转矩最大；对于SynRM，$\beta=45°$ 时相对于电流的转矩最大。

→使相对于电流的转矩最大化的控制方法（最大转矩/电流控制）

（2）产生相同的转矩时，存在磁链Ψ_o（感应电压V_o）最小的电流相位。

→使相对于磁链（感应电压）的转矩最大化的控制方法（最大转矩/磁链控制、最大转矩/感应电压控制）

（3）在速度及转矩恒定（输出恒定）的条件下，铜损和铁损随着电流相位β控制而变化，最佳相位控制可使损耗（=铜损+铁损）最小、效率最高。

→始终使损耗最小、效率最高的控制方法（最大效率控制）

（4）通过增大电流相位β（电流相位超前），即利用负的d轴电流产生d轴电枢反应，形成弱磁作用，可以减小电枢磁链。因此，可以降低感应电压，并抑制电机端子电压随着速度增加而增大。

→减小磁链（感应电压）的等效弱磁控制方法

（5）通过增大电流相位β（电流相位超前），改善功率因数，使功率因数控制为1。

→将功率因数保持在1的控制方法（$\cos\phi = 1$控制）

控制电流矢量可以改变各种特性，因此，可以根据目的选择各种电流矢量控制方法。下一节将介绍电流矢量控制方法中d轴、q轴电流的确定方法。

4.3　各种电流矢量控制方法

4.3.1　最大转矩/电流控制

使电流产生最大转矩的电流矢量控制方法被称为最大转矩/电流控制（maximum torque per ampere，MTPA）控制，简称最大转矩控制，如图4.10中的工作点①所示。假设电机参数不变，如4.1节所述，产生MTPA的电流相位在只产生电磁转矩的SPMSM中为$\beta = 0°$，在只产生磁阻转矩的SynRM中为$\beta = 45°$，与电流值无关，是固定的。假设电机参数不变，通过β对式（4.11）转矩方程进行偏微分，设为0即可得到可同时利用电磁转矩和磁阻转矩的IPMSM的MTPA条件。正转矩产生时的最大转矩/电流控制的电流相位和d轴、q轴电流关系如下。

MTPA条件：

（IPMSM）

$$\beta = \arcsin\left[\frac{-\Psi_a + \sqrt{\Psi_a^2 + 8(L_q - L_d)^2 I_a^2}}{4(L_q - L_d)I_a}\right] \tag{4.17}$$

$$i_d = \frac{\Psi_a}{2(L_q - L_d)} - \sqrt{\frac{\Psi_a^2}{4(L_q - L_d)^2} + i_q^2} \tag{4.18}$$

（SPMSM）

$$\beta=0 \tag{4.19}$$

$$i_{\mathrm{d}}=0 \tag{4.20}$$

（SynRM、PMSM基准的d–q坐标系表示）

$$\beta=\frac{\pi}{4} \tag{4.21}$$

$$i_{\mathrm{d}}=-i_{\mathrm{q}} \tag{4.22}$$

最大转矩/电流控制可以提供电流上限值内的最大转矩，且铜损最小，可实现高效运转。

对于IPMSM（IPM_D1），式（4.18）在电流矢量平面（i_{d}-i_{q}平面）上表示为图4.11所示的最大转矩/电流曲线（MTPA曲线）。图中还显示了恒转矩曲线和恒流圆。最大转矩/电流曲线上的电流矢量是恒转矩曲线上与原点距离（相当于电流I_{a}）最小的工作点和恒流圆上产生转矩最大的工作点，对应恒转矩曲线与恒流圆的切点。由于最大转矩/电流曲线相对于横轴（i_{d}轴）对称，因此，产生负转

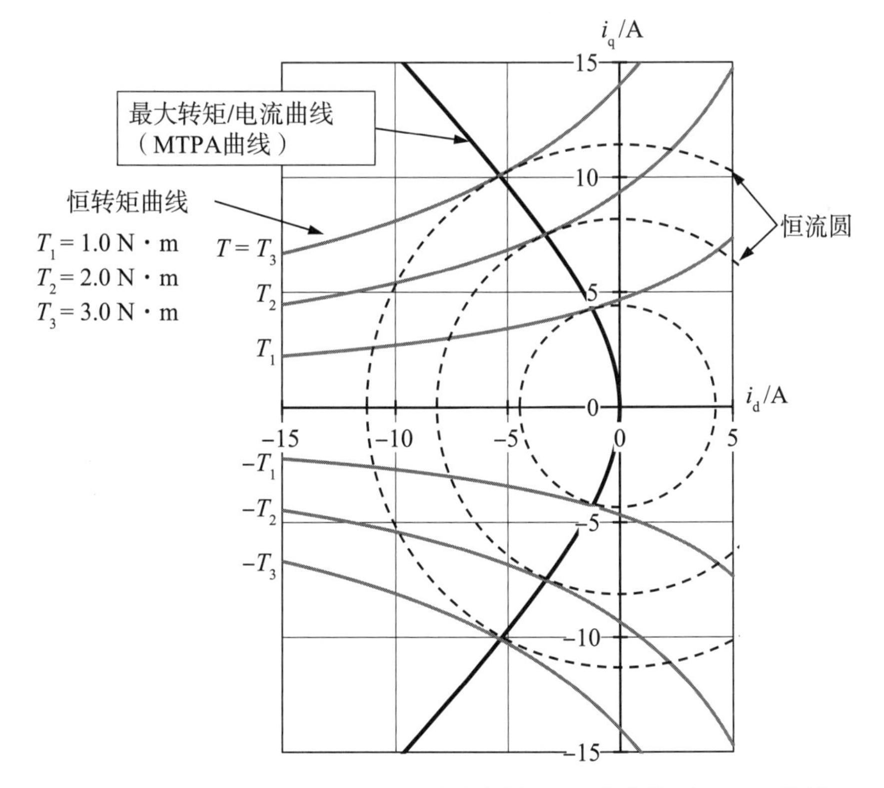

图4.11 IPMSM（IPM_D1）的最大转矩/电流曲线（MTPA曲线）

矩（$i_q<0$）时同样可以获得实现MTPA的电流矢量。在最大转矩/电流控制中，根据负载转矩在最大转矩/电流曲线上控制电流矢量，可以实现最小电流值（最小铜损）运转。

表3.3中各类同步电机的最大转矩/电流曲线（MTPA曲线）如图4.12所示。可以看出，电机的种类、电磁转矩与磁阻转矩的比例等不同，MTPA曲线也不同。

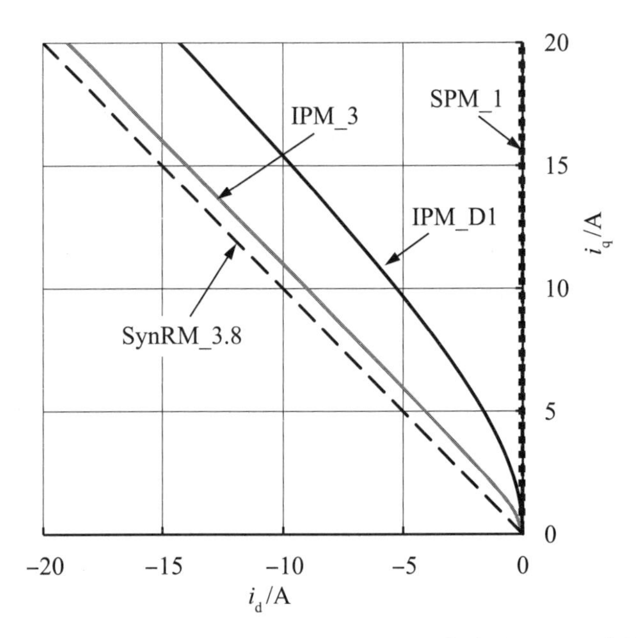

图4.12　各种同步电机的最大转矩/电流曲线（MTPA曲线）

4.3.2　最大转矩/磁链控制（最大转矩/感应电压控制）

图4.10中的②所示为产生相同转矩时，使磁链Ψ_o（感应电压V_o）最小的条件。实现该条件的控制方法被称为最大转矩/磁链（maximum torque per flux-linkage，MTPF）控制。该条件也是使感应电压V_o最小的条件。因此，这种控制也被称为最大转矩/感应电压控制，简称最大转矩/电压（maximum torque per voltage，MTPV）控制。

满足最大转矩/磁链（最大转矩/感应电压）条件的d轴、q轴电流的关系推导如下。利用表示IPMSM磁链的式（4.3）消去式（4.10）转矩方程中的i_q，用i_d和Ψ_o表示转矩T，并设$\partial T/\partial i_d=0$，可以得到最大转矩/磁链（最大转矩/感应电压）的条件。对于$L_d=L_q$的SPMSM，由于d轴电流i_d对转矩无贡献，使磁链Ψ_o最小的条件是$i_d=-I_{ch}$（$=-\Psi_a/L_d$）。另外，SynRM的条件也对应IPMSM的特殊情况（$\Psi_a=0$）。最大转矩/磁链控制（最大转矩/电压控制）的条件如下。

MTPF（MTPV）条件：

（IPMSM）

$$i_{\mathrm{d}}=-\frac{\Psi_{\mathrm{a}}+\Delta\Psi_{\mathrm{d}}}{L_{\mathrm{d}}} \tag{4.23}$$

$$i_{\mathrm{q}}=\pm\frac{\sqrt{\Psi_{\mathrm{o}}^{2}-\Delta\Psi_{\mathrm{d}}^{2}}}{L_{\mathrm{q}}}\quad（+表示正转矩，-表示负转矩） \tag{4.24}$$

$$\Delta\Psi_{\mathrm{d}}=\frac{-L_{\mathrm{q}}\Psi_{\mathrm{a}}+\sqrt{\left(L_{\mathrm{q}}\Psi_{\mathrm{a}}\right)^{2}+8\left(L_{\mathrm{q}}-L_{\mathrm{d}}\right)^{2}\Psi_{\mathrm{o}}^{2}}}{4\left(L_{\mathrm{q}}-L_{\mathrm{d}}\right)} \tag{4.25}$$

（SPMSM）

$$i_{\mathrm{d}}=-\frac{\Psi_{\mathrm{a}}}{L_{\mathrm{d}}}=-I_{\mathrm{ch}} \tag{4.26}$$

（SynRM）

$$i_{\mathrm{d}}=-\frac{\Psi_{\mathrm{o}}}{\sqrt{2}L_{\mathrm{d}}} \tag{4.27}$$

$$i_{\mathrm{q}}=\pm\left(-\frac{\Psi_{\mathrm{o}}}{\sqrt{2}L_{\mathrm{q}}}\right)\quad（+表示正转矩，-表示负转矩） \tag{4.28}$$

$$\frac{i_{\mathrm{q}}}{i_{\mathrm{d}}}=\mp\frac{L_{\mathrm{d}}}{L_{\mathrm{q}}}=\mp\frac{1}{\rho}\quad（+表示正转矩，-表示负转矩） \tag{4.29}$$

对于IPMSM（IPM_D1），MTPF（MTPV）条件在i_{d}-i_{q}平面上表示为图4.13所示的最大转矩/磁通量曲线（MTPF曲线）。图中还给出了转矩曲线和恒磁链椭圆（恒感应电压椭圆）。最大转矩/磁通曲线是产生最大转矩的恒磁链椭圆上的工作点，是恒转矩曲线与恒磁链椭圆的切点。考虑电压限制下的高速运转，需要通过提高速度来减小电枢磁链，因此，电流矢量随着速度的提高而向点M移动，并在速度无穷大时收敛到点M（$-\Psi_{\mathrm{a}}/L_{\mathrm{d}}, 0$）。

在最大转矩/磁链（最大转矩/感应电压）控制中，对于$L_{\mathrm{d}}<L_{\mathrm{q}}$的IPMSM，如图4.13所示，$i_{\mathrm{d}}=-I_{\mathrm{ch}}$（点$M$的$d$轴电流，通过$d$轴电枢反应消除永磁体磁链$\Psi_{\mathrm{a}}$的电流），$d$轴电流向负方向流动。这会导致永磁体不可逆性退磁，要特别注意。此外，当可通过电流的上限值小于I_{ch}（$=\Psi_{\mathrm{a}}/L_{\mathrm{d}}$）时，由于最大转矩/磁链（最大转矩/感应电压）曲线上的电流矢量超过电流上限值，该控制方法不适用。

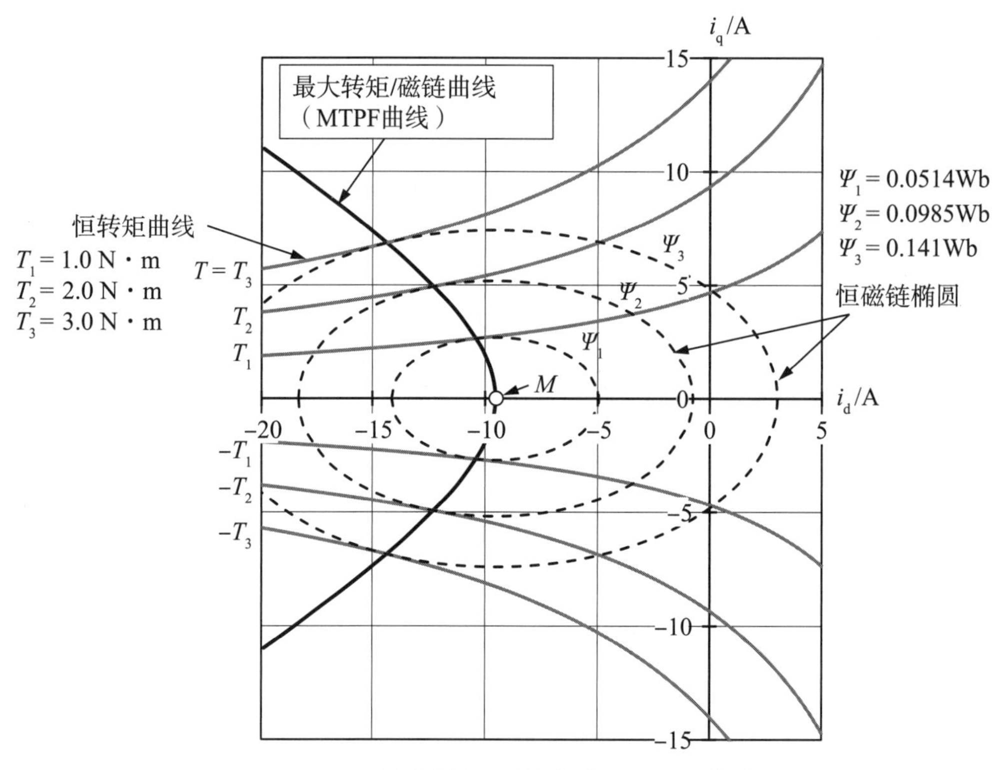

图4.13　最大转矩/磁链曲线（MTPF曲线）

表3.3中各种同步电机的最大转矩/磁链曲线（MTPF曲线）如图4.14所示。

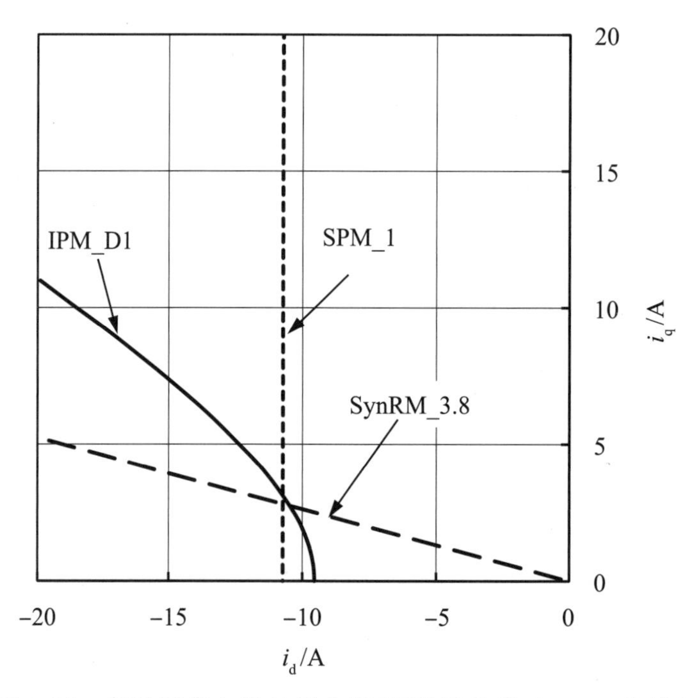

图4.14　各种同步电机的最大转矩/磁链曲线（MTPF曲线）

可以看出，电机种类、电机参数不同，MTPF曲线的形状也大不相同。各同步电机MTPF曲线的d轴电流为表3.3中的特征电流I_{ch}（$i_d=-I_{ch}$）。

在实际控制中，碍于电压的限制，要考虑感应电压V_o的极限值V_{om}。根据$\Psi_o=V_{om}/\omega$，需要随着速度的提高而减小Ψ_o。最大转矩/磁链控制（最大转矩/感应电压控制）是在感应电压极限值下获得最大转矩的条件。

4.3.3 弱磁控制

为了使励磁同步电机高速运转，可以通过弱磁控制调整励磁电流来减小磁场磁通量。而PMSM的磁场磁通量来自永磁体，无法直接控制磁场磁通量。但是，由图4.1所示的矢量图及式（4.3）可知，施加负的d轴电流，可以利用d轴电枢反应的弱磁效应减小磁链，实现等效的弱磁控制。将$V_o=V_{om}$代入式（4.15），可以得到将感应电压V_o（$=|v_o|$）保持在极限值V_{om}的d轴、q轴电流的关系：

$$\left(\Psi_a+L_d i_d\right)^2+\left(L_q i_q\right)^2=\left(\frac{V_{om}}{\omega}\right)^2 \tag{4.30}$$

这表示前述的恒感应电压椭圆，感应电压设为极限值V_{om}。在恒感应电压椭圆上控制电流矢量，使感应电压保持恒定的控制方法被称为弱磁（flux-weakening，FW）控制。施加负d轴电流可以通过d轴电枢反应的弱磁效应来减小表示永磁体磁通量方向的d轴方向的磁链，因此，利用负d轴电流的控制在广义上也可以称为弱磁控制。最大转矩/磁链控制和反凸极电机的最大转矩/电流控制在广义上也是弱磁控制，在本书中，将感应电压保持在极限值的控制都称为弱磁控制。另外，考虑到电枢电阻的压降，也可以通过d轴、q轴电流控制将端子电压V_a（$=|v_a|$）控制在极限值V_{am}，简单起见，本章设$V_o=V_{om}$。

图4.15所示为弱磁控制的电流矢量。该图描绘的是IPMSM（IPM_D1），3个恒感应电压椭圆表示的是感应电压恒定为$V_{om}=160$V，不同速度的情况（$\omega_1<\omega_2<\omega_3$）。恒感应电压椭圆上的工作点是根据运转速度和所需转矩确定的。当$\omega=\omega_2$时，产生转矩T_1的工作点是点P_1，随着转矩的增大，工作点沿箭头方向移动，在点P_2处转矩变为T_2。在点P_2，恒感应电压椭圆与最大转矩/电压曲线（最大转矩/磁链曲线）相交，转矩最大。此外，当电流矢量在恒感应电压椭圆上从点P_2左移（进一步施加负d轴电流）时，电流I_a增大，转矩却减小。而产生转矩T_1的速度极限是ω_3，$T=T_1$的恒转矩曲线与恒感应电压椭圆的切点是最大转矩/电压曲线上的P_3点。产生负转矩的情形亦然。

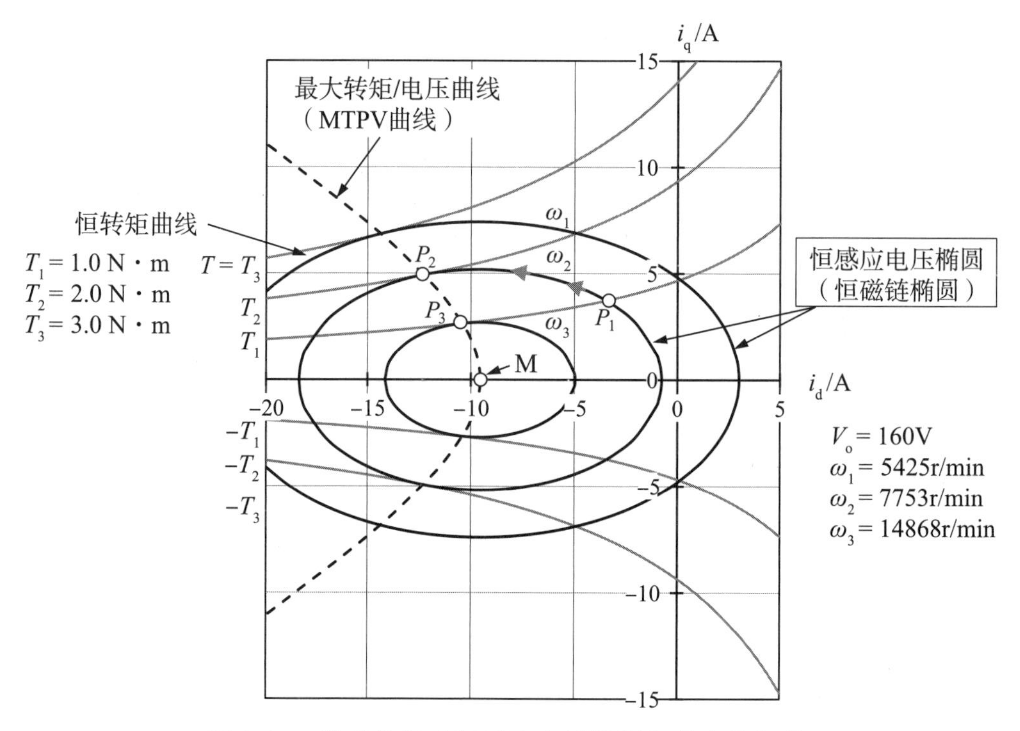

图4.15　弱磁控制（恒感应电压控制）的电流矢量

根据式（4.30），在使感应电压保持为极限值V_{om}的弱磁控制中，d轴、q轴电流的关系如下：

$$i_d = \begin{cases} \dfrac{-\Psi_a + \sqrt{\left(\dfrac{V_{om}}{\omega}\right)^2 - \left(L_q i_q\right)^2}}{L_d} & (i_d \geqslant -i_{ch}) \\ \dfrac{-\Psi_a - \sqrt{\left(\dfrac{V_{om}}{\omega}\right)^2 - \left(L_q i_q\right)^2}}{L_d} & (i_d < -i_{ch}) \end{cases} \tag{4.31}$$

式中，

$$\left|i_q\right| \leqslant \frac{V_{om}}{\omega L_q}$$

图4.15所示为IPMSM（IPM_D1）的情况，但也适用于其他同步电机。各种电机的恒感应电压椭圆对应图4.5中的恒磁链椭圆，从图4.14所示各电机的最大转矩/磁链曲线来看，工作点与图4.15所示相同。

4.3.4 最大效率控制

如4.2.2节所述，当转矩和速度恒定（输出功率恒定）时，可以通过控制电流矢量改变铜损和铁损，使损耗（铜损+铁损）最小化，效率最大化。使任意输出状态（任意速度和转矩）的损耗最小、效率最大的控制方法，被称为最大效率控制。控制条件可以通过考虑图3.10所示考虑了铁损的等效电路导出[2]，但是铁损的建模很难，因为铁损等效电阻R_c不是固定的，而是随着运转速度和负载状态变化的。此外，考虑到磁饱和的非线性，实际控制中很难基于电机模型在线计算实现最大效率控制的d轴、q轴电流。作为实用方法，可以事先基于正确的电机模型求出最佳电流矢量，或者通过实验确定使效率最大的最佳电流矢量，利用速度和转矩的近似函数或查找表确定d轴、q轴电流。

图4.16所示为速度恒定时实现最大效率控制的电流矢量轨迹，即最大效率曲线。速度为0时，铁损为0，最大效率曲线与铜损最小的最大转矩/电流（MTPA）曲线重合。不过，实际PMSM驱动通过PWM逆变器对电机施加高频电压，即使速度为0也会产生铁损，这里忽略不计。随着速度的提高，d轴电流向负方向增大（电流相位超前），电流I_a增大，铜损增大，但是由于弱磁效应，铁损减小，可以得到总损耗最小的条件。因此，最大效率曲线随着速度的提高向左（i_d的负方向）移动，并与铁损最小的最大转矩/电压（MTPV）曲线重合，在速

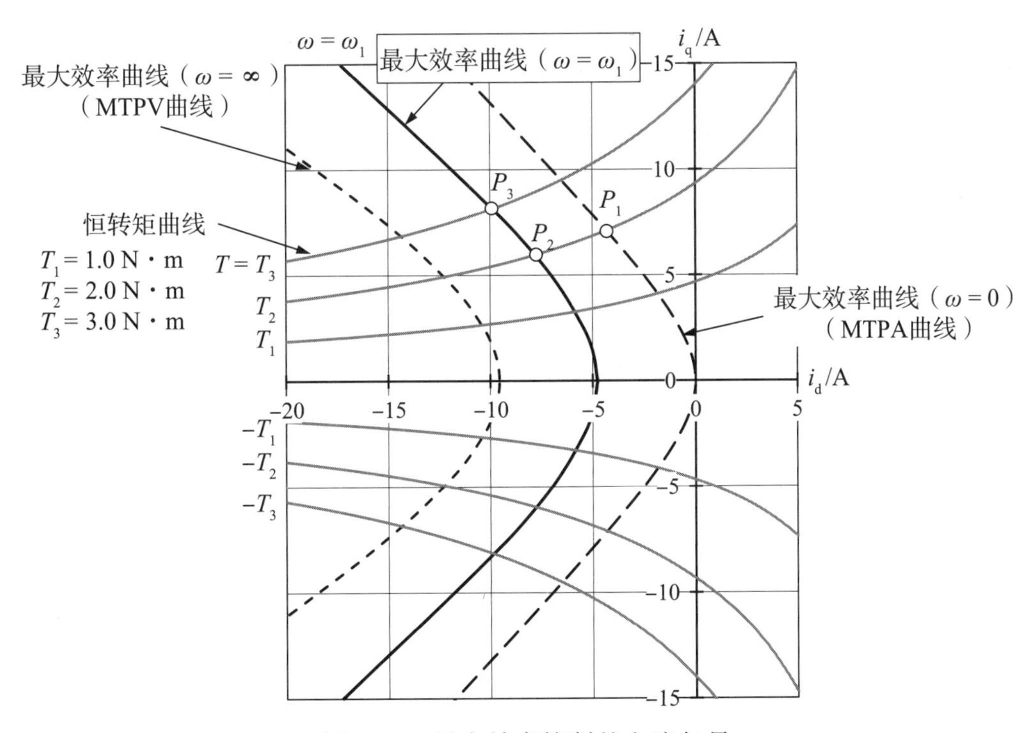

图4.16 最大效率控制的电流矢量

度无限大的情况下，铁损是最小的，理论上，铜损和铁损相比可以忽略不计。一旦确定了运转速度和转矩，最佳电流矢量就可以确定为恒转矩曲线与最大效率曲线的交点。例如，在$T = T_2$的情况下，停止时（$\omega = 0$），MTPA曲线上的点P_1是最大效率工作点。随着速度的提高，最大效率工作点向负d轴电流增大的方向移动。$\omega = \omega_2$时，点P_2为最大效率工作点。此外，$\omega = \omega_2$，产生转矩T_3时，工作点变为点P_3。

4.3.5　$\cos\phi = 1$控制

如4.2.1节所述，存在使功率因数$\cos\phi = 1$的条件。使功率因数始终为1的控制方法被称为单位功率因数（unity power factor，UPF）控制。当功率因数$\cos\phi = 1$时，电流相位β和电压相位δ重合，根据$i_d / i_q = v_d / v_q$的条件和式（3.24），稳态时d轴、q轴电流的关系为

$$\left(i_d + \frac{\Psi_a}{2L_d}\right)^2 + \left(\sqrt{\frac{L_q}{L_d}} i_q\right)^2 = \left(\frac{\Psi_a}{2L_d}\right)^2 \tag{4.32}$$

上式表示的椭圆，通过原点和点M，与最大转矩/电流曲线或最大转矩/磁链曲线不相交。一般认为，在电机驱动中，从效率方面来说，功率因数为1是很好的。对于PMSM驱动，通过控制电流矢量，可以使功率因数为1，但$\cos\phi = 1$控制并没有特别的优势，因为通过前述最大效率控制就可以实现效率最大化。另外，对于没有永磁体磁链的SynRM，不存在使功率因数$\cos\phi = 1$的条件。

4.4　考虑电流、电压限制的控制方法

考虑到电机的最大电流决定了电流极限值I_{am}和逆变器可提供的电压极限值V_{am}，采用上节所述各种控制方法的组合进行PMSM控制。此时，运转的速度-输出功率范围取决于电机常数。下面介绍考虑电流和电压限制的电流矢量控制方法。

4.4.1　电流矢量限制

逆变器驱动PMSM，电流矢量的确定必须考虑电流极限值I_{am}和电压极限值V_{am}。电机电压和电流的限制如下：

$$I_a = \sqrt{i_d^2 + i_q^2} \leqslant I_{am} \tag{4.33}$$

$$V_a = \sqrt{v_d^2 + v_q^2} \leqslant V_{am} \tag{4.34}$$

电流极限值I_{am}是连续运转的电机额定电流，短时运转的电机最大电流或逆变器最大输出电流。电机最大电流可以是额定电流的两三倍。电压极限值V_{am}是逆变器可输出的最大电压，取决于逆变器的直流母线电压V_{DC}和控制方法（调制方式）。调制方式详见7.1节的说明。

电枢电压V_a和感应电压V_o的关系，用功率因数角ϕ表示：

$$V_o^2 = V_a^2 + (R_a I_a)^2 - 2V_a R_a I_a \cos\phi \tag{4.35}$$

V_o的极限值V_{om}取决于电压极限值V_{am}：

$$V_{om} = \sqrt{(V_{am} - R_a I_a \cos\phi)^2 + (R_a I_a \sin\phi)^2} \tag{4.36}$$

简单起见，本章用感应电压限制代替式（4.34）的电压限制：

$$V_o = \omega\sqrt{(\Psi_a + L_d i_d)^2 + (L_q i_q)^2} \leqslant V_{om} \tag{4.37}$$

式中，V_{om}被设为式（4.36）的最小值，即$V_{om} = V_{am} - R_a I_{am}$。

如果式（4.37）得到满足，那么式（4.34）始终得到满足，且只有功率因数$\cos\phi = 1$时，$V_a = V_{am}$。除$\cos\phi = 1$外，电枢电压有一定的余量；在发电区，$\cos\phi = -1$时，电压余量的最大值为$2R_a I_{am}$。

式（4.33）的电流限制和式（4.37）的电压限制在电流矢量平面上的表示，如图4.17所示。考虑到电流限制，可选择的电流矢量范围在式（4.38）表示的电流极限圆内；考虑到电压限制，可选择的电流矢量范围在式（4.39）表示的电压极限椭圆内。

$$i_d^2 + i_q^2 = I_{am}^2 \tag{4.38}$$

$$(\Psi_a + L_d i_d)^2 + (L_q i_q)^2 = \left(\frac{V_{om}}{\omega}\right)^2 \tag{4.39}$$

式（4.38）为式（4.16）中$I_a = I_{am}$的恒流圆，式（4.39）为式（4.15）中$V_o = V_{om}$的恒感应电压椭圆。电压极限椭圆随着速度的增大而缩小。满足电流和电压限制，可选择的电流矢量在电流极限圆和电压极限椭圆内，选择范围随着速度的提高而变窄。例如，当$I_{am} = 7.62\text{A}$、$V_{om} = 160\text{V}$、$\omega = 7140\text{r/min}$（$= \omega_{ov}$）时，可选择的电流矢量被限制在图4.17的阴影部分。

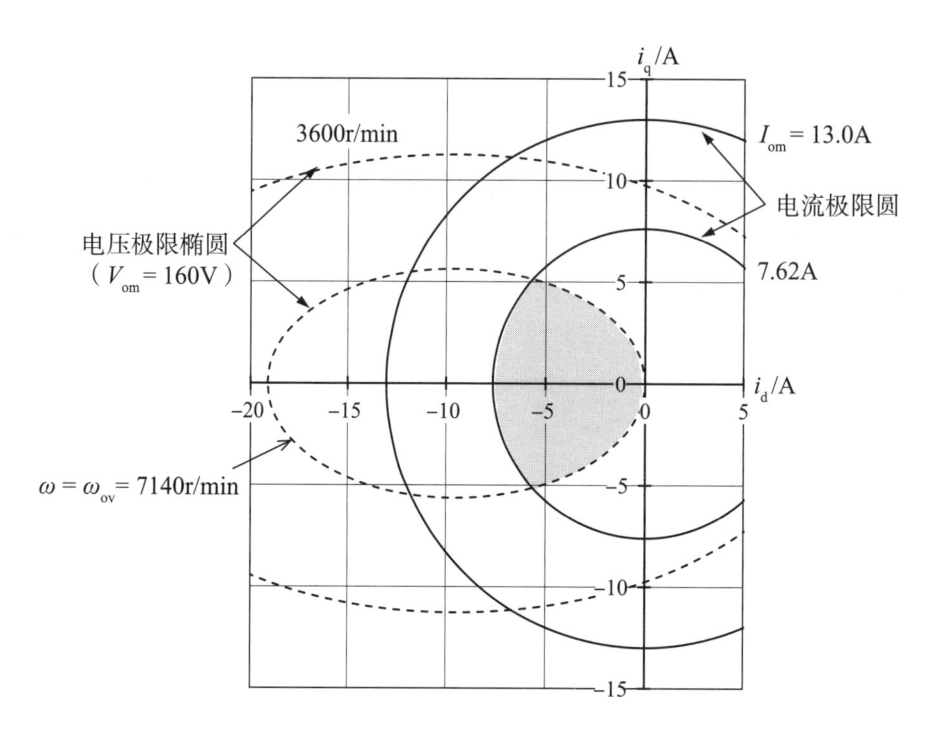

图4.17　电流、电压限制与电流矢量选择范围

在图4.17中，$\omega = \omega_{ov}$的电压极限椭圆与原点相切，表明以超过ω_{ov}的速度运转时，即使是空载（$i_q = 0$），也要有负d轴电流。ω_{ov}是永磁体产生的感应电压达到电压极限值的电角速度，由下式给出：

$$\omega_{ov} = \frac{V_{om}}{\Psi_a} \tag{4.40}$$

4.4.2　电流、电压限制下的电流矢量控制

考虑电流和电压限制的电流矢量控制方法，通过上节介绍的各种控制方法在电流矢量平面绘制电流矢量轨迹，表示为图4.17所示的电流极限圆和电压极限椭圆。图4.18所示为电流极限值I_{am}为7.62A（额定电流）及13.0A（最大电流）时的IPM_D1特性图，图4.18(a)和(b)中的最大转矩/电流曲线（MTPA曲线）、最大转矩/电压曲线（MTPV曲线）、电压极限椭圆是相同的。点M在电流极限圆之外还是之内，高速区的控制方法和速度–转矩输出特性的区别极大。当I_{am} = 7.62A时，$I_{am} < I_{ch} = \Psi_a / L_d$（= 9.55A），如图4.18(a)所示，点$M$位于电流极限圆之外。这是应用下式定义的最大退磁磁动势时最小d轴磁链Ψ_{dmin}为正的情况。

$$\Psi_{dmin} = \Psi_a - L_d I_{am} \tag{4.41}$$

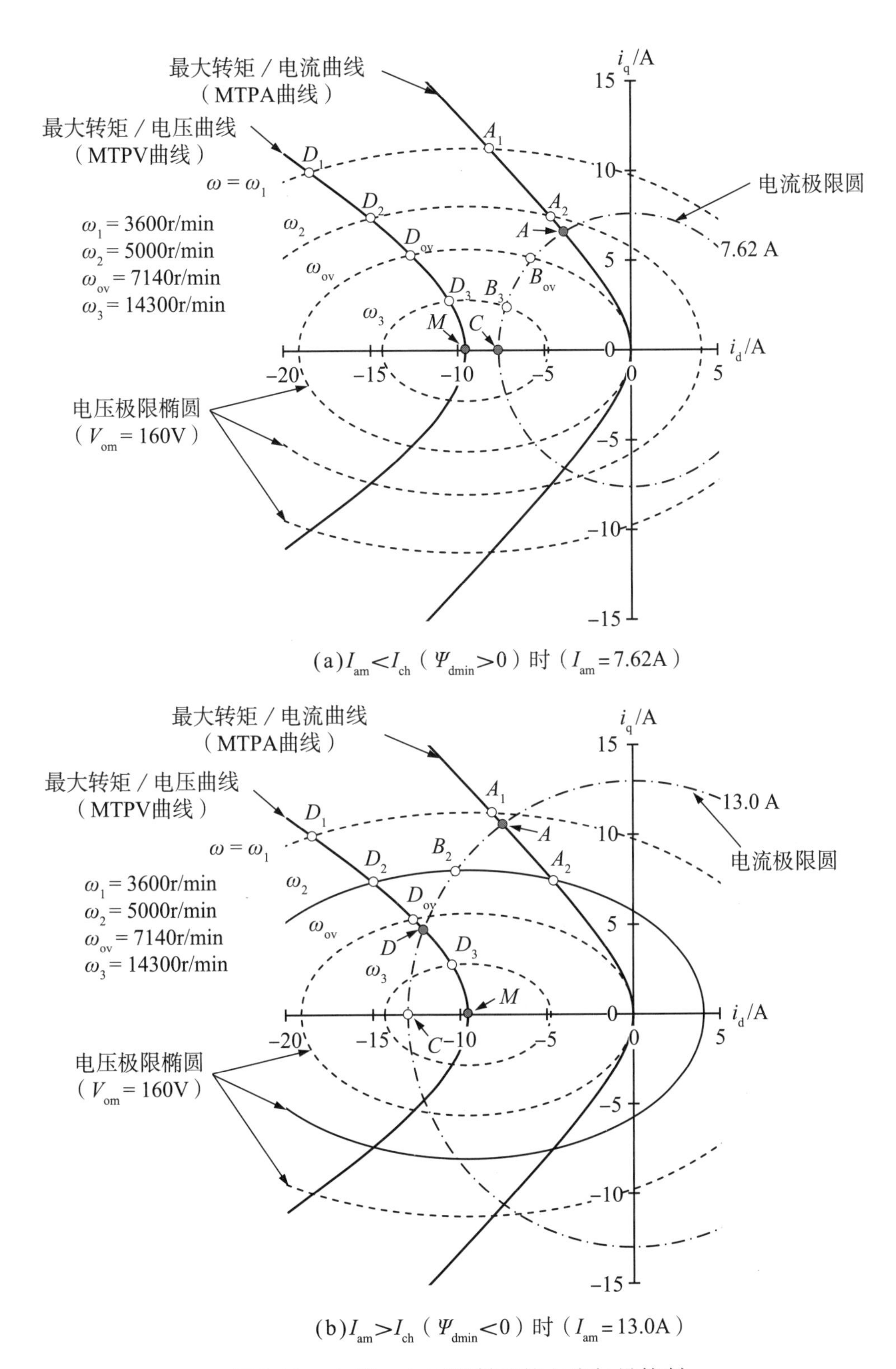

(a) $I_{am}<I_{ch}$（$\Psi_{dmin}>0$）时（I_{am}=7.62A）

(b) $I_{am}>I_{ch}$（$\Psi_{dmin}<0$）时（I_{am}=13.0A）

图4.18 电流、电压限制下的电流矢量控制

另一方面，当$I_{am}=13.0\text{A}>I_{ch}$时，点$M$位于电流极限圆之内，$\Psi_{dmin}<0$，如图4.18(b)所示。

在最大转矩/电流曲线（MTPA曲线）上控制电流矢量可实现最大转矩/电流控制（MTPA控制），而仅考虑电流限制（$I_a\leqslant I_{am}$）时，通过MTPA控制可以获得最大转矩，在$I_a=I_{am}$的电流极限圆与MTPA曲线的交点A获得最大转矩电流矢量。另一方面，仅考虑电压极限（$V_o\leqslant V_{om}$）时，通过MTPA控制可以获得最大转矩电流矢量，在MTPA曲线与电压极限椭圆的交点，即$\omega=\omega_1$时的A_1、$\omega=\omega_2$时的A_2。如果同时考虑电压限制和电流限制，则在图4.18(a)中不能选择A_1、A_2，在图4.18(b)中不能选择A_1。电压极限椭圆与点A相交的速度（基速ω_{base}）以下的区域是产生最大转矩的恒转矩区。如果速度超过基速，就不可能在点A运转，考虑到电压极限，可以进行MTPA控制的电流矢量在MTPA曲线与电压极限椭圆的交点。当$\omega=\omega_{ov}$时，MTPA工作点到达原点，电流、转矩变为0，输出功率达到极限。

如果在最大转矩/电压曲线（MTPV曲线）上控制电流矢量，就可以实现最大转矩/电压控制（MTPV控制）或最大转矩/磁链控制（MTPF控制）。仅考虑电压限制时，在最大转矩/电压曲线与电压极限椭圆的交点运转，产生最大转矩。在图4.18中，速度随着$\omega_1\to\omega_2\to\omega_3$提高时，电流矢量随着$D_1\to D_2\to D_3$向点$M$靠近。除了电压限制，电流限制也会限制电流矢量的选择范围。$I_{am}=7.62\text{A}$时，如图4.18(a)所示，点M在电流极限圆之外，MTPV曲线不在电流极限圆内，不适用于MTPV控制。$I_{am}=13.0\text{A}$时，如图4.18(b)所示，MTPV控制可以在高于电压极限椭圆与D点相交的速度ω_d时使用，D点是MTPV曲线与电流极限圆的交点。

在电压极限椭圆上控制电流矢量，就成了将感应电压V_o保持在极限电压V_{om}的弱磁控制。例如，$\omega=\omega_2$时，如图4.18(b)所示，当电流矢量远离电压极限椭圆的原点（沿$A_2\to B_2\to D_2$方向移动）时，转矩增大，并在MTPV曲线的点D_2处达到最大；电流矢量进一步向左（d轴负方向）移动，转矩减小。考虑电流限制（$I_a\leqslant I_{am}$），电压极限椭圆和电流极限圆的交点B_2就是获得最大转矩的电流矢量。随着速度从ω_2提高，在电压极限椭圆与电流极限圆的交点处同样可以获得最大转矩。但是，速度高于ω_d时，电流极限圆与电压极限椭圆的交点D和MTPV曲线相交，在MTPV曲线上进行电流矢量控制可以获得最大转矩。

当$I_{am}<I_{ch}$（$\Psi_{dmin}>0$）时，如图4.18(a)所示，在电流极限圆和电压极限椭圆的交点（ω_{ov}时为B_{ov}，ω_3时为B_3）转矩最大。速度进一步提高，在电流极限圆与电压极限椭圆相切的速度ω_c处，电流矢量到达点C，转矩变为0，达到运转极限。

将$i_d = -I_{am}$、$i_q = 0$代入式（4.39），可以得到输出功率极限速度ω_c（电角速度）：

$$\omega_c = \frac{V_{om}}{\left|\Psi_a - L_d I_{am}\right|} = \frac{V_{om}}{\left|\Psi_{d\,min}\right|} \tag{4.42}$$

4.4.3　最大输出功率控制

如4.4.2节所述，考虑到电压和电流的限制，各种电流矢量控制方法的适用范围都是有限的。为此，下面探讨在电压、电流限制下获得最大输出功率（最大转矩）的控制方法。这是一种在电压和电流限制下，使相对于速度产生最大转矩的电流矢量控制方法，并根据速度切换控制模式。这种控制方法被称为最大输出功率控制。图4.19所示为电流极限值I_{am}为7.62A（额定电流）和13.0A（最大电流）时最大输出功率控制的电流矢量轨迹，箭头表示随着速度提高的电流矢量移动方向。由图4.18可知，如果将正转矩中的q轴电流设为负值，则情况与负转矩相同。因此，特性图仅显示q轴电流的正区，这里只介绍正转矩产生的情况。

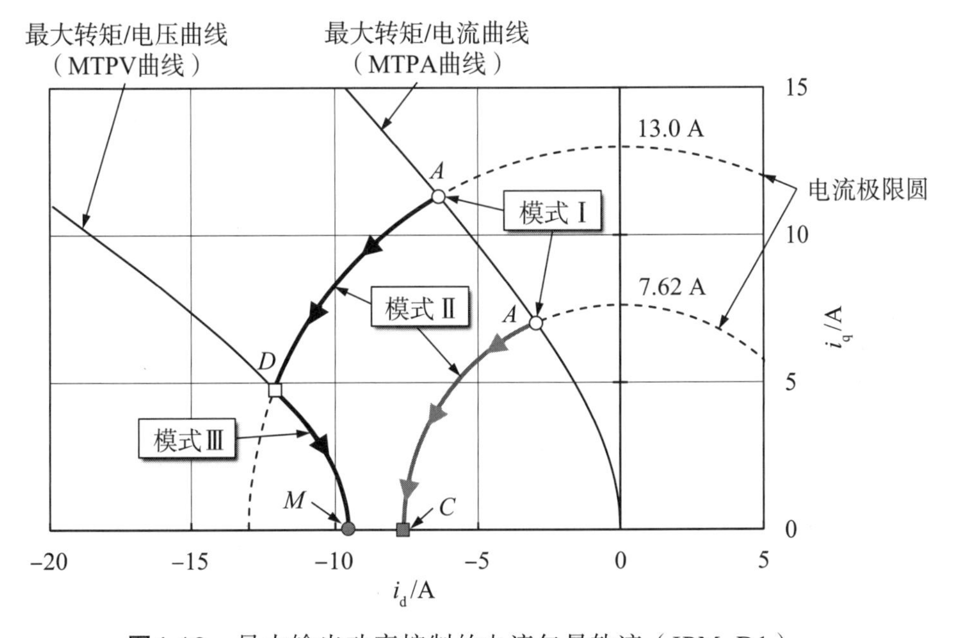

图4.19　最大输出功率控制的电流矢量轨迹（IPM_D1）

● 控制模式I

在电压未达到极限值的低速区，仅考虑电流限制，最大转矩/电流控制适用。当$I_a = I_{am}$时，产生转矩最大。在该控制模式下，d轴、q轴电流由下式给出，电流相位可通过将$I_a = I_{am}$代入式（4.17）得到。

$$i_{d1}=\frac{\Psi_a}{4(L_q-L_d)}-\sqrt{\frac{\Psi_a^2}{16(L_q-L_d)^2}+\frac{I_{am}^2}{2}} \quad (4.43)$$

$$i_{q1}=\sqrt{I_{am}^2-i_{d1}^2} \quad (4.44)$$

电流矢量就是图4.19中的点A（与图4.18中的点A相同）。

最大转矩产生状态，到电压达到极限值的基速为止，为恒转矩运转区。基速（电角速度）ω_{base}由下式给出：

$$\omega_{base}=\frac{V_{om}}{\Psi_{o1}} \quad (4.45)$$

式中，

$$\Psi_{o1}=\sqrt{(\Psi_a+L_d i_{d1})^2+(L_q i_{q1})^2} \quad (4.46)$$

● 控制模式II

速度高于最大转矩/电流控制时电压达到极限值的（基速）ω_{base}的高速区（$\omega>\omega_{base}$），适用于弱磁控制，通过电流矢量控制使$V_o=V_{om}$。当$I_a=I_{am}$、$V_o=V_{om}$时，可以得到最大输出功率。这相当于把电流矢量控制在电流极限圆和电压极限椭圆的交点。在这种控制模式下，根据式（4.38）、式（4.39），d轴、q轴电流为

$$i_{d2}=\frac{\Psi_a L_d-\sqrt{(\Psi_a L_d)^2+(L_q^2-L_d^2)\left[\Psi_a^2+(L_q I_{am})^2-\left(\frac{V_{om}}{\omega}\right)^2\right]}}{L_q^2-L_d^2} \quad (4.47)$$

$$i_{q2}=\sqrt{I_{am}^2-i_{d2}^2} \quad (4.48)$$

在控制模式II下，运转速度范围因电流极限值I_{am}与特征电流I_{ch}之间的大小关系而异。$I_{am}<I_{ch}$时（最小d轴磁链为$\Psi_{dmin}=\Psi_a-L_d I_{am}>0$），相当于图4.19中$I_{am}=7.62A$（额定电流）的情况，电流矢量在式（4.42）给出的输出速度极限ω_c（电角速度）下到达点C，转矩变为0，达到输出功率极限。相反，$I_{am}>I_{ch}$时（$\Psi_{dmin}=\Psi_a-L_d I_{am}<0$时），在高速区可切换至下面提到的控制模式III。

● 控制模式III

$I_{am}>I_{ch}$时（$\Psi_{dmin}=\Psi_a-L_d I_{am}<0$），在高速区切换到最大转矩/电压控制（最

大转矩/磁链控制），理论上可以在无穷大速度下产生转矩。在这种控制模式下，将$\varPsi_o = V_{om}/\omega$代入式（4.23）~式（4.25），可得$d$轴、$q$轴电流：

$$i_{d3} = -\frac{\varPsi_a + \Delta\varPsi_d}{L_d} \tag{4.49}$$

$$i_{q3} = \frac{\sqrt{\left(\frac{V_{om}}{\omega}\right)^2 - \Delta\varPsi_d^{\,2}}}{L_q} \tag{4.50}$$

$$\Delta\varPsi_d = \frac{-L_q\varPsi_a + \sqrt{(L_q\varPsi_a)^2 + 8(L_q - L_d)^2\left(\frac{V_{om}}{\omega}\right)^2}}{4(L_q - L_d)} \tag{4.51}$$

从控制模式Ⅱ切换到控制模式Ⅲ的速度，是电压极限椭圆和最大转矩/电压曲线与电流极限圆的交点D相交的速度ω_d，如图4.18和图4.19所示。当速度为ω_d或更高时，控制电流矢量随着速度的提高向最大转矩/电压曲线的点M移动，可以获得最大输出功率。在这种情况下，电流值I_a小于极限值I_{am}。

● 最大输出功率控制的电流矢量和特性

如上所述，根据速度切换控制模式，可以在电压和电流受限制的情况下获得最大输出功率。

图4.20所示为$I_{am} = 7.62A$（$<I_{ch}$）时（$\varPsi_{dmin}>0$）进行最大输出功率控制（图4.19所示电流矢量的控制）的速度–转矩/输出功率特性，同时还给出了仅进行MTPA控制时以及将d轴电流始终保持为0的控制（$i_d = 0$控制）时的速度–转矩特性，以供比较。在低速区，通过最大转矩/电流控制（模式I），可以最大限度地利用磁阻转矩，并且能以比$i_d = 0$控制更高的转矩运行。在最大转矩/电流控制中，电压在基速ω_{base}（$N_{base} = 5008r/min$）处达到极限值，在此以上，电流和转矩随着速度的增大而急剧减小，在速度ω_{ov}（$N_{ov} = 7140r/min$）处达到运行极限。速度大于基速ω_{base}，切换到弱磁控制（模式Ⅱ）时，可在保持$I_a = I_{am}$、$V_o = V_{om}$的同时，恰当控制电流矢量，从而抑制转矩的减小。速度即使超过ω_{base}，输出功率也会增大，在约11000r/min时达到最大，随后减小。在由式（4.42）决定的速度ω_c（$N_c = 35295r/min$）时转矩变为0，达到输出功率极限。这里，输出功率最大时的功率因数为1，输出功率为$V_{om}I_{am} = 1219W$。

图4.21所示为$I_{am} = 13.0A$（$>I_{ch}$）时（$\varPsi_{dmin}<0$），进行最大输出功率控制

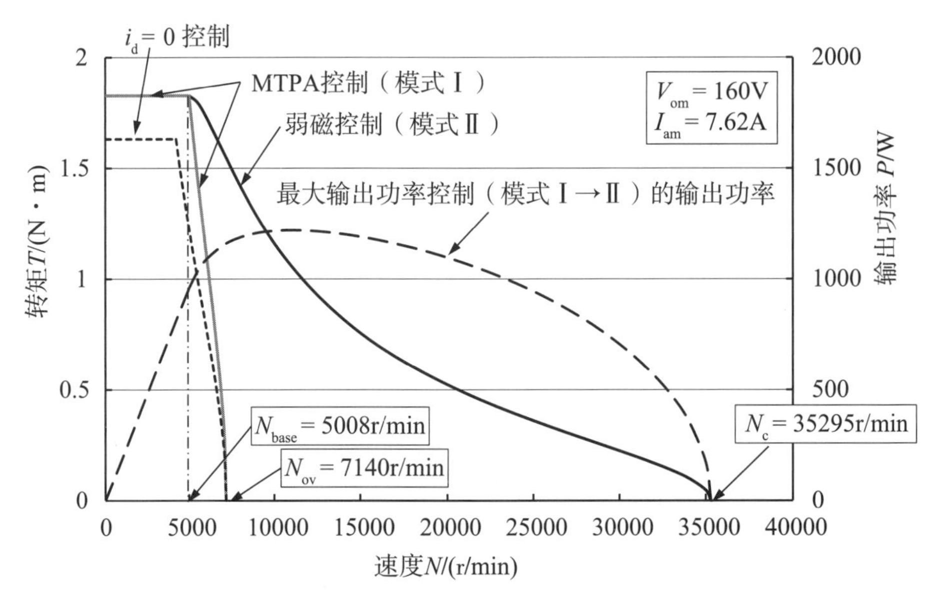

图4.20　各种控制方法的速度-转矩/输出功率特性[IPM_D1，$I_{am}<I_{ch}$（$\Psi_{dmin}>0$）]

（图4.19所示电流矢量的控制）的速度-转矩/输出功率特性，以及电流值I_a和电流相位β。为了方便比较，图中用虚线表示控制模式Ⅲ不适用的特性。

控制模式Ⅰ、控制模式Ⅱ的电流矢量控制，与$I_{am}<I_{ch}$（$\Psi_{dmin}>0$）时相同。不过，在控制模式Ⅱ运行过程中，以速度ω_d（N_d = 8054r/min）切换到控制模式Ⅲ，在减小电流值I_a的同时增大电流相位β，理论上可防止转矩变为0。由图4.21(b)可知，40000r/min时的电流值I_a = 9.73A，随着速度的提高，逐渐接近特征电流I_{ch}的值（9.55A）。另外，最大输出功率出现在约7000r/min时，约为1630W，比$V_{om}I_{am}$（= 20809W）小，电源利用率（功率因数）较低。这是$I_{am}>I_{ch}$时的特征。

如果不切换到控制模式Ⅲ，使电流值I_a保持在极限值I_{am}，仅增大电流相位β（控制模式Ⅱ），则转矩在式（4.42）给出的速度ω_c下变为0，达到输出功率极限。这一速度低于电流极限值较小的I_{am} = 7.62A的情况（图4.20）。因此，在$I_{am}>I_{ch}$的情况下，减小高速区（$\omega>\omega_d$）的电流，可以获得更大的转矩。

如上所述，特征电流I_{ch}的值和最小d轴磁链Ψ_{dmin}（= $\Psi_a-L_dI_{am}$）的值是决定速度转矩/输出特性和工作区，以及控制模式切换的重要参数。一般来说，PMSM由于永磁体磁通量大，$\Psi_{dmin}>0$；但是，对于短时大电流应用（如EV/HEV驱动电机），以及永磁体磁通量小、主要利用磁阻转矩而非电磁转矩的电机，极有可能$\Psi_{dmin}<0$，控制模式Ⅲ适用于高速区。

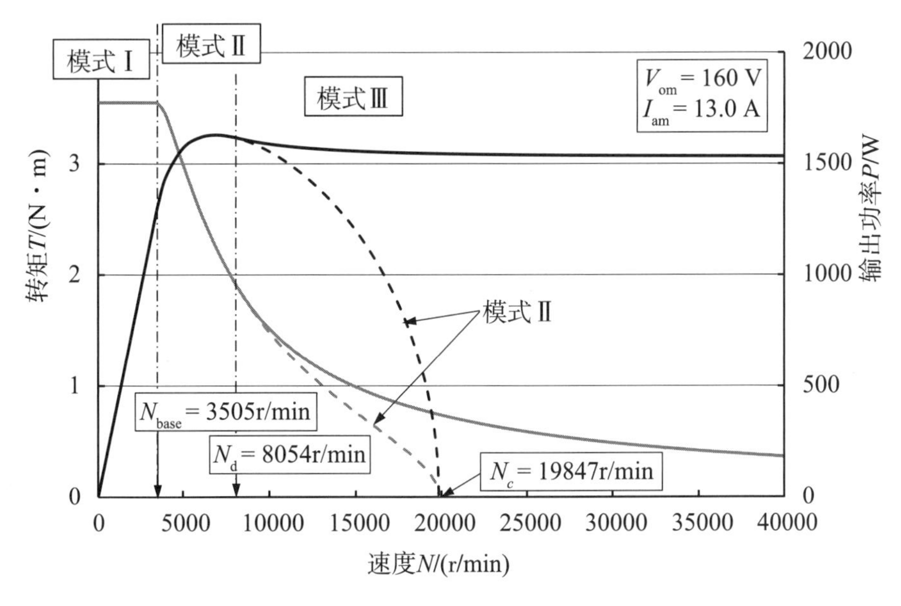

(a)速度-转矩/输出功率特性

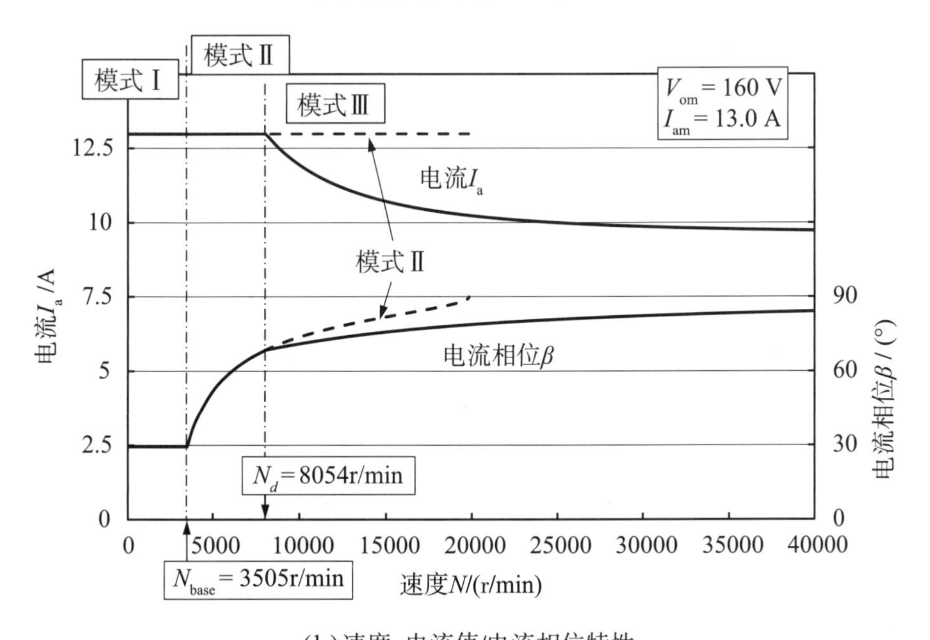

(b)速度-电流值/电流相位特性

图4.21 最大输出功率控制特性[IPM_D1，$I_{am}>I_{ch}$（$\Psi_{dmin}<0$）]

图4.22和图4.23所示分别为SPM_1和SynRM_3.8的最大输出功率控制电流矢量轨迹，MTPA曲线、MTPV曲线，以及I_{am} = 7.62A、I_{am} = 13.0A的电流极限圆。随着速度的提高，从控制模式I的A点开始，按箭头方向进行电流矢量控制，可以实现最大输出功率控制。如图4.22所示的SPM_1，当I_{am} = 7.62A（$<I_{ch}$ = 10.71A）时，转矩在电流矢量C点（速度ω_c）变为0；当I_{am} = 13.0A（$>I_{ch}$）时，

切换到控制模式Ⅲ可以实现高速运转。SynRM由于没有永磁体磁通量，$I_{ch}=0$，必须应用控制模式Ⅲ，且无论I_{am}如何，高速区呈现相同特性。

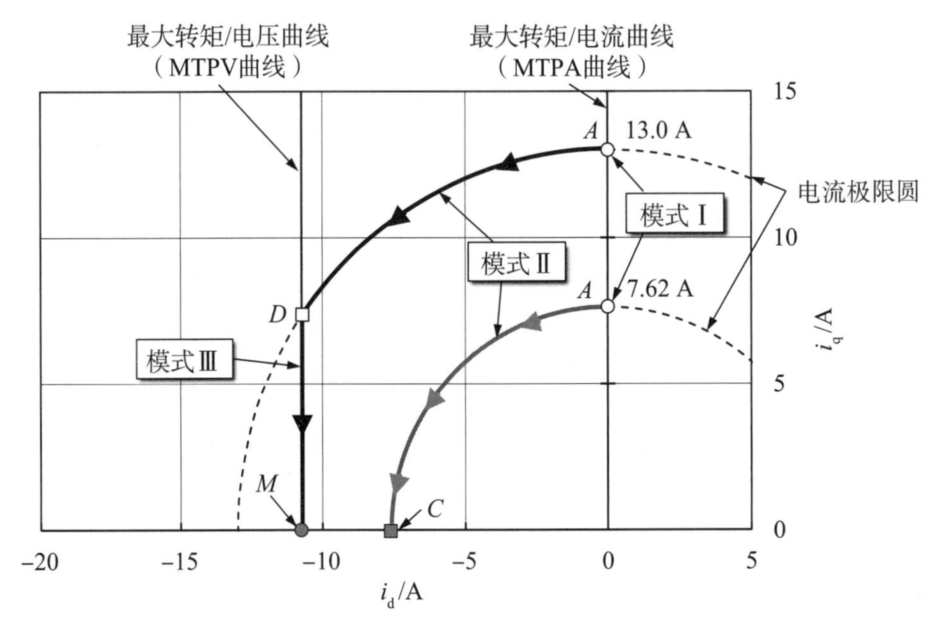

图4.22　SPMSM最大输出功率控制的电流矢量轨迹（SPM_1）

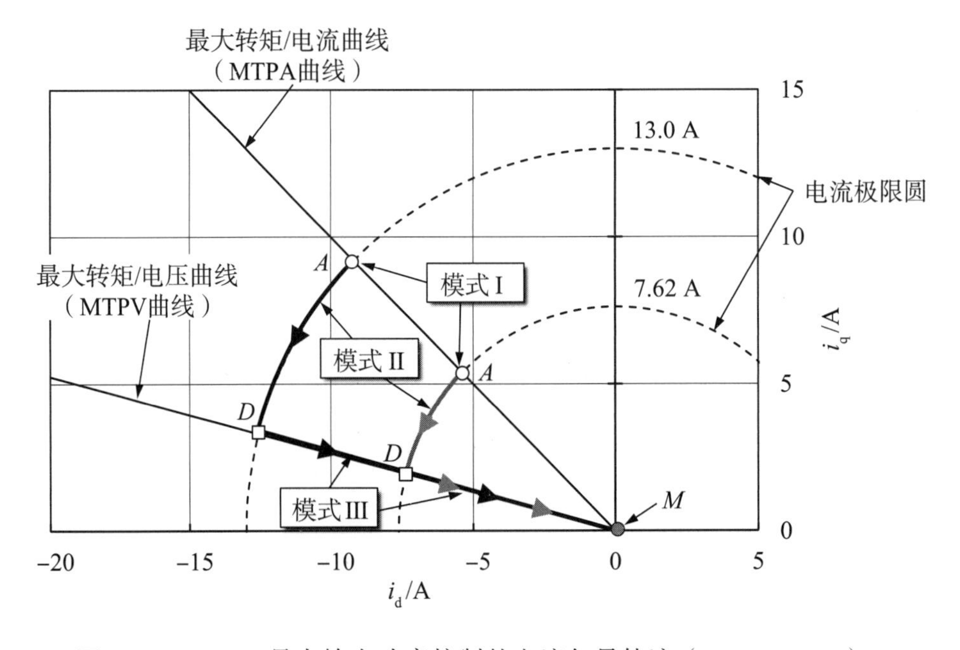

图4.23　SynRM最大输出功率控制的电流矢量轨迹（SynRM_3.8）

4.5 电流矢量控制系统

4.5.1 电流指令值生成方法

4.3节和4.4节针对各种控制方法，基于电机模型，用数学公式表示电流矢量的确定方法。本节主要介绍实际电机控制系统中电流矢量（d轴、q轴电流）指令值（i_d^*、i_q^*）的生成方法。

● MTPA控制

首先，考虑采用MTPA控制的转矩控制。实现MTPA控制的d轴、q轴电流关系式可由式（4.18）导出。这时，根据d轴、q轴电流，利用式（4.10）很容易求出转矩。反过来，根据转矩（指令值）求出实现MTPA控制的d轴、q轴电流却并不容易。

图4.24所示为基于MTPA控制的转矩控制系统。其中，图4.24(a)所示为IPM_D1的转矩与MTPA控制d轴、q轴电流的关系。与转矩对应的电流特性并不复杂，可以用相对低阶的近似函数表示。利用近似函数$f_d(T^*)$、$f_q(T^*)$，可以根据

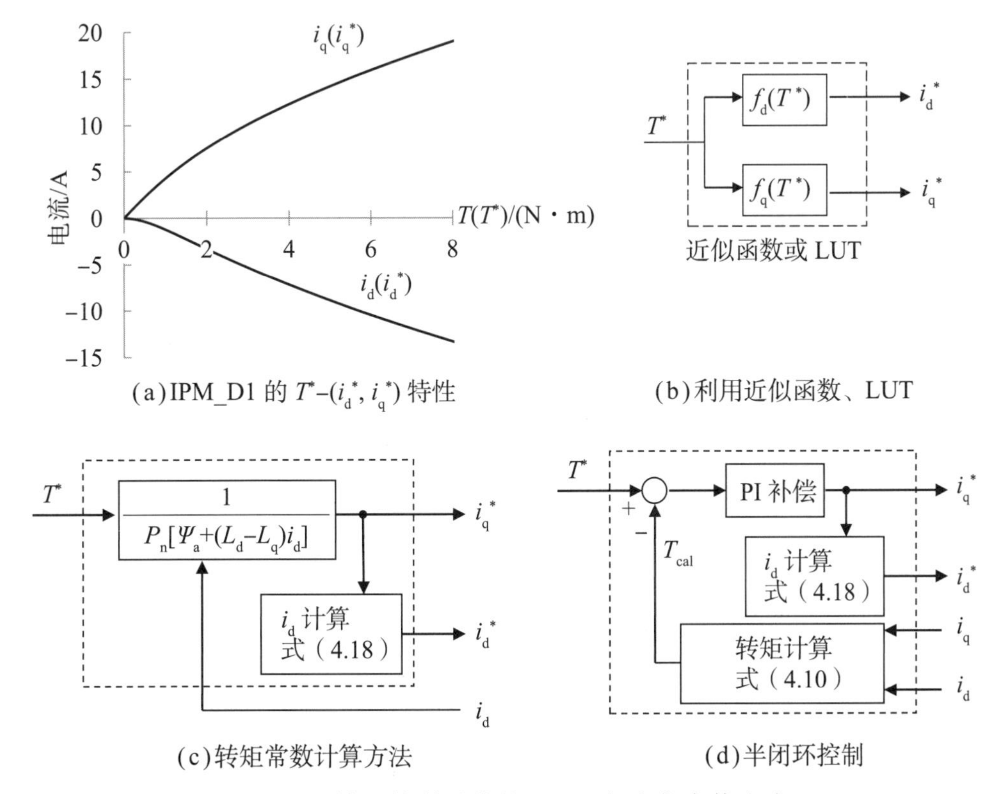

(a) IPM_D1 的 T^*-(i_d^*, i_q^*) 特性

(b) 利用近似函数、LUT

(c) 转矩常数计算方法

(d) 半闭环控制

图4.24　转矩控制系统的MTPA电流指令值生成

转矩指令获得图4.24(b)所示的电流指令值，也可以利用查找表（LUT）代替近似函数。图4.24(a)所示的特性是假设电机参数不变计算出来的，也可以实现考虑磁饱和的MTPA控制。

图4.24(c)和(d)所示为基于检测电流和转矩方程[式（4.10）]，根据转矩指令生成d轴、q轴电流指令值的框图。在图4.24(c)中，式（4.12）的分母被视为转矩常数K_T（$=T/i_q$），根据d轴检测电流i_d计算出K_T就能生成q轴电流指令值i_q^*。在图4.24(d)中，i_q^*是根据检测电流通过转矩方程计算出转矩T_{cal}，再进行转矩反馈控制（不能使用检测转矩，所以进行半闭环控制）生成的。d轴电流指令i_d^*是利用i_q^*通过MTPA条件[式（4.18）]生成的。这些都离不开转矩方程，所以电机参数必须正确。

图4.25所示为带MTPA控制的速度控制系统框图。在图4.25(a)中，对速度偏差进行PI补偿，生成转矩指令，使用图4.24所示转矩控制系统进行速度控制。如果负载机械系统是线性的，可以根据线性控制理论进行速度控制系统设计。在图4.25(b)中，对速度偏差进行PI补偿，生成q轴电流指令，再根据式（4.18）生成实现MTPA控制的d轴电流指令。q轴电流与转矩的关系不是线性的，因此无法实现线性速度控制。但是，如果q轴电流与转矩的非线性度不大，则可以通过简单的结构实现稳定的速度控制。

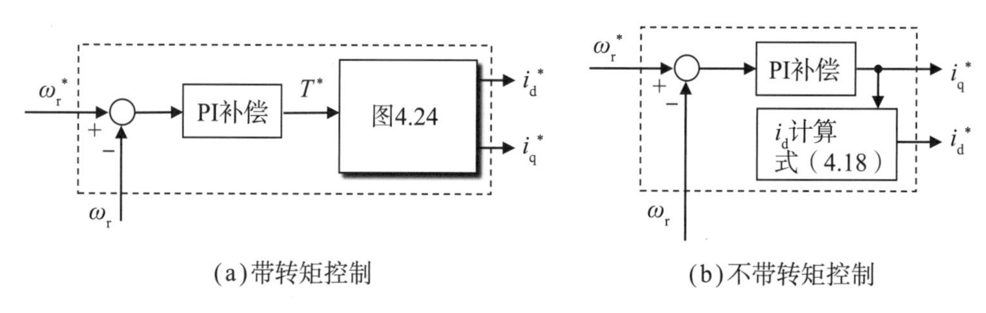

(a)带转矩控制 (b)不带转矩控制

图4.25 速度控制系统的MTPA电流指令值生成

● 弱磁控制

在电压未达极限值的低速区，可以如上所述进行MTPA控制。但随着速度提高，出现电压饱和（电压达到极限值）时，控制方法必须切换为弱磁控制（FW控制）。

速度控制系统中MTPA控制和弱磁控制d轴、q轴电流指令的生成方法如图4.26所示。由速度偏差产生的q轴电流指令i_q^*（图中为i_{q0}^*）与图4.25(b)相同，但其极限值$i_{q_lim}^*$随着速度变化。基速以下，MTPA控制电流极限值为i_{q1}[式（4.44）]；基速以上，考虑到电压电流限制，FW控制的电流极限值为i_{q2}[式（4.48）]。d轴电流指令值i_d^*是由i_q^*和速度ω（$=P_n\omega_r$）决定的。如果电机速度高于永磁体产生的感应电压达到电压极限值的速度ω_{ov}[式（4.40），图4.26中的AN]，则必须采用弱磁控制，由式（4.31）得到i_d^*（$=i_{d_FW}^*$）。另外，如果速度小于基速（图4.26中的BY），则必须采用MTPA控制，由式（4.18）得到i_d^*（$=i_{d_MTPA}^*$）。在$\omega_{base}<\omega\leqslant\omega_{ov}$的速度范围内，如果利用MTPA控制的$d$轴电流由式（4.5）求出的感应电压$V_{o_cal}$小于电压极限值（图4.26中的CY），则采用MTPA控制；如果$V_{o_cal}>V_{om}$（图4.26中的CN），则采用FW控制。图4.26所示的电流指令生成方法是利用电机模型和电机参数前馈来确定i_d^*的，因此，要注意参数变动。

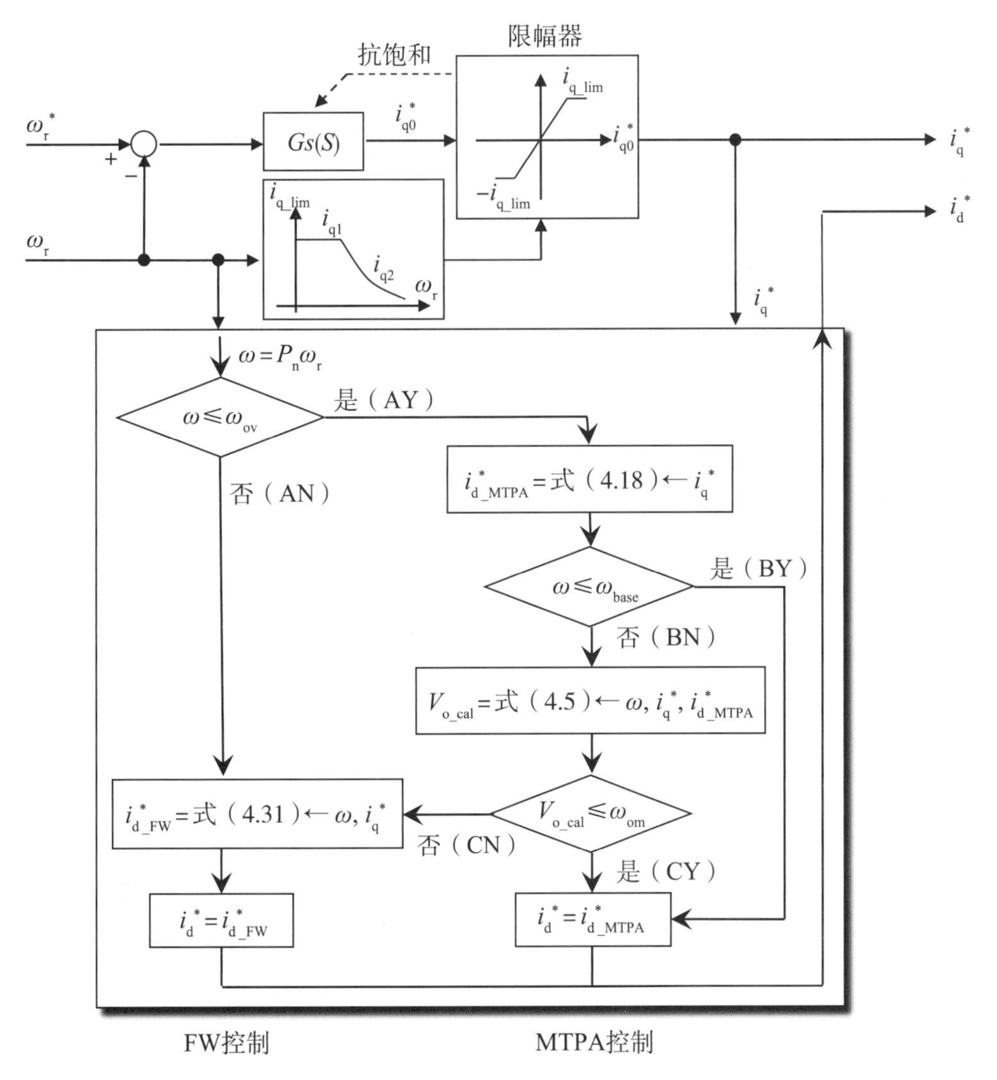

图4.26 通过前馈生成MTPA和FW电流指令值

图4.27所示为针对前馈电流指令确定方法中的上述问题，通过电压（指令）反馈进行FW控制的框图。首先，通过MTPA控制等生成电流指令值i_d^*、i_q^*；然后，通过电压指令的反馈对电流指令值进行修正。电压的大小V_d^*由d轴、q轴电压指令值v_d^*、v_q^*计算得到，电压极限值V_{am}由检测到的直流母线电压V_{DC}和由逆变器调制方式确定的常数K_v计算得到。当电压超过极限值，即$V_a^*>V_{am}$时，d轴电流指令向负方向增大，需要通过i_{dv}^*修正d轴电流指令。此外，q轴电流指令值取决于确保电流不超过极限值I_{am}的q轴电流极限值i_{q_lim}。这种结构的特点是，通过反馈控制确保电压指令值不超过极限值，能够应对电机参数变动。

当然，前馈和反馈相结合的方法更有效。

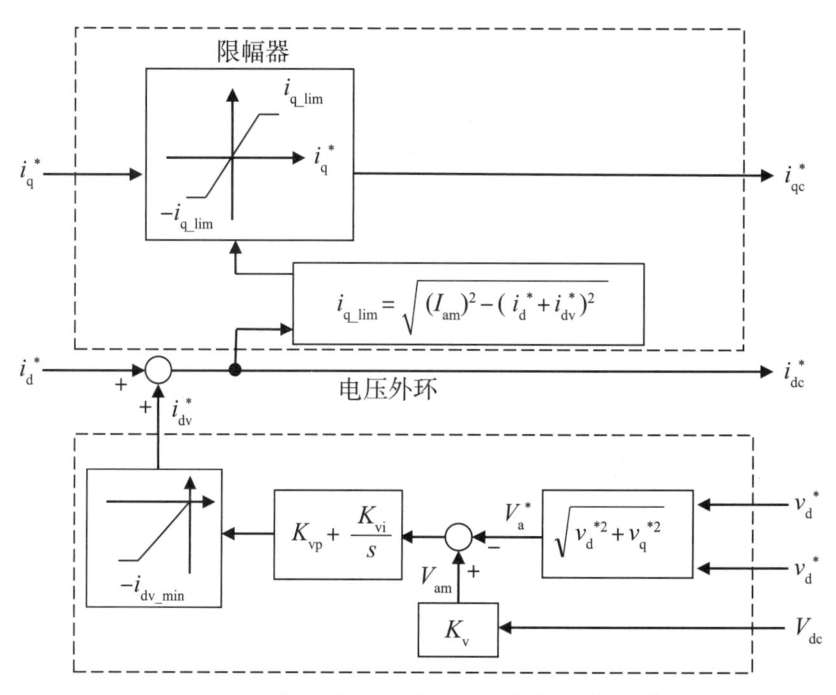

图4.27　带电压反馈的FW电流指令值生成

4.5.2　解耦电流控制

接下来介绍给定d轴、q轴电流指令值后，使实际d轴、q轴电流与指令值一致的电流反馈控制系统。

PMSM和SynRM的电流控制一般在d–q坐标中进行。d–q坐标系中作为控制对象的基本电机模型，参见3.4节。如式（3.38）及图3.14所示，在电气系统的d–q轴模型中，d轴、q轴互相耦合。为了稳定且高速地控制d轴、q轴电流，高性能电流控制采用解耦控制，消除d轴、q轴之间感应电压产生的耦合项的影响。具体来说，d轴、q轴电压被修正为

$$\left.\begin{aligned} v_{\mathrm{d}} &= v_{\mathrm{d}}' + v_{\mathrm{od}} = v_{\mathrm{d}}' - \omega L_{\mathrm{q}} i_{\mathrm{q}} \\ v_{\mathrm{q}} &= v_{\mathrm{q}}' + v_{\mathrm{oq}} = v_{\mathrm{q}}' + \omega(\Psi_{\mathrm{a}} + L_{\mathrm{d}} i_{\mathrm{d}}) \end{aligned}\right\} \tag{4.52}$$

将式（4.52）代入式（3.38）并整理，得到新的输入$\boldsymbol{v}_{\mathrm{a}}'$（$=[v_{\mathrm{d}}' \quad v_{\mathrm{q}}']^{\mathrm{T}}$），就实现了$d$轴和$q$轴的解耦，消除了干扰项$\boldsymbol{d}_{\mathrm{e}}$。

$$p\begin{bmatrix} i_{\mathrm{d}} \\ i_{\mathrm{q}} \end{bmatrix} = \begin{bmatrix} -\dfrac{R_{\mathrm{a}}}{L_{\mathrm{d}}} & 0 \\ 0 & -\dfrac{R_{\mathrm{a}}}{L_{\mathrm{q}}} \end{bmatrix} \begin{bmatrix} i_{\mathrm{d}} \\ i_{\mathrm{q}} \end{bmatrix} + \begin{bmatrix} \dfrac{1}{L_{\mathrm{d}}} & 0 \\ 0 & \dfrac{1}{L_{\mathrm{q}}} \end{bmatrix} \begin{bmatrix} v_{\mathrm{d}}' \\ v_{\mathrm{q}}' \end{bmatrix} \tag{4.53}$$

$$p\boldsymbol{i}_{\mathrm{a}} = \boldsymbol{A}_{\mathrm{e}}'\boldsymbol{i}_{\mathrm{a}} + \boldsymbol{B}_{\mathrm{e}}\boldsymbol{v}_{\mathrm{a}}' \tag{4.53'}$$

解耦控制与解耦后的PMSM电气系统的框图如图4.28所示。d轴和q轴完全分离，电气系统成为一个非常简单的一阶延迟系统（相当于电阻和电感的串联电路），可以采用基于线性控制理论的设计方法进行电流控制系统设计。

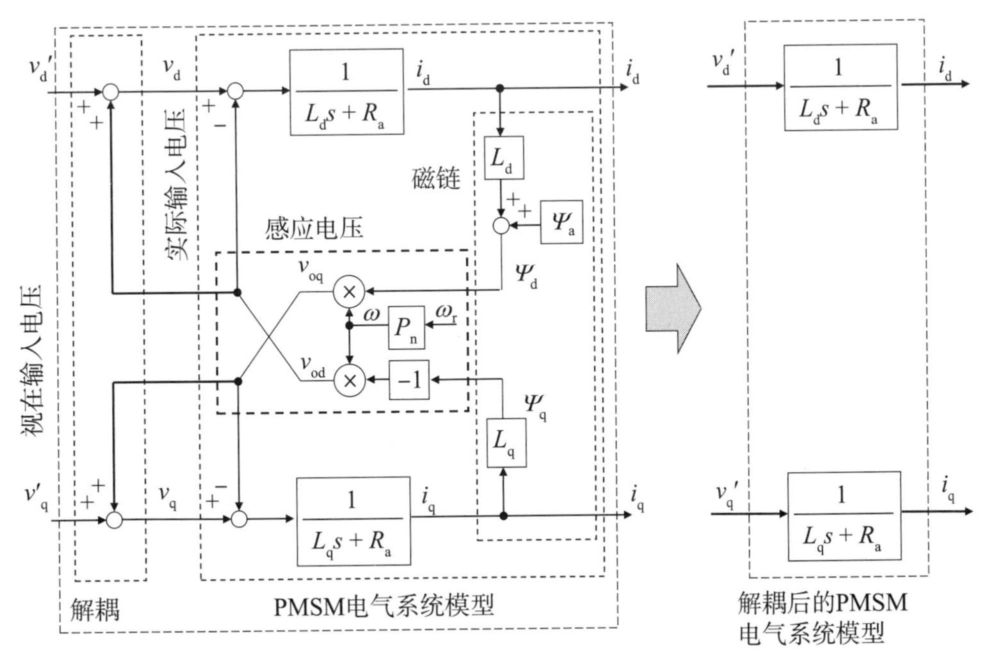

图4.28　解耦控制与解耦后的PMSM电气系统的框图

图4.29所示为解耦后的电流反馈控制系统的框图。i_{d}^*、i_{q}^*分别为d轴、q轴电流指令值，电流控制器$G_{\mathrm{cd}}(s)$、$G_{\mathrm{cq}}(s)$一般为式（4.54）所示的比例积分（PI）控制器。

$$\left.\begin{aligned}G_{cd}(s)=K_{cpd}\left(1+\frac{1}{T_{cid}s}\right)=K_{cpd}+\frac{K_{cid}}{s}\\G_{cq}(s)=K_{cpq}\left(1+\frac{1}{T_{ciq}s}\right)=K_{cpq}+\frac{K_{ciq}}{s}\end{aligned}\right\}\tag{4.54}$$

式中，K_{cpd}、K_{cpq}分别为d轴、q轴电流控制系统的比例增益；T_{cid}、T_{ciq}分别为d轴、q轴电流控制系统的积分时间常数；K_{cid}、K_{ciq}分别为d轴、q轴电流控制系统的积分增益。

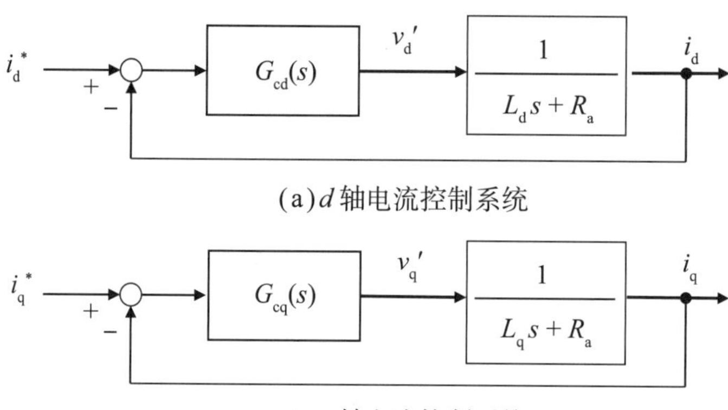

图4.29　解耦后的电流控制系统的框图

下面说明增益的设计方法。d轴电流控制系统和q轴电流控制系统可以采用同样的设计方法，以d轴电流控制系统为例讲解。d轴电流控制系统的开环传递函数$G_{cd_open}(s)$和闭环传递函数$G_{cd_closed}(s)$为

$$G_{cd\_open}(s)=\left(K_{cpd}+\frac{K_{cid}}{s}\right)\cdot\frac{1}{L_d s+R_a}=\frac{K_{cpd}s+K_{cid}}{(L_d s+R_a)s}\tag{4.55}$$

$$G_{cd\_closed}(s)=\frac{K_{cpd}s+K_{cid}}{L_d s^2+(R_a+K_{cpd})s+K_{cid}}\tag{4.56}$$

PI增益（K_{cpd}、K_{cid}）可以通过设计伯德图（增益曲线图、相位曲线图）和极点配置等确定。

举例来说，选择积分时间常数作为电气系统时间常数（$T_{cid}=L_d/R_a$），则开环系统的传递函数$G_{cd_open}(s)$为

$$G_{cd\_open}(s)=K_{cpd}\left(1+\frac{R_a}{L_d s}\right)\cdot\frac{1}{L_d s+R_a}=\frac{K_{cpd}}{L_d s}=\frac{1}{\dfrac{L_d}{K_{cpd}}s}\tag{4.57}$$

开环系统的伯德图如图4.30(a)所示，交越角频率（截止角频率）为

$$\omega_{\mathrm{cd}}=\frac{K_{\mathrm{cpd}}}{L_{\mathrm{d}}} \tag{4.58}$$

可以看出，电流控制系统的交越角频率ω_{cd}只能通过比例增益K_{cpd}调整。另外，闭环系统的传递函数由下式给出，闭环系统的伯德图如图4.30(b)所示。

$$G_{\mathrm{id\_closed}}(s)=\frac{1}{\dfrac{s}{\omega_{\mathrm{cd}}}+1} \tag{4.59}$$

这是时间常数为$1/\omega_{\mathrm{cd}}$的一阶延迟系统，可以得到无超调的响应特性。设计控制增益时，如果将d轴、q轴电流控制系统的交越角频率（截止角频率）分别确定为ω_{cd}、ω_{cq}，则各控制增益可以通过下式确定。一般来说，设定$\omega_{\mathrm{cd}}=\omega_{\mathrm{cq}}$。

$$\left.\begin{aligned}K_{\mathrm{cpd}}&=L_{\mathrm{d}}\omega_{\mathrm{cd}},\quad T_{\mathrm{cid}}=\frac{L_{\mathrm{d}}}{R_{\mathrm{a}}},\quad K_{\mathrm{cid}}=R_{\mathrm{a}}\omega_{\mathrm{cd}}\\K_{\mathrm{cpq}}&=L_{\mathrm{q}}\omega_{\mathrm{cq}},\quad T_{\mathrm{ciq}}=\frac{L_{\mathrm{q}}}{R_{\mathrm{a}}},\quad K_{\mathrm{ciq}}=R_{\mathrm{a}}\omega_{\mathrm{cq}}\end{aligned}\right\} \tag{4.60}$$

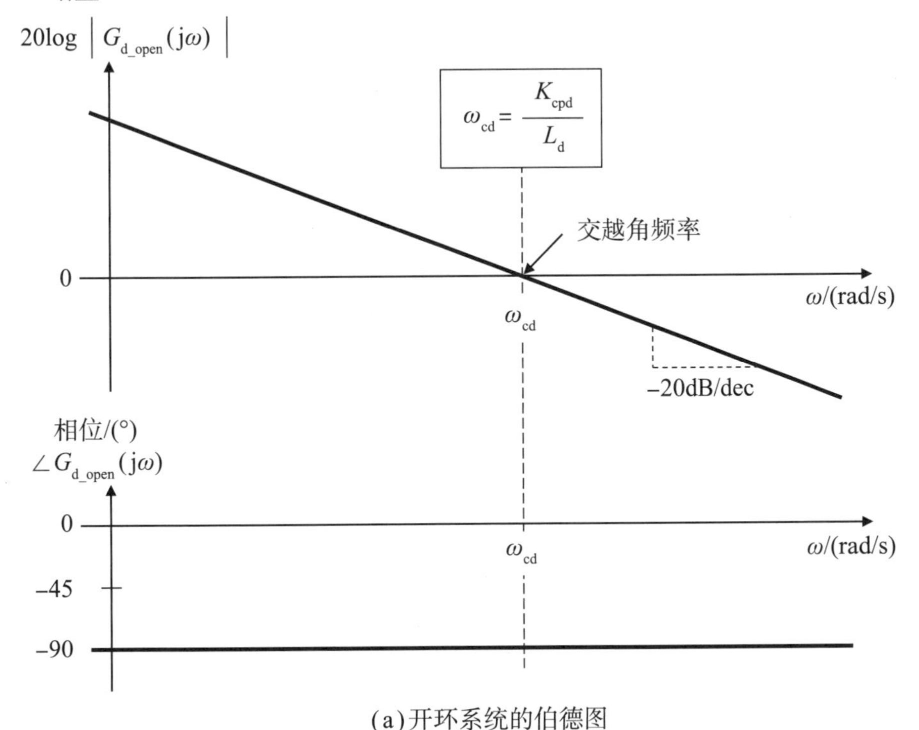

(a)开环系统的伯德图

图4.30　电流控制系统的伯德图（$T_{\mathrm{cid}}=L_{\mathrm{d}}/R_{\mathrm{a}}$）

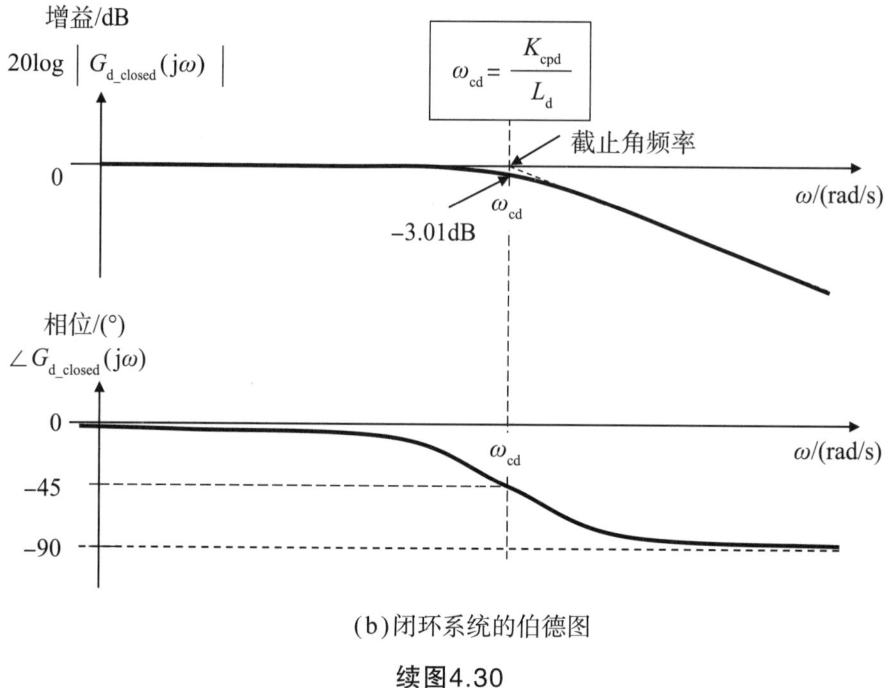

(b)闭环系统的伯德图

续图4.30

4.5.3　电流控制系统

上述电流控制是在d-q坐标系进行的，而在实际电机中，电流控制是在三相坐标系进行的。这里，将介绍实际控制系统所需的包含坐标变换等的电流控制系统。

● 电流检测与坐标变换

实际可检测的电流是三相绕组的相电流（i_U、i_V、i_W），根据电流传感器检测的电流，位置传感器检测的转子位置θ，进行坐标变换[式（3.12）]。d-q坐标系的电流i_d、i_q为

$$\begin{bmatrix} i_d \\ i_q \end{bmatrix} = \sqrt{\frac{2}{3}} \begin{bmatrix} \cos\theta & \cos\left(\theta - \frac{2}{3}\pi\right) & \cos\left(\theta + \frac{2}{3}\pi\right) \\ -\sin\theta & -\sin\left(\theta - \frac{2}{3}\pi\right) & -\sin\left(\theta + \frac{2}{3}\pi\right) \end{bmatrix} \begin{bmatrix} i_U \\ i_V \\ i_W \end{bmatrix} \tag{4.61}$$

一般仅检测两相电流，减少电流传感器的数量。例如，检测出i_U、i_V，便可得到

$$i_W = -(i_U + i_V) \tag{4.62}$$

对式（4.61）进行整理后得到式（4.63），这样可以减小d-q变换的计算量。

$$\begin{bmatrix} i_d \\ i_q \end{bmatrix} = \sqrt{2} \begin{bmatrix} \sin\left(\theta + \dfrac{\pi}{3}\right) & \sin\theta \\ \cos\left(\theta + \dfrac{\pi}{3}\right) & \cos\theta \end{bmatrix} \begin{bmatrix} i_U \\ i_V \end{bmatrix} \tag{4.63}$$

● 电压指令值的生成

解耦电流控制器输出为$d-q$坐标系的电压指令值（v_d^*、v_q^*），可通过式（4.64）变换为实际控制的三相电压指令值（v_U^*、v_V^*、v_W^*）：

$$\begin{bmatrix} v_U^* \\ v_V^* \\ v_W^* \end{bmatrix} = \sqrt{\frac{2}{3}} \begin{bmatrix} \cos\theta & -\sin\theta \\ \cos\left(\theta - \dfrac{2}{3}\pi\right) & -\sin\left(\theta - \dfrac{2}{3}\pi\right) \\ \cos\left(\theta + \dfrac{2}{3}\pi\right) & -\sin\left(\theta + \dfrac{2}{3}\pi\right) \end{bmatrix} \begin{bmatrix} v_d^* \\ v_q^* \end{bmatrix} \tag{4.64}$$

为了减小计算量，可以将式（4.65）中v_W^*和v_U^*、v_V^*的关系代入上式：

$$v_W^* = -\left(v_U^* + v_V^*\right) \tag{4.65}$$

● 整体结构

电流控制系统的整体结构如图4.31所示。如上所述，d轴、q轴电流指令值是

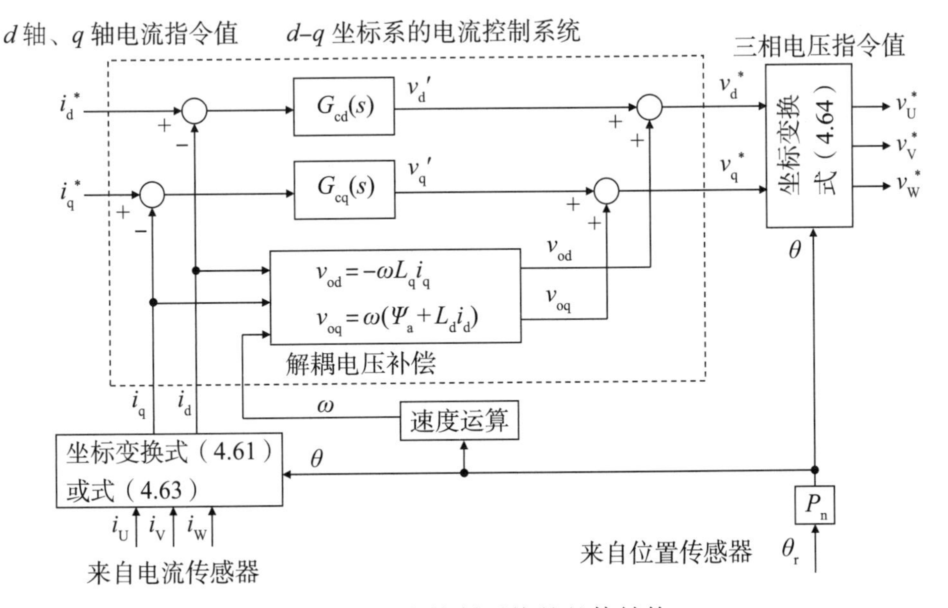

图4.31 电流控制系统的整体结构

基于各种电流矢量控制方法，根据运转状态、控制目的以及电压、电流限制等确定的。来自电流传感器的相电流经d-q坐标变换，得到d轴、q轴电流，对其与d轴、q轴电流指令值的偏差进行比例积分补偿，得到d轴、q轴电压指令值（v_d'、v_q'）。进一步进行解耦电压补偿，最终得到d轴、q轴电压指令值（v_d^*、v_q^*）。再将坐标变换为三相静止坐标系，得到三相电压指令值。用于坐标变换的位置传感器检测到的转子位置θ（$=P_n\theta_r$），通常根据角速度ω与位置θ的关系$\omega=\mathrm{d}\theta/\mathrm{d}t$来计算。

前面介绍的电流矢量控制系统，对于PMSM、SPMSM、SynRM是完全相同的。图4.32所示为同步电机（SPMSM、IPMSM、SynRM）电流矢量控制系统的整体框图，图4.33所示为采用解耦电流控制系统控制IPM_D1时d轴、q轴电流的阶跃响应特性。这里，电流控制系统的PI增益由式（4.60）决定，电流指令值（i_d^*、i_q^*）在MTPA条件下给出。图4.33(a)所示为电流控制系统交越角频率ω_{cc}（$=\omega_{cd}=\omega_{cq}$）的影响，可以确认由ω_{cc}决定的一阶延迟系统的响应特性（时间常数：$1/\omega_{cc}$）。图4.33(b)所示为解耦效果。进行解耦时，无论速度如何，一阶延迟系统的响应特性都是相同的；若不进行解耦，响应特性受干扰电压的影响会恶化。在干扰电压较大的高速区，这种影响很大，特别是d轴的干扰电压很大，d轴电流特性恶化十分明显。尽管稳态下不进行解耦，也可以通过控制器的积分动作将d轴、q轴电流收敛到指令值，但还是可以确认解耦对响应特性改善是有效的。

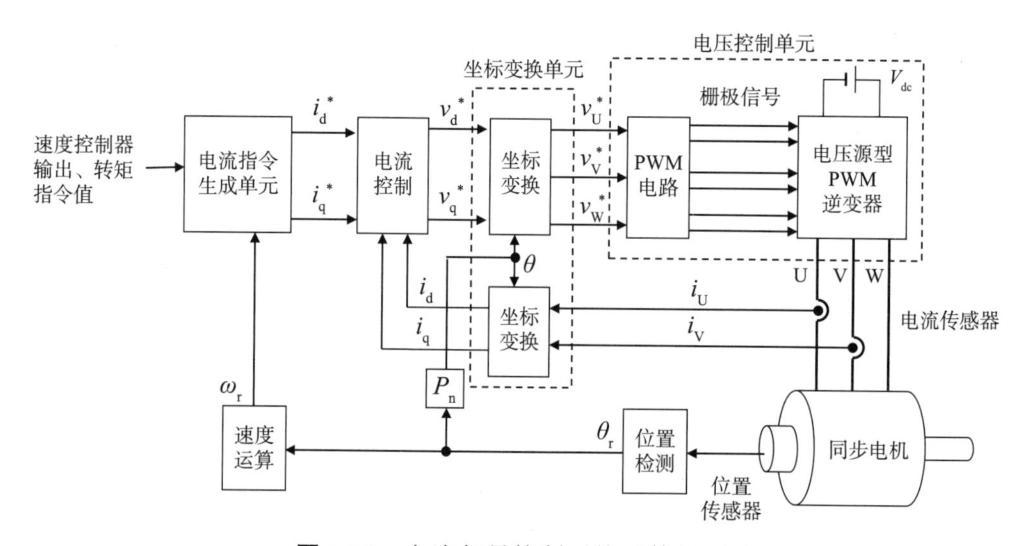

图4.32　电流矢量控制系统整体框图

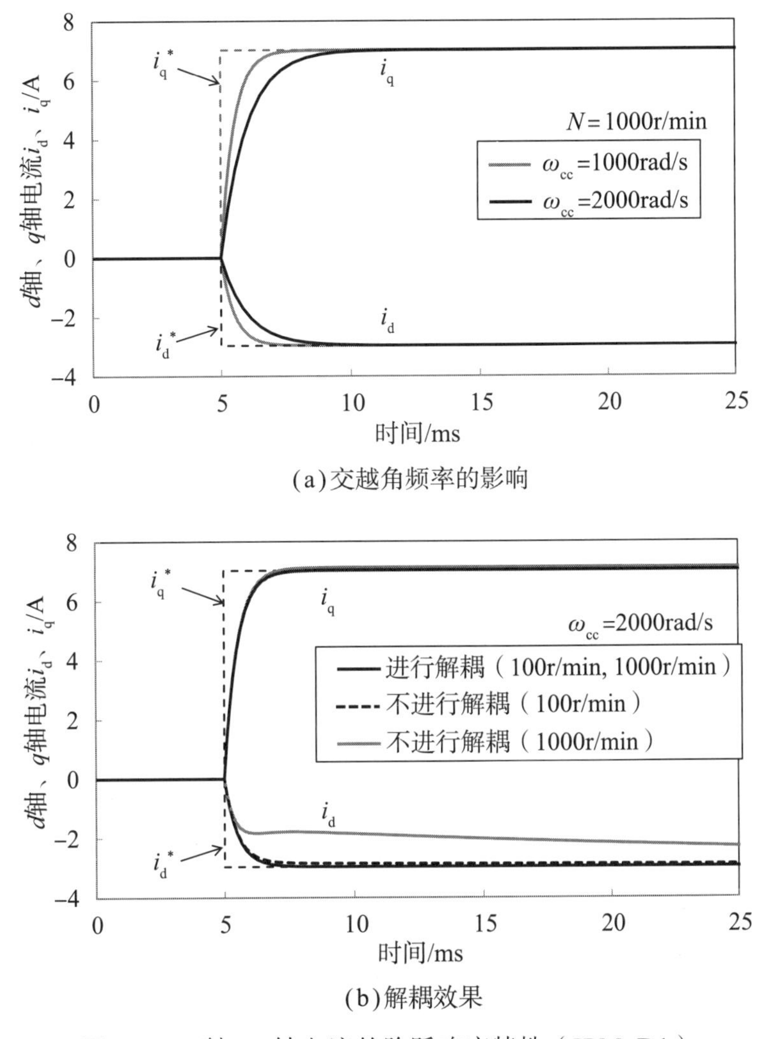

(a)交越角频率的影响

(b)解耦效果

图4.33 d轴、q轴电流的阶跃响应特性（IPM_D1）

4.5.4 电流矢量控制系统特性示例

本节介绍前述电流矢量控制系统应用于实际IPMSM时的特性和注意事项。在此，针对表3.4、图3.15(a)所示电机参数和电感特性的测试电机I（分布式绕组IPMSM），按照图4.26生成电流指令，并通过图4.32所示的控制系统进行控制。

测试电机I的速度–转矩特性如图4.34所示。通过MTPA控制有效利用磁阻转矩，相比$i_d=0$控制，其转矩大幅增加。此外，通过在基速或更高速度应用弱磁控制，抑制了高速区的转矩下降，实现了高输出功率。这一特性与图4.20所示相当。

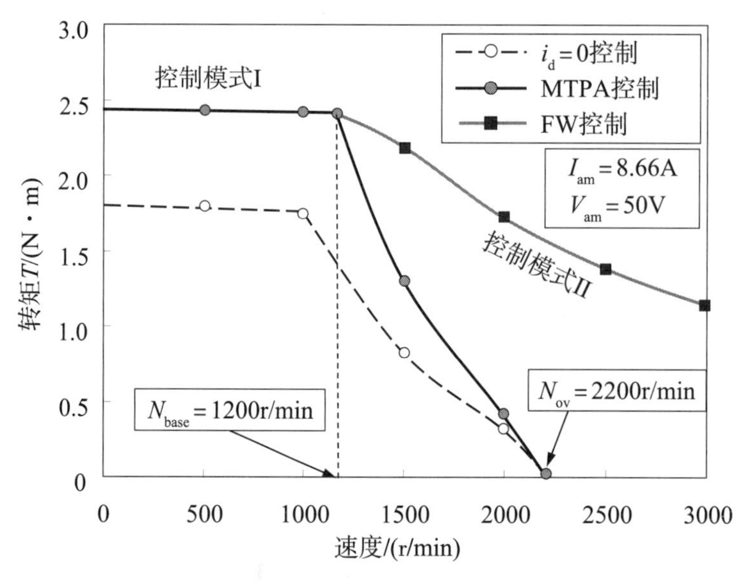

图4.34　测试电机I的速度–转矩特性

图4.35所示为空载状态下从2200r/min到2730r/min（弱磁控制区）的阶跃响应特性。图4.35(a)所示为将q轴电感L_q固定在额定电流值的情况，图4.35(b)所示为将L_q作为i_q函数的情况。当L_q固定时，在高速弱磁区，i_q减小时V_{o_cal}（见图4.26）计算值小于实际值，以致出现电压饱和（电流控制系统饱和），电流响应振动。另一方面，如果L_q作为i_q的函数变化，i_q减小时L_q增大，可以实现稳定电流控制，不会出现电压饱和。

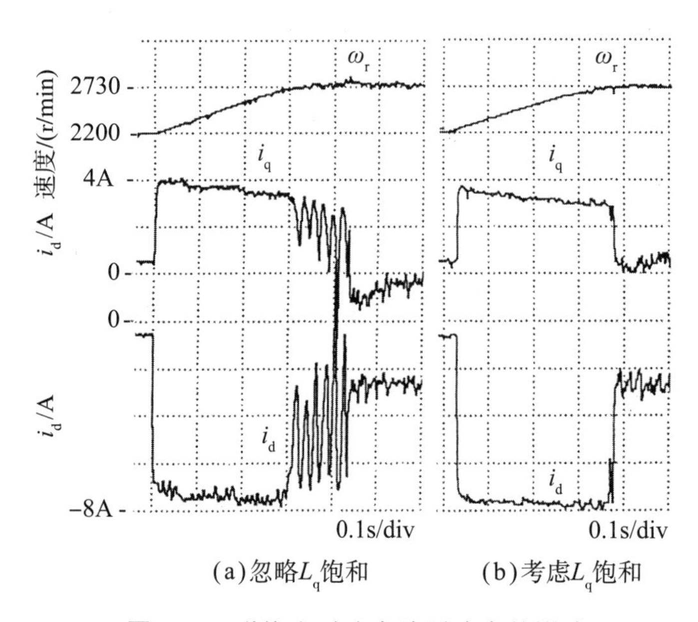

图4.35　磁饱和对速度阶跃响应的影响

在高速区，由于电压余量小，在电流指令值急剧变化的瞬态条件下，电压指令值经常超过电压极限值。在这种情况下，逆变器施加到电机上的实际电压与电压指令值不同。结果，电流控制在弱磁控制区可能变得不稳定。因此，如图4.36所示，发生电压饱和时要对电压指令值进行补偿。

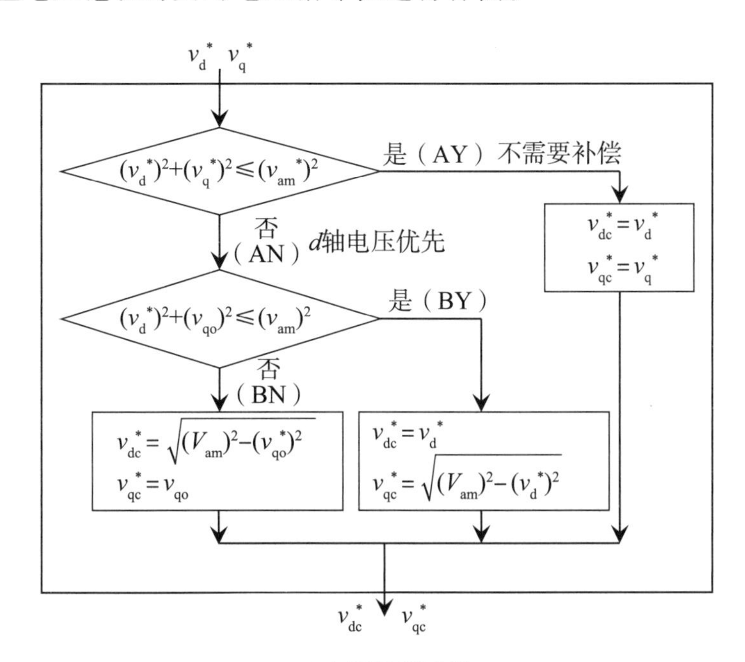

(a)电压补偿流程

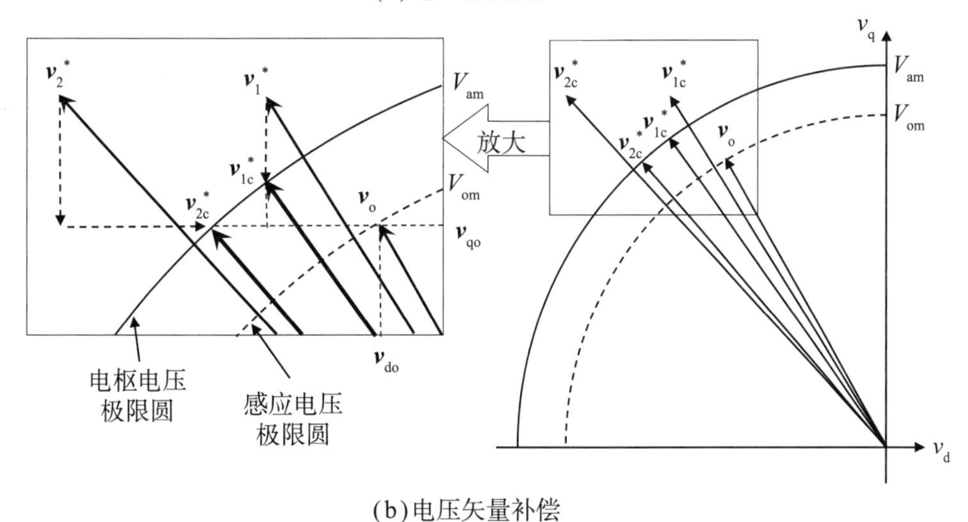

(b)电压矢量补偿

图4.36 电压饱和时的d轴电压优先补偿（d轴电流优先控制）

电压补偿流程如图3.36(a)所示。从解耦电流控制器得到d轴、q轴电压指令值（v_d^*、v_q^*），如果电压指令值矢量的大小

$$V_a^* = \sqrt{\left(v_d^*\right)^2 + \left(v_q^*\right)^2}$$

小于极限值V_{am}，则不需要电压补偿（图4.36中的AY）。在$V_a^* > V_{am}$的情况下（图4.36中的AN），将q轴电压指令值v_q^*设为q轴感应电压v_{qo}，并与电压极限值V_{am}进行比较，若小于V_{am}（图4.36中的BY），则不改变d轴电压指令值v_d^*，将剩余电压分量作为校正后的q轴电压指令值v_{qc}^*；相反，若大于V_{am}（图4.36中的BN），则将q轴电压指令值设为q轴感应电压v_{qo}，并将d轴电压指令值校正为剩余电压分量，作为校正后的d轴电压指令值v_{dc}^*。

上述处理过程见图4.36(b)所示的电压矢量图。当来自解耦电流控制器的电压指令矢量为v_1^*时，通过图4.36(a)中AN→BY的处理将其补偿为电压指令矢量v_{1c}^*；当电压指令矢量为v_2^*时，通过AN→BN的处理将其补偿为电压指令矢量v_{2c}^*。这种补偿方法是d轴电压优先补偿（d轴电流优先控制），它提供电压补偿以优先控制d轴电流，在电压饱和的情况下，这对弱磁通控制很重要。

电压矢量补偿效果如图4.37所示，没有补偿时，d轴电流无法按指令值进行控制，结果由于电压饱和，不能合理进行电流控制。相反，通过电压补偿可以实现稳定的电流控制，速度响应特性也很好。

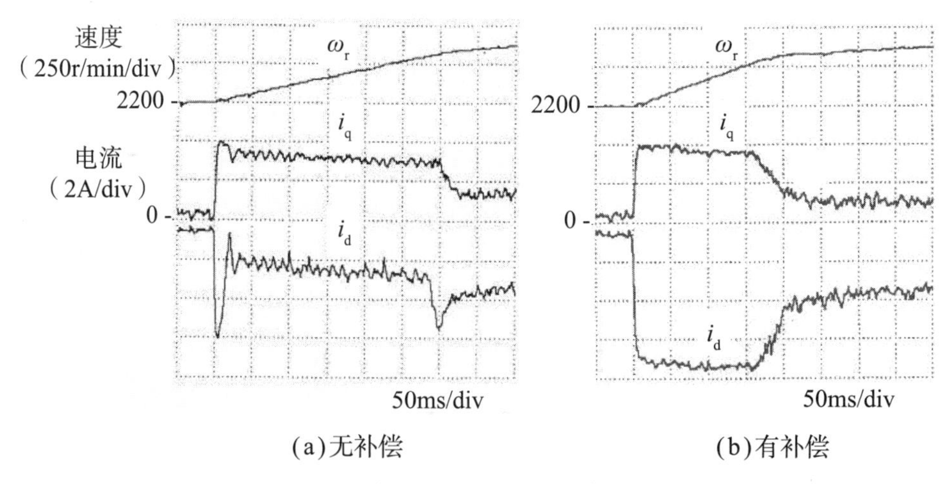

图4.37　弱磁运转区的电压矢量补偿（测试电机I）

图4.38所示为从停止到3000r/min的速度阶跃响应特性。在基速1200r/min之前，电流矢量通过MTPA控制的最大输出功率控制（模式I）在图4.38(b)中的点A。通过FW控制的最大输出功率控制（模式II），电流矢量控制在电流极限圆和电压极限椭圆的交点，直到指令速度超过1200r/min并接近3000r/min。达到指令速度后，沿电压极限椭圆控制电流矢量，转矩减小[图4.38(b)中的II']。

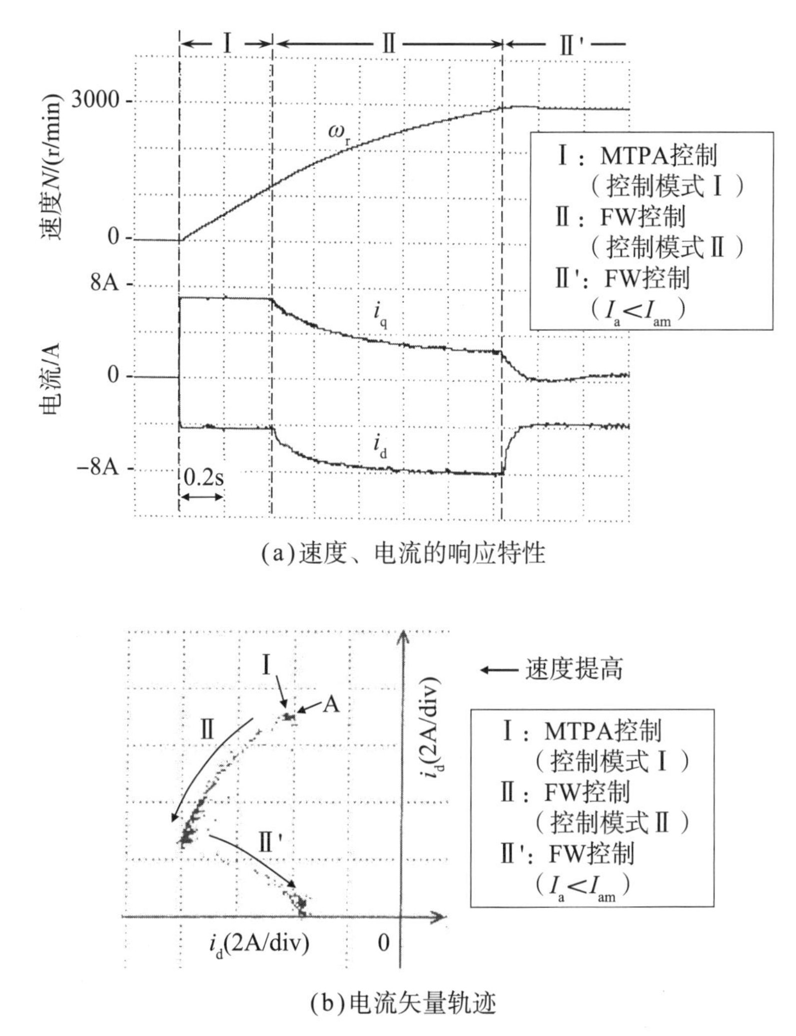

(a)速度、电流的响应特性

(b)电流矢量轨迹

图4.38　速度阶跃响应特性（0→3000r/min）

4.6　电机参数变化的影响

前述的各种电流矢量控制方法，基本上都假定电机参数是固定的。实际上如3.5节所述，电机参数经常会变化。本节探讨IPMSM中常发生的q轴方向磁饱和的影响（q轴电感的变化）。

举一个简单的例子，与测试电机Ⅰ、Ⅱ情况（见图3.15）相同，考虑q轴电感L_q作为q轴电流i_q的一次函数变化的情况，如图4.39所示。这里，额定电流附近的L_q被设为无磁饱和时的L_q值。图4.40所示为有/无磁饱和、最大电流时的电流相位-转矩特性比较。由于永磁体磁通量是固定的，所以电磁转矩没有变化。另一方面，磁阻转矩由于L_q随着i_q变化，在i_q大、电流相位β小的区域减小，在i_q小、β

大的区域增大。结果显示磁阻转矩最大的电流相位大于45°，总转矩达到最大电流相位也比无磁饱和时的大。

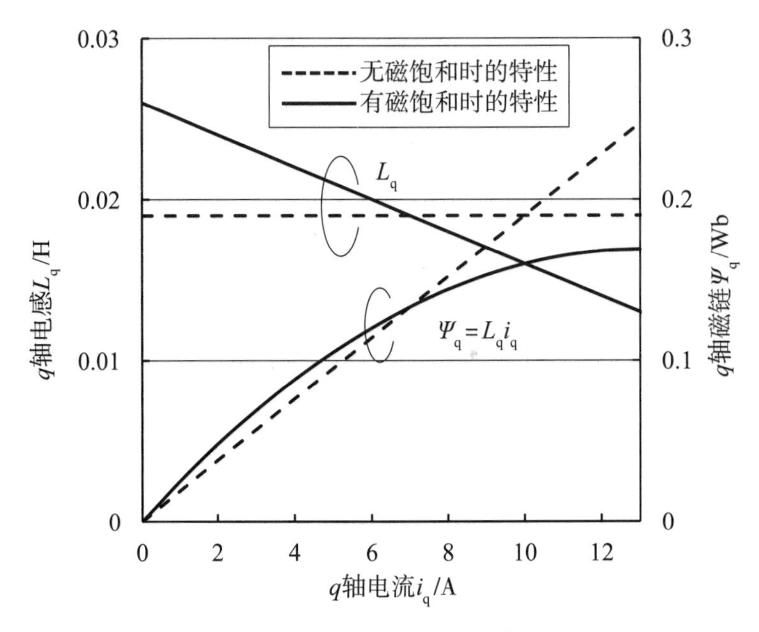

图4.39　q轴磁饱和与q轴电感的关系

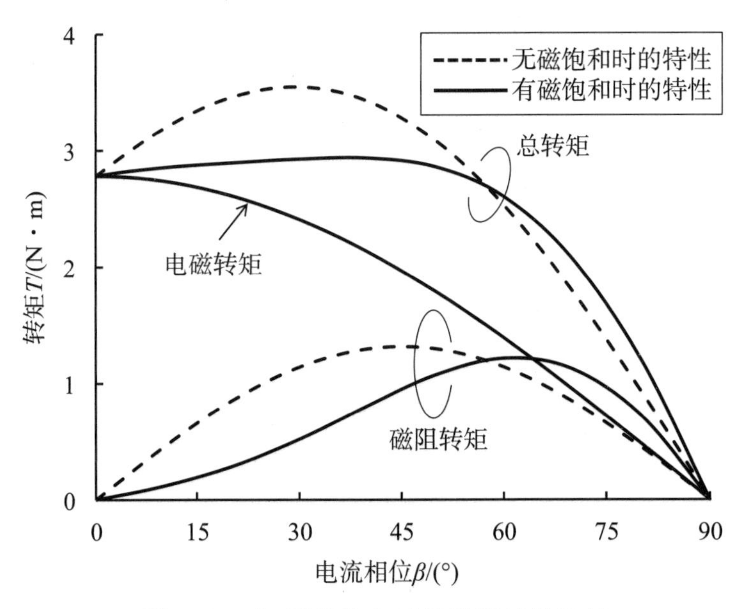

图4.40　有/无磁饱和时的转矩特性比较

图4.41和图4.42所示为有/无磁饱和时的恒转矩曲线和恒磁链椭圆（恒电压椭圆）。如图4.41所示，恒转矩曲线根据有/无磁饱和而不同，在高转矩、大电流的区域，受磁饱和影响，L_q减小，磁阻转矩也减小，因此需要更大的电流。相反，在低转矩、小电流的区域，如图4.39所示，L_q增大，磁阻转矩增大，电流值

趋于减小。由图4.42可知，恒磁链椭圆（恒感应电压椭圆）在i_q大的区域扩大，在i_q小的区域缩小。这是因为，L_q随i_q变化，导致q轴磁链（$L_q i_q$）产生了差异。恒转矩曲线和恒电压椭圆这种变化会影响电流矢量控制方法中电流矢量的选择，上一节导出的d轴、q轴电流关系式可能无法直接使用。如图4.35所示，在弱磁控制中计算感应电压时，根据i_q改变L_q，就能实现稳定的弱磁控制。另外，解耦电

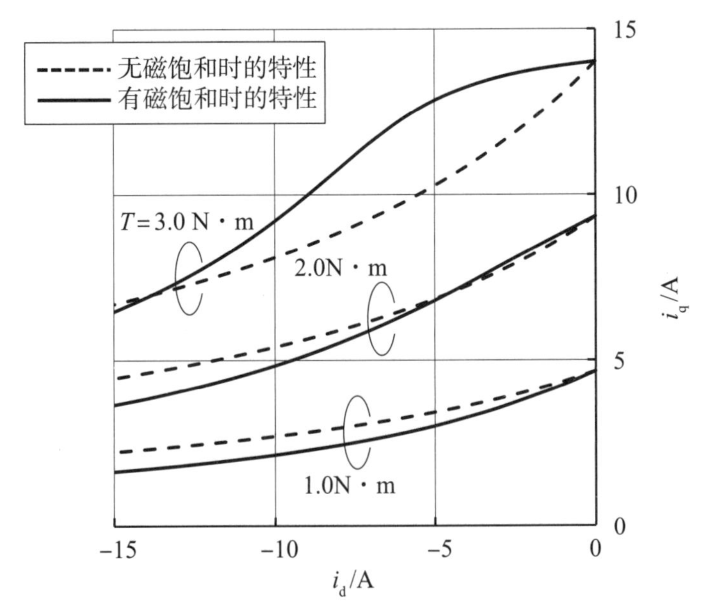

图4.41　有/无磁饱和时的恒转矩曲线

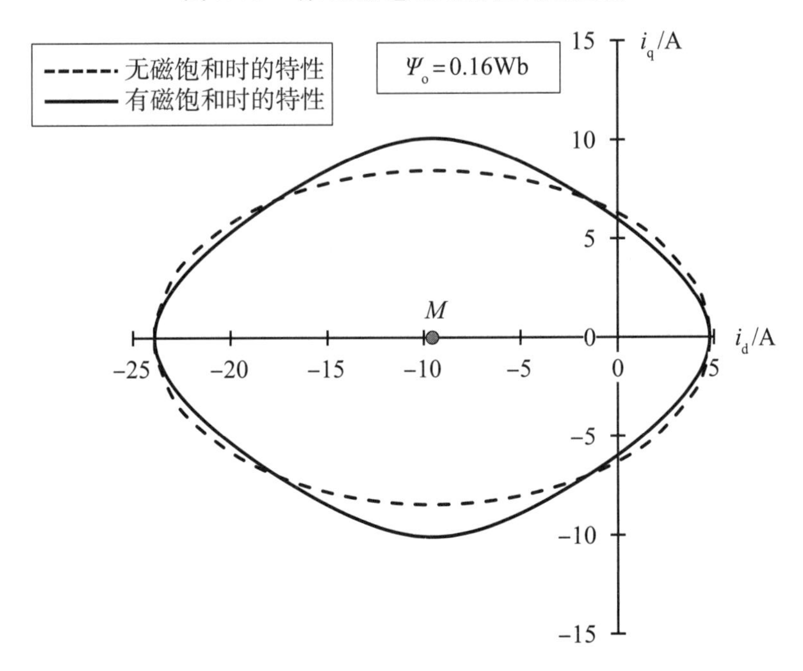

图4.42　有/无磁饱和时的恒磁链椭圆（恒电压椭圆）

流控制中的感应电压补偿项（$\omega L_q i_q$）和电流控制增益也可以通过根据i_q改变L_q而得到。但是，MTPA条件导出如4.3.1节所述，使用了偏微分。

下面具体说明磁饱和对MTPA控制的影响。如图4.43所示，曲线①为不考虑磁饱和，q轴电感为固定值（19mH），通过式（4.18）求出的MTPA曲线；曲线②为将L_q作为i_q的函数，通过式（4.18）求出的MTPA曲线；曲线③是根据各电流值的电流相位-转矩特性求出MTPA条件绘制的MTPA曲线（实际MTPA曲线）。①、②的情况和实际MTPA曲线不同，特别是②在高转矩（大电流）时差别很大。

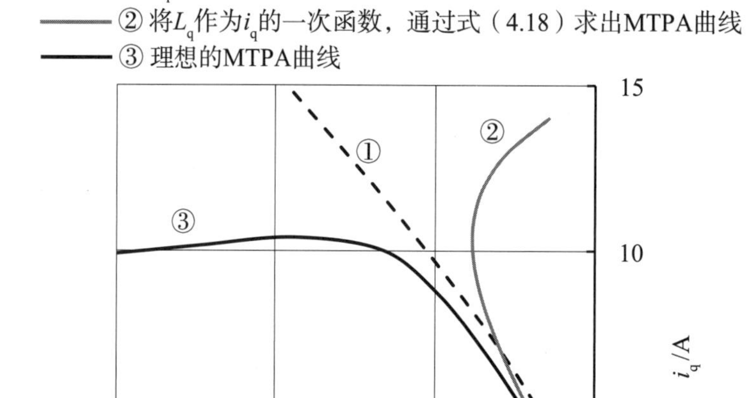

图4.43　有磁饱和时的MTPA曲线

参考文献

[1] 森本茂雄, 真田雅之. 省エネモータの原理と設計法. 科学情報出版, 2013.
[2] 武田洋次, 松井信行, 森本茂雄, 本田幸夫. 埋込磁石同期モータの設計と制御. オーム社, 2001.
[3] 松瀬貢規. 電動機制御工学. 電気学会, 2007.
[4] リラクタンストルク応用電動機の技術に関する調査専門委員会. リラクタンストルク応用モータ. 電気学会, 2016.
[5] 電気学会・センサレスベクトル制御の整理に関する調査専門委員会. ACドライブシステムのセンサレスベクトル制御. オーム社, 2016.
[6] 前川佐理, 長谷川幸久. 家電用モータのベクトル制御と高効率運転法. 科学情報出版, 2014.
[7] 森本雅之. 入門インバータ工学. 森北出版, 2011.
[8] 森本雅之. EE Textパワーエレクトロニクス. オーム社, 2010.
[9] 山本重彦, 加藤尚武. PID制御の基礎と応用. 朝倉書店, 1997.
[10] 杉本英彦, 小山正人, 玉井伸三. ACサーボシステムの理論と設計の実際. 総合電子出版社, 1990.

第5章
无传感器控制

PMSM和SynRM是同步电机，因此，电机速度和驱动电源频率需要同步，并且如第4章所述，在d–q坐标系实现高性能电流矢量控制需要转子位置信息。为此，一般使用7.3.1节所述的旋转变压器和编码器等作为位置传感器和速度传感器。但是，考虑到安装空间和成本问题，以及环境和传感器信号掺杂噪声的问题等，不使用位置检测器的无位置传感器控制乃众望所归。本章先介绍各种无位置传感器控制方法的基本思路，然后就代表性方法的具体系统和特性加以说明。

5.1 无传感器控制概要

无位置传感器有很多控制方法，大致可以分为4类，见表5.1。

表 5.1 无位置传感器控制方法的类型和特征

	基本原理	停止时	超低速、低速驱动	中高速驱动	转子位置估计	估计信号	参数敏感性
基于 V/f 控制的方法	基于 V/f 控制，通过电流检测（电流过零检测、功率因数检测等）实现稳定控制	×	×	○	×	不需要	○
基于电枢磁链的方法	根据电机施加电压减去电阻压降得到的感应电压，估计电枢磁链矢量	×	超低速：× 低速：△	○	△	不需要	△
基于感应电压的方法	用观测器等估计感应电压或磁链，实现位置和速度估计	×	超低速：× 低速：△	○	○	不需要	×
基于凸极性的方法	利用电感的位置依赖性，根据高频电压和电流的关系进行位置估计	○	○	中速：○ 高速：△	○	高频注入	○

× 不适用；△适用；○非常适用。

● 基于 V/f 控制的方法

这种方法不需要估计位置和速度，而是基于 V/f 控制的前馈速度控制，利用检测电流的相位信息（电流过零检测、功率因数检测等）控制施加电压的大小、相位和频率，以防止失步，实现稳定控制。由于不直接使用电机参数，这种方法比其他无传感器控制方法更简便。这种方法适合中速以上，不需要急加减速的应用。

● 基于电枢磁链的方法

在静止坐标系 α、β 轴上，对电机施加电压减去电阻压降而得到的电压（感应电压）进行积分，可以估计出电枢磁链矢量的方向（位置）。此时不需要电感等电机参数，只需要知道电枢电阻值和电枢磁链初始值。另外，这种方法不易受磁饱和的影响，无论哪种电机类型都可以应用。但是，由于不能直接估计出转子位置，这种方法不适用于感应电压较小的超低速区和停止状态。第6章将具体介绍这种控制方法。

● 基于感应电压的方法

基于电机模型（电压方程和电机参数），根据电压和电流估计感应电压，利用永磁体感应电压（或其积分，永磁体磁链）中包含的位置和速度信息，或者估计位置误差信息，进行位置和速度估计。这种方法基于感应电压，因此，在停止状态和超低速区无法进行位置估计。但是，在中高速区，只要电机模型正确，就可以进行高精度的位置和速度估计，不需要特别的信号注入和硬件，实现与有传感器时同级别的高性能运转。5.2节会介绍具体实例。

● 基于凸极性的方法

这种方法利用凸极电机（IPMSM和SynRM）的特征，即电感随转子位置变化而变化，通过注入高频电压（或电流）来检测电感的位置依赖性，通过高频电流（或电压）的信号处理进行位置估计。如果电感随转子位置的变化呈正弦波，则可以进行高精度的位置估计。但是，在大电流驱动等磁饱和明显，或电机结构中电感分布失衡的情况下，位置估计误差会很大。尽管高频注入存在噪声问题，但本方法非常适合停止状态的初始位置估计和超低速区的位置估计。5.3节会介绍具体实例。

上述各种无传感器控制方法的特征与作为控制对象的电机及应用密切相关，应根据用途选择合适的无传感器控制方法，在高精度、稳定性方面下功夫是大势所趋。

5.2　基于感应电压的无传感器控制

PMSM感应电压和磁链中包含位置和速度信息。人们提出了多种方法，根据IPMSM电压和电流信息，基于PMSM的数学模型，通过观测器等估计感应电压和磁链，从而进行转子位置估计。

5.2.1　基于感应电压的位置估计的基础

图5.1所示为基于感应电压的无传感器控制所用的典型坐标系，下面就各坐标系的数学模型，以及基于该模型的位置和速度估计思路进行说明。

● α–β坐标系（静止坐标系）

一般α–β坐标系的电压方程已在3.2.2节导出，如下：

$$\begin{bmatrix} v_\alpha \\ v_\beta \end{bmatrix} = \begin{bmatrix} R_a + p(L_0 + L_1\cos 2\theta) & pL_1 \sin 2\theta \\ pL_1 \sin 2\theta & R_a + p(L_0 - L_1\cos 2\theta) \end{bmatrix} \begin{bmatrix} i_\alpha \\ i_\beta \end{bmatrix} + \omega \Psi_a \begin{bmatrix} -\sin\theta \\ \cos\theta \end{bmatrix} \tag{5.1}$$

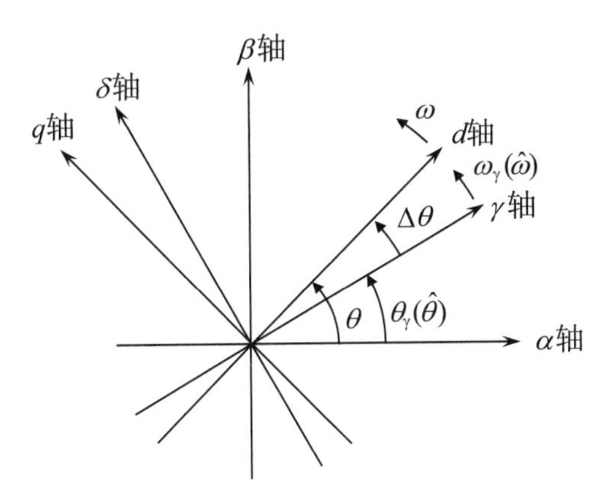

图5.1 无传感器控制的坐标系

式中，

$$L_0=\frac{L_d+L_q}{2},\quad L_1=\frac{L_d-L_q}{2} \tag{5.2}$$

位置信息θ包含在永磁体感应电压[式（5.1）右边第2项]中，且以2θ的形式包含在阻抗矩阵电感项中。由于SPMSM无凸极性（$L_1=0$），因此，位置信息θ只表现在感应电压中，可以通过感应电压估计进行位置估计。对于有磁极性的IPMSM，位置信息不仅包含在感应电压中，还包含在阻抗矩阵中，因此，式（5.1）不适用于感应电压估计模型。此外，对于没有永磁体磁链的SynRM，式（5.1）的右边无第2项。

将式（5.1）变形，使阻抗矩阵中不出现2θ相关项，得到下式[3, 4]：

$$\begin{bmatrix} v_\alpha \\ v_\beta \end{bmatrix}=\begin{bmatrix} R_a+pL_d & \omega(L_d-L_q) \\ -\omega(L_d-L_q) & R_a+pL_d \end{bmatrix}\begin{bmatrix} i_\alpha \\ i_\beta \end{bmatrix}+\begin{bmatrix} e_\alpha \\ e_\beta \end{bmatrix} \tag{5.3}$$

式中，

$$\begin{bmatrix} e_\alpha \\ e_\beta \end{bmatrix}=E_{ex}\begin{bmatrix} -\sin\theta \\ \cos\theta \end{bmatrix} \tag{5.4}$$

$$E_{ex}=\omega[(L_d-L_q)i_d+\Psi_a]-(L_d-L_q)(pi_q)=(L_d-L_q)(\omega i_d-pi_q)+\omega\Psi_a \tag{5.5}$$

式（5.4）的电压被称为扩展反电动势，式（5.3）被称为扩展反电动势模型。

扩展反电动势模型的特征是，位置信息仅包含在式（5.3）右边第2项的扩展反电动势中，并且即使在没有永磁体磁链的SynRM中，只要流通d轴电流，也会产生式（5.5）中$(L_d-L_q)i_d$项引起的感应电压分量。因此，扩展反电动势模型是一个可用于SPMSM、IPMSM以及SynRM的位置估计模型。

根据式（5.3），通过观测器等，根据α–β坐标系的电压和电流估计扩展反电动势，再基于估计扩展反电动势$\hat{e}_\alpha$、$\hat{e}_\beta$的关系[式（5.4）]，利用下式得到α–β坐标系的位置估计值$\hat{\theta}$。

$$\hat{\theta} = \arctan\left(-\frac{\hat{e}_\alpha}{\hat{e}_\beta}\right) \tag{5.6}$$

这时，可通过位置估计值$\hat{\theta}$的微分得到旋转角速度，一般利用低通滤波器（LPF）进行伪微分。

● d–q坐标系（同步旋转坐标系）

d–q坐标系的一般模型见式（3.24）。上述可用于PMSM和SynRM的扩展反电动势模型，可利用变换矩阵$\boldsymbol{C}_3$[式（3.11）]将式（5.3）转换为d–q坐标系，得到下式：

$$\begin{bmatrix} v_\mathrm{d} \\ v_\mathrm{q} \end{bmatrix} = \begin{bmatrix} R_\mathrm{a} + pL_\mathrm{d} & -\omega L_\mathrm{q} \\ \omega L_\mathrm{q} & R_\mathrm{a} + pL_\mathrm{d} \end{bmatrix} \begin{bmatrix} i_\mathrm{d} \\ i_\mathrm{q} \end{bmatrix} + \begin{bmatrix} 0 \\ E_\mathrm{ex} \end{bmatrix} \tag{5.7}$$

但是，在无传感器控制中，由于转子位置（d轴）未知，所以不能直接使用d–q坐标系模型。

● γ–δ坐标系（任意直角坐标系）

如图3.12（图5.1）所示，从α–β坐标前进θ_γ角度，旋转ω_γ（$= \mathrm{d}\theta_\gamma/\mathrm{d}t$）角度产生$\gamma$–$\delta$坐标系，$\gamma$–$\delta$坐标系的电压方程见式（3.37）。用扩展反电动势模型表示时，对式（5.7）进行旋转$\Delta\theta$的坐标变换，得到下式：

$$\begin{bmatrix} v_\gamma \\ v_\delta \end{bmatrix} = \begin{bmatrix} R_\mathrm{a} + pL_\mathrm{d} & -\omega L_\mathrm{q} \\ \omega L_\mathrm{q} & R_\mathrm{a} + pL_\mathrm{d} \end{bmatrix} \begin{bmatrix} i_\gamma \\ i_\delta \end{bmatrix} + p\Delta\theta L_\mathrm{d} \begin{bmatrix} 0 & 1 \\ -1 & 0 \end{bmatrix} \begin{bmatrix} i_\gamma \\ i_\delta \end{bmatrix} + \begin{bmatrix} e_\gamma \\ e_\delta \end{bmatrix} \tag{5.8}$$

式中，

$$\begin{bmatrix} e_\gamma \\ e_\delta \end{bmatrix} = E_\mathrm{ex} \begin{bmatrix} -\sin\Delta\theta \\ \cos\Delta\theta \end{bmatrix} \tag{5.9}$$

γ–δ坐标系是任意直角坐标系，如果$\Delta\theta = 0$，则式（5.8）变为式（5.3），但在无传感器控制中，γ–δ坐标系通常被视为估计d–q坐标系。此时，θ_γ、ω_γ相当于估计的转子位置和速度，本章分别表示为估计位置$\hat{\theta}$和估计速度$\hat{\omega}$。另外，$\Delta\theta$为位置估计误差（θ–$\hat{\theta}$）。

5.2.2 基于估计d-q坐标系扩展反电动势模型的位置和速度估计

图5.2所示为在γ-δ坐标系（估计d-q坐标系）中基于扩展反电动势模型的无位置传感器控制系统的基本框图。对比图4.32可知，为了使用估计位置$\hat{\theta}$进行坐标变换，旋转坐标系的电流、电压采用γ-δ坐标系的值。在位置和速度估计单元，使用γ-δ坐标系的电流和电压指令值，进行位置和速度估计。

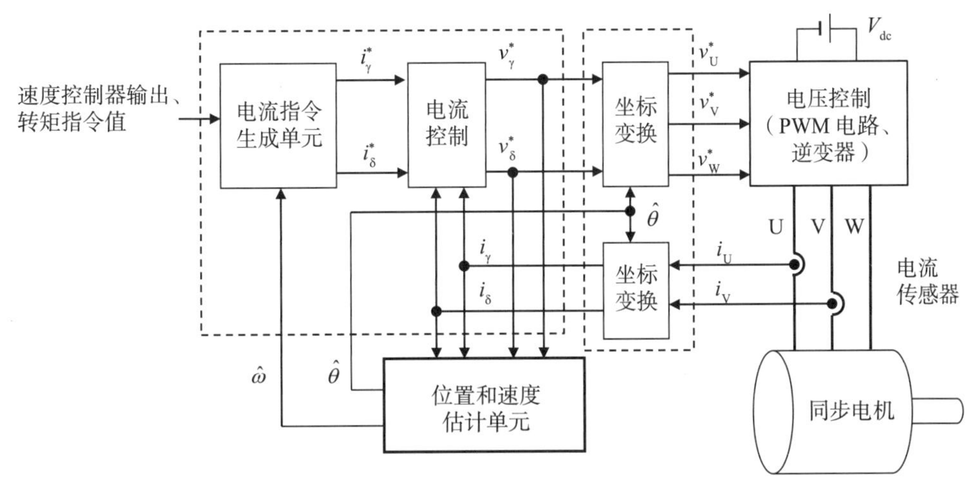

图5.2 扩展反电动势估计式无传感器控制系统的基本框图

基于γ-δ坐标系的扩展反电动势模型[式（5.8）]位置和速度估计单元框图如图5.3所示，包括用于估计$\Delta\theta$的位置误差估计单元和通过将$\Delta\hat{\theta}$修正为0以估计速度和位置的相位同步单元。

通过观测器等，根据γ-δ坐标系的电压、电流估计扩展反电动势，再基于估计扩展反电动势$\hat{e}_\gamma$、$\hat{e}_\delta$的关系[式（5.9）]，利用下式得到d-q坐标系的位置误差估计值$\Delta\hat{\theta}$。

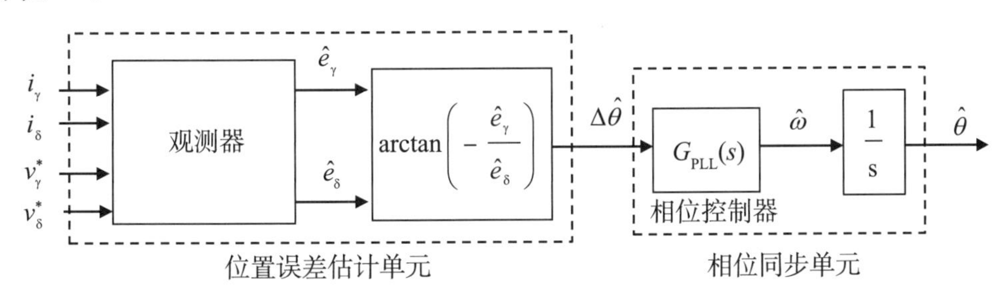

图5.3 位置和速度估计单元框图

$$\Delta\hat{\theta}=\theta-\hat{\theta}=\arctan\left(-\frac{\hat{e}_\gamma}{\hat{e}_\delta}\right) \tag{5.10}$$

可以通过将位置误差估计$\Delta\hat{\theta}$修正为0时的位置和速度，进行位置和速度估计。在相位控制器$G_{\mathrm{PLL}}(s)$中使用PI补偿器等，可以使$\Delta\hat{\theta}$收敛为0，从而获得估计速度$\hat{\omega}$和估计位置$\hat{\theta}$，该系统是锁相环（PLL）系统。另外，在电机控制单元，速度信息一般不直接使用估计速度$\hat{\omega}$，而且要使用低通滤波器排除噪声影响。

考虑到观测器中使用的电机参数的标称值与实际值不同，电压指令值与实际电压不一致，$p\Delta\theta=\omega-\hat{\omega}$项不可忽视等，上述理想条件不成立，扩展反电动势的估计值与实际值也不同。在这种情况下，通过式（5.10）计算的位置误差估计$\Delta\hat{\theta}$也与实际值不同，因此即使进行了位置估计，$\Delta\hat{\theta}=0$，估计误差仍然存在。

5.2.3　基于扩展反电动势模型的位置/速度估计单元[9]

图5.4所示为用于扩展反电动势$\hat{e}_\gamma$、$\hat{e}_\delta$估计的观测器的结构，扩展反电动势被视为干扰，并使用干扰观测器进行估计。根据式（5.8），γ轴的电压方程（相当于图5.4中γ轴的扩展反电动势模型）如下：

$$v_\gamma=\left(R_{\mathrm{a}}+pL_{\mathrm{d}}\right)i_\gamma-\omega L_{\mathrm{q}}i_\delta+p\Delta\theta L_{\mathrm{d}}i_\delta+e_\gamma \tag{5.11}$$

假设$p\Delta\theta=\omega-\hat{\omega}\approx0$，则观测器模型如下：

$$v_\gamma=\left(\hat{R}_{\mathrm{a}}+p\hat{L}_{\mathrm{d}}\right)i_\gamma-\omega\hat{L}_{\mathrm{q}}i_\delta+\hat{e}_\gamma \tag{5.12}$$

其中，“＾”表示电机参数的标称值或状态变量的估计值。根据γ轴电压、δ轴电流以及电机参数（标称值），利用图5.4所示的干扰观测器可以得到估计扩展反电动势$\hat{e}_\gamma$。δ轴的估计扩展反电动势$\hat{e}_\delta$也可以通过同样的结构得到。这里，观测器使用的电压一般为电压指令值（v_γ^*、v_δ^*）。

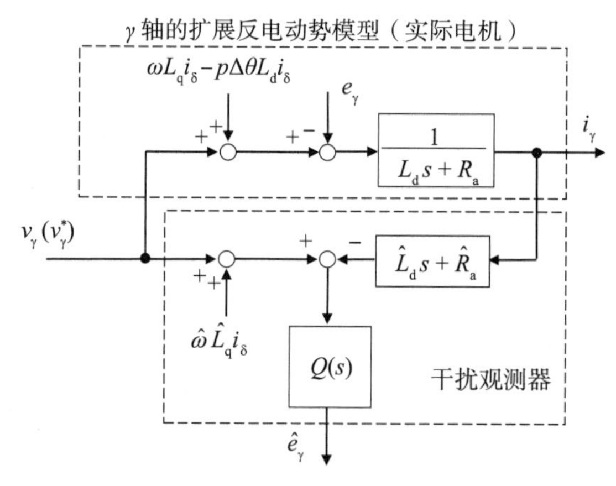

图5.4　用于扩展感应电压估计的干扰观测器的结构（e_γ的估计）

扩展反电动势估计特性，由观测器中滤波器$Q(s)$的设计决定。$Q(s)$的设计是任意的，结构最简单的是一阶低通滤波器：

$$Q(s)=\frac{\omega_{\text{obs}}}{s+\omega_{\text{obs}}} \tag{5.13}$$

设计参数ω_{obs}越大，扩展反电动势的估计速度越快，但同时观测噪声和量子化误差的影响也越大，需要将其调整为合适的值。

图5.3所示位置和速度估计系统的等效框图如图5.5所示。位置和速度估计特性取决于相位控制器$G_{\text{PLL}}(s)$的设计。忽略观测器的估计延迟[$Q(s)=1$]，假设相位控制器视为式（5.14），则从转子位置θ到位置估计误差$\Delta\theta$（$=\theta-\hat{\theta}$）的传递特性由式（5.15）给出。

$$G_{\text{PLL}}(s)=G_{\text{PLL\_A}}(s)=K_1+\frac{K_2}{s} \tag{5.14}$$

$$\Delta\theta=\frac{s^2}{s^2+K_1s+K_2}\theta \tag{5.15}$$

将式（5.15）的分母多项式映射到式（5.16）中，可由式（5.17）确定各增益。

$$G_{\text{cp\_A}}(s)=s^2+2\zeta_{\text{PLL}}\omega_{\text{PLL}}s+\omega_{\text{PLL}}{}^2 \tag{5.16}$$

$$K_1=2\zeta_{\text{PLL}}\omega_{\text{PLL}},\quad K_2=\omega_{\text{PLL}}^2 \tag{5.17}$$

此时，如果速度ω恒定，则估计位置与实际位置一致。但是，当速度发生变化，如加减速时，会出现稳态位置估计误差。在速度呈斜波变化时，若想要消除位置估计误差，可以根据内部模型原理将相位控制器设为式（5.18）。

$$G_{\text{PLL}}(s)=G_{\text{PLL\_B}}(s)=K_1+\frac{K_2}{s}+\frac{K_3}{s^2} \tag{5.18}$$

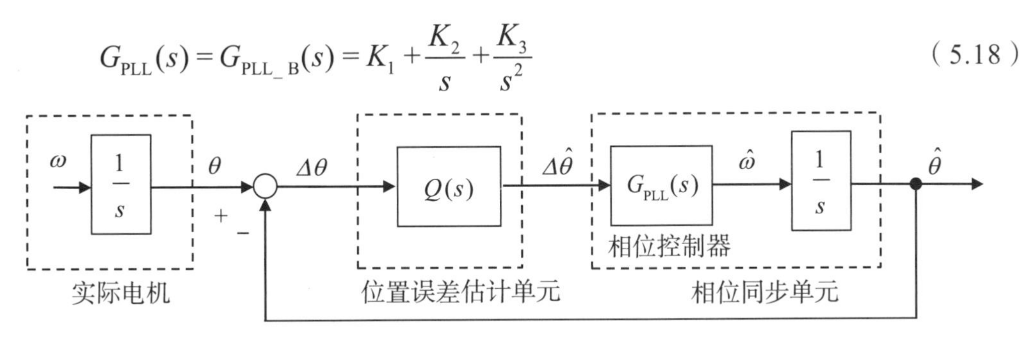

图5.5　位置和速度估计系统等效框图

在这种情况下，位置估计误差的传递特性为式（5.19），如果使分母多项式为式（5.20），则各增益可通过式（5.21）确定。

$$\Delta\theta=\frac{s^3}{s^3+K_1s^2+K_2s+K_3}\theta \tag{5.19}$$

$$G_{cp\_B}(s)=(s+\omega_{PLL})(s^2+2\zeta_{PLL}\omega_{PLL}s+\omega_{PLL}{}^2) \tag{5.20}$$

$$K_1=(1+2\zeta_{PLL})\omega_{PLL},\quad K_2=(1+2\zeta_{PLL})\omega_{PLL}^2,\quad K_3=\omega_{PLL}^3 \tag{5.21}$$

为了确认位置和速度估计特性，这里给出IPM_D1的仿真结果。通过图5.4所示的观测器估计扩展反电动势，并使用上述相位控制器[$G_{PLL_A}(s)$或$G_{PLL_B}(s)$]。图5.6所示为从位置估计误差$\Delta\theta$初始值为30° 的状态开始的$\Delta\theta$收敛特性。通过改变式（5.14）的相位控制器$G_{PLL_A}(s)$设计参数ω_{PLL}、ζ_{PLL}，可以得到符合式（5.15）的特性。但是，当ω_{PLL} = 90rad/s时，多少会受到观测器响应特性（设ω_{obs} = 600rad/s）的影响。图5.7所示为在额定转矩下恒加速度（在约0.5s内从1000r/min加速到2000r/min）的位置估计误差$\Delta\theta$。如上所述，相位控制器设为$G_{PLL_A}(s)$时会出现稳态位置估计误差，但设为$G_{PLL_B}(s)$时位置估计误差几乎为0。

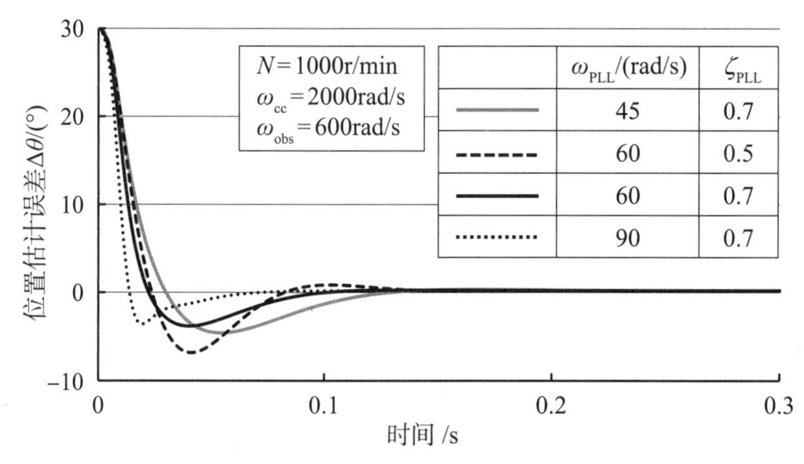

图5.6　位置估计误差的收敛特性[IPM_D1，相位控制器$G_{PLL_A}(s)$]

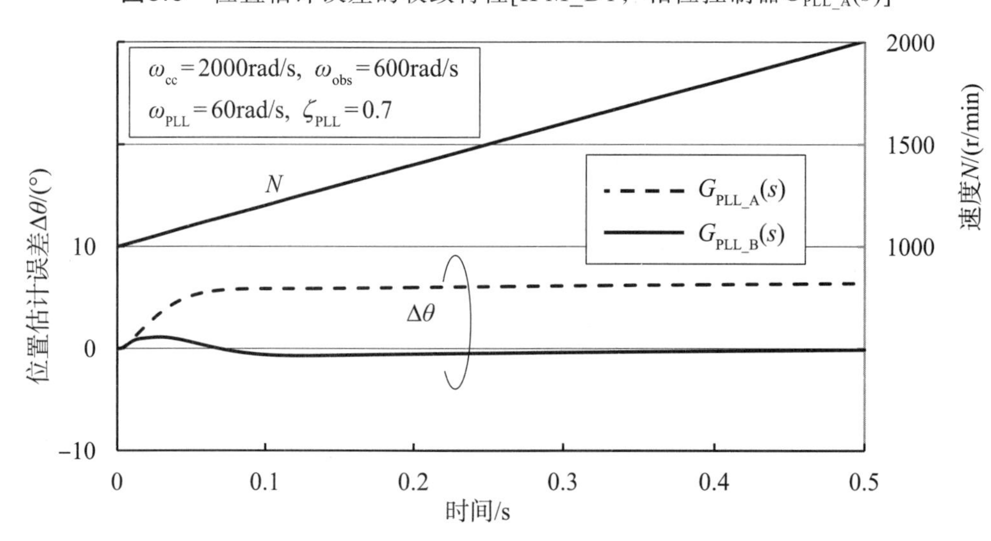

图5.7　恒加速度的位置估计误差特性（IPM_D1）

5.2.4 扩展反电动势估计方式无传感器控制[9]

在图5.2所示无传感器控制系统中，通过估计$d-q$坐标系的扩展反电动势模型，确认位置和速度估计特性。图5.8所示为无传感器速度控制的仿真结果。速度指令值在0.1s内从1000r/min阶跃变化到1200r/min，额定负载转矩在1.5s内阶跃施加。虽然瞬态产生了位置估计误差和速度估计误差，但还是实现了稳定的速度控制。

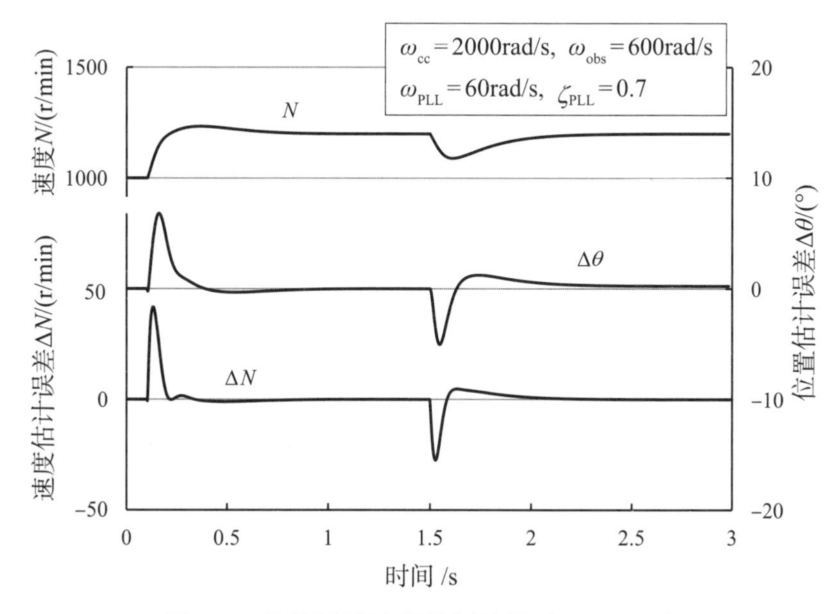

图5.8 无传感器速度控制特性（IPM_D1）

用上述系统对测试电机II[见表3.4、图3.15(b)]进行无传感器控制的实验结果如图5.9所示。各设计参数如图中所示，用于调整控制单元使用的电机参数，以及补偿死区时间等导致的电压误差等。图5.9所示为额定运转时位置估计误差的收敛特性，可见与图5.6相同。

测试电机 I 的稳态特性如图5.10所示。N^* = 2000r/min（额定速度）时，几乎没有估计误差，实现了良好的无传感器控制；但N^* = 100r/min（额定速度的5%）时，估计误差变大，并出现了振动，说明该方法不适用于低速区。

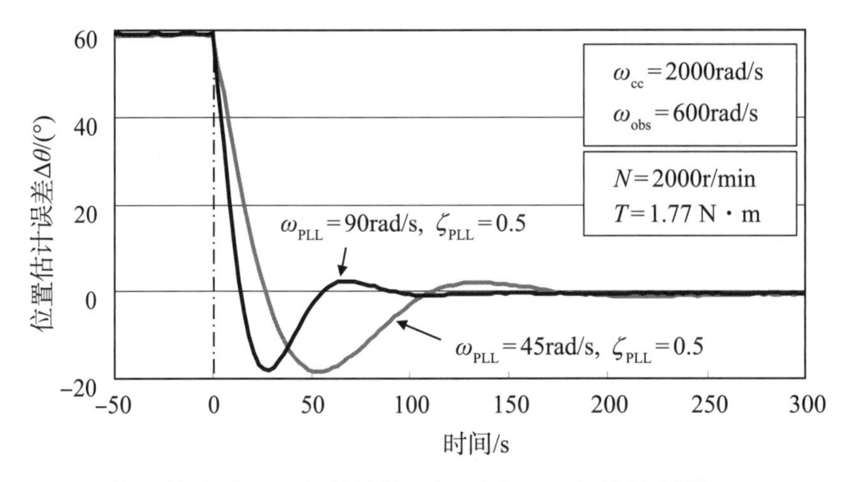

图5.9　位置估计误差的收敛特性[测试电机II，相位控制器$G_{PLL_A}(s)$]

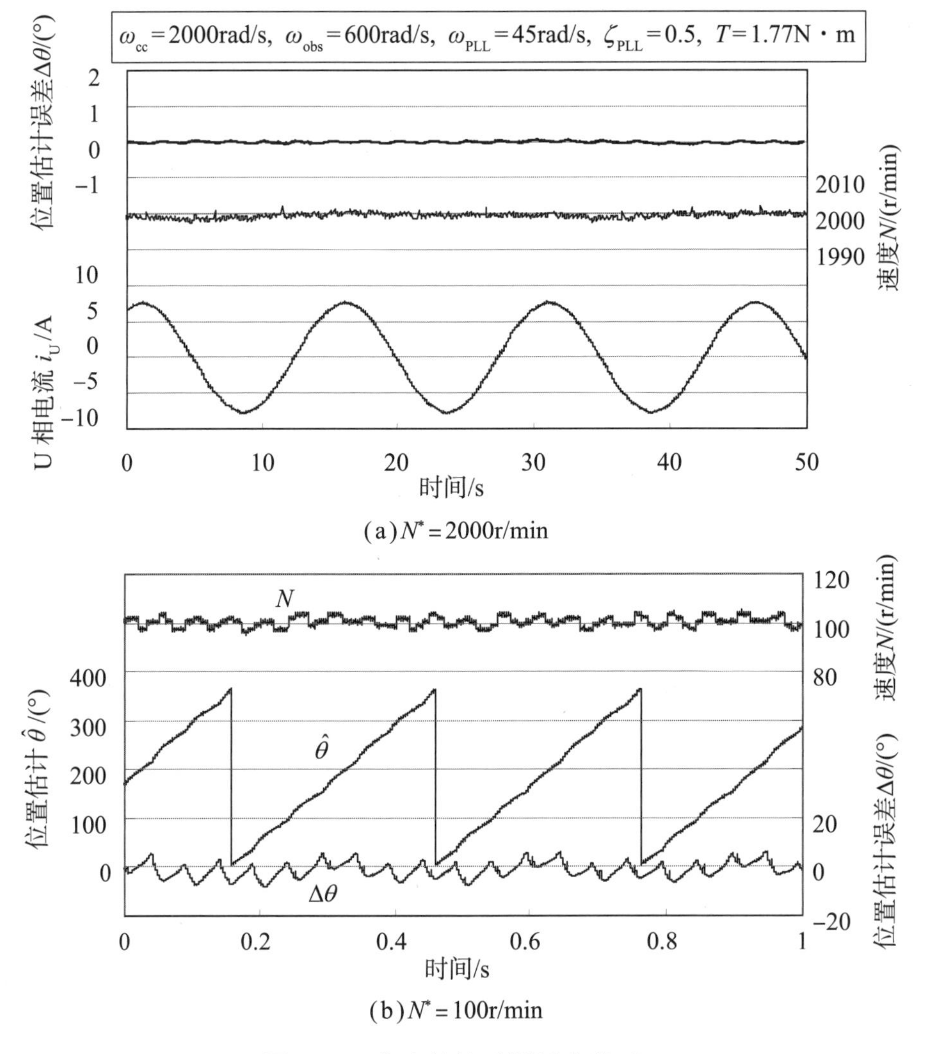

图5.10　稳态特性（测试电机I）

测试电机Ⅱ的瞬态特性如图5.11所示。对于速度指令的阶跃变化和负载干扰T_L的阶跃变化，虽然瞬态初期出现了速度估计误差和位置估计误差，但还是实现了良好的无传感器速度控制。

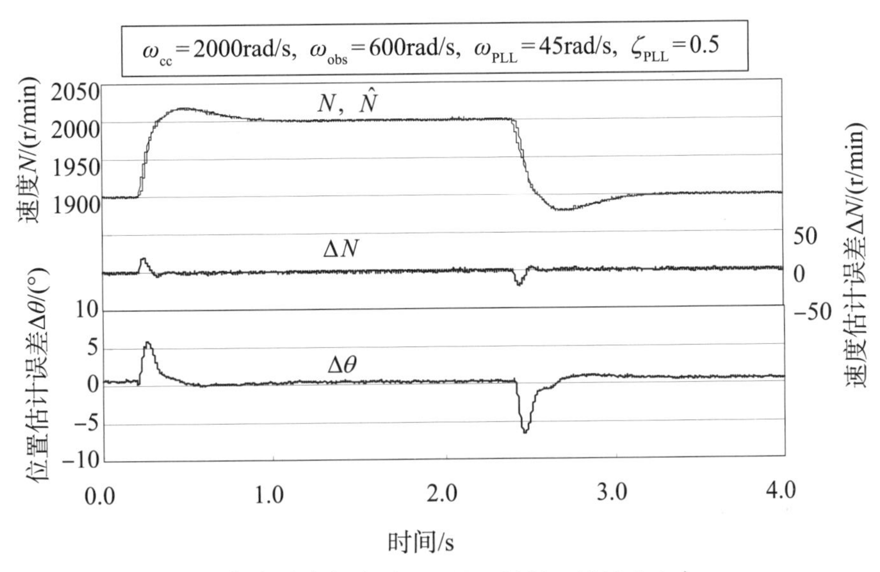

(a)速度阶跃响应（N^*：1900→2000→1900r/min）

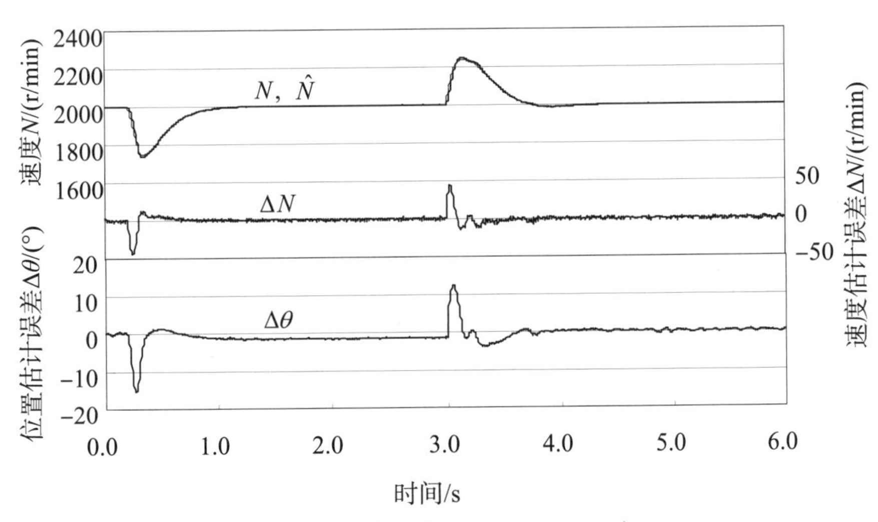

(b)干扰响应特性（T_L：0→100%→0）

图5.11　瞬态特性（测试电机II）

5.2.5　扩展反电动势估计方式中参数误差的影响

基于电机模型的位置和速度估计，电机参数误差会导致估计精度变差。在此，导出上述扩展反电动势估计方法中电机参数误差与稳定状态下位置估计误差的关系式。随着位置和速度估计的收敛，式（5.10）给出的位置误差估计$\Delta\hat{\theta}$为0，

γ轴估计扩展反电动势$\hat{e}_\gamma$变为0。因此，在稳定状态下，可以由式（5.12）导出下式：

$$\hat{e}_\gamma = v_\gamma - \hat{R}_a i_\gamma + \omega \hat{L}_q i_\delta = 0 \tag{5.22}$$

另一方面，对于稳态下的实际电机，将式（5.8）和式（5.9）代入式（5.5），忽略微分项可得下式：

$$\begin{aligned} v_\gamma &= R_a i_\gamma - \omega L_q i_\delta - \omega[(L_d - L_q) i_d + \Psi_a] \sin\Delta\theta \\ &= R_a i_\gamma - \omega L_q i_\delta - \omega\left[(L_d - L_q)(i_\gamma \cos\Delta\theta + i_\delta \sin\Delta\theta) + \Psi_a\right] \sin\Delta\theta \end{aligned} \tag{5.23}$$

消去式（5.22）和式（5.23）中的v_γ，得到下式：

$$\begin{aligned} &\frac{R_a - \hat{R}_a}{\omega} i_\gamma - (L_q - \hat{L}_q) i_\delta \\ &= \left[(L_d - L_q)(i_\gamma \cos\Delta\theta + i_\delta \sin\Delta\theta) + \Psi_a\right] \sin\Delta\theta \end{aligned} \tag{5.24}$$

式（5.24）表明，R_a和L_q的参数误差会产生稳态位置估计误差$\Delta\theta$。而其他参数，L_q对稳态位置估计误差没有影响；Ψ_a不用于位置估计单元，对位置估计特性没有影响。利用式（5.24）计算参数误差对位置估计精度的影响，结果如图5.12所示。横轴的参数误差率表示参数误差（$R_a - \hat{R}_a$或$L_q - \hat{L}_q$）相对于标称值的百分比。根据式（5.24），R_a误差在i_γ大、ω小的低速区影响较大，L_q误差在i_δ大的高转矩区影响大。但由图5.12可知，R_a误差在低速区影响大，而L_q误差在大电流时影响大。

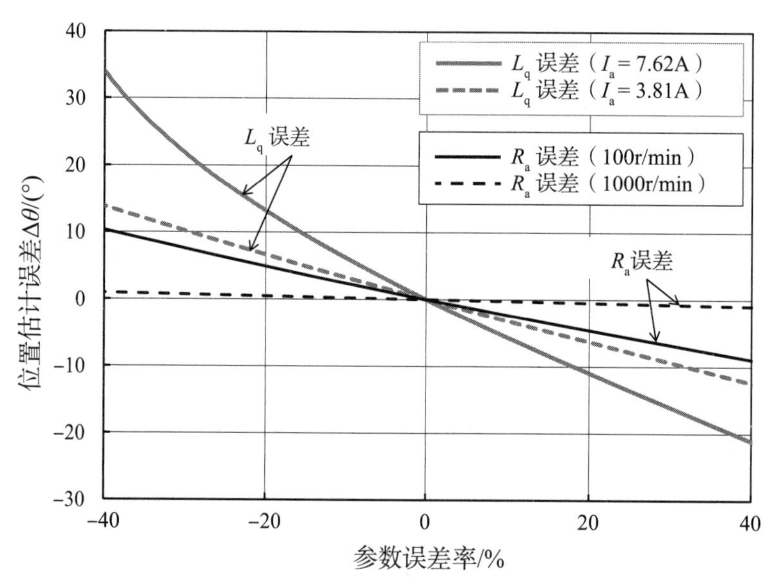

图5.12　参数误差的影响（IPM_D1）

式（5.22）假定γ轴电压为实际电压v_γ，实际使用指令电压v_γ^*。因此，逆变器的死区时间和器件的压降等导致的电压误差（$v_\gamma - v_\gamma^*$），也是造成位置估计误差的因素。另外，电流检测误差也会造成估计误差，需要进行适当调整。

电感L_d、L_q随着电流变化，因此，可以将L_d、L_q作为电流的函数进行建模，并在控制器中加以考虑。另一方面，永磁体磁链Ψ_a和电枢绕组的电阻R_a会随温度变化。电机温度取决于周围环境和电机运转状态，但由于通常不设温度传感器，故很难应对Ψ_a、R_a的变化。有效方法是，在电机运转过程中依次识别电机参数，并反映到矢量控制和无传感器控制中[11]。

5.3 基于凸极性的无传感器控制

5.3.1 基于凸极性的位置估计基础

γ-δ坐标系是包含α-β坐标系和d-q坐标系的任意直角坐标系，其电压方程已在3.3节导出，如下：

$$\begin{bmatrix} v_\gamma \\ v_\delta \end{bmatrix} = \begin{bmatrix} R_a + pL_\gamma - \omega_\gamma L_{\gamma\delta} & -\omega_\gamma L_\delta + pL_{\gamma\delta} \\ \omega_\gamma L_\gamma + pL_{\gamma\delta} & R_a + pL_\delta + \omega_\gamma L_{\gamma\delta} \end{bmatrix} \begin{bmatrix} i_\gamma \\ i_\delta \end{bmatrix} + \omega \Psi_a \begin{bmatrix} -\sin\Delta\theta \\ \cos\Delta\theta \end{bmatrix} \quad (5.25)$$

式中，

$$\Delta\theta = \theta - \theta_\gamma,\ L_\gamma = L_0 + L_1\cos 2\Delta\theta,\ L_\delta = L_0 - L_1\cos 2\Delta\theta,\ L_{\gamma\delta} = L_1\sin 2\Delta\theta,$$

$$L_0 = \frac{L_d + L_q}{2},\ L_1 = \frac{L_d - L_q}{2}$$

5.2节所述的基于感应电压的位置估计方法，基本上利用的是式（5.25）右边第2项中包含的位置信息$\Delta\theta$。也就是说，如果$\Delta\theta = \theta$（$\hat{\theta} = 0$），则基于α-β坐标系模型估计θ；如果将γ-δ坐标系作为估计d-q坐标系，则由θ_γ、ω_γ估计转子位置$\hat{\theta}$和速度$\hat{\omega}$，而$\Delta\theta$为位置估计误差。无论哪种情况，右边第2项都要乘以旋转角速度ω，停止时为0，低速时的电压分量也很小，很难用于位置估计。因此，利用右边第1项阻抗矩阵中的电感（L_γ、L_δ、$L_{\gamma\delta}$）包含的位置信息$\Delta\theta$，该信息在$L_1 = 0$的非凸极电机中无法获得，这种方法仅适用于IPMSM和SynRM等具有凸极性的电机。

为了只提取包含位置信息$\Delta\theta$的分量，实施高频电压（或电流）注入（叠加在电流控制器输出的电压指令值上），并对高频电流（或电压）进行信号处理，以获得位置信息$\Delta\theta$。在式（5.25）中，如果只关注与高频分量相关的分量，则可得到下式：

$$\begin{bmatrix} v_{\gamma h} \\ v_{\delta h} \end{bmatrix} = \begin{bmatrix} pL_{\gamma} & pL_{\gamma\delta} \\ pL_{\gamma\delta} & pL_{\delta} \end{bmatrix} \begin{bmatrix} i_{\gamma h} \\ i_{\delta h} \end{bmatrix} = p\begin{bmatrix} L_{\gamma} & L_{\gamma\delta} \\ L_{\gamma\delta} & L_{\delta} \end{bmatrix} \begin{bmatrix} i_{\gamma h} \\ i_{\delta h} \end{bmatrix} \tag{5.26}$$

式中，$v_{\gamma h}$、$v_{\delta h}$分别为高频电压的γ轴、δ轴分量；$i_{\gamma h}$、$i_{\delta h}$分别为高频电流的γ轴、δ轴分量。

这里考虑到磁饱和，如3.5.1节所述，式中的电感实为动态电感（局部电感）。整理上式得

$$p\begin{bmatrix} i_{\gamma h} \\ i_{\delta h} \end{bmatrix} = \frac{1}{L_d L_q}\begin{bmatrix} L_{\delta} & -L_{\gamma\delta} \\ -L_{\gamma\delta} & L_{\gamma} \end{bmatrix} \begin{bmatrix} v_{\gamma h} \\ v_{\delta h} \end{bmatrix} \tag{5.27}$$

由于L_{γ}、L_{δ}、$L_{\gamma\delta}$包含$2\Delta\theta$信息，因此，可以从高频电压$v_{\gamma h}$、$v_{\delta h}$与高频电流$i_{\gamma h}$、$i_{\delta h}$的关系中提取出$\Delta\theta$信息。这里，如果将γ-δ坐标系当作α-β坐标系，则$\Delta\theta=\theta$，可以直接获得转子位置信息。另一方面，如果将γ-δ坐标系当作估计d-q坐标系，则可以获得位置估计误差$\Delta\theta$（$\theta=\hat{\theta}$）。得到位置估计误差$\Delta\theta$后，可以用5.2.2节介绍的方法估计位置和速度。

5.3.2 估计d-q坐标系的高频电压注入方法

作为利用凸极性位置估计方法的例子，假设γ-δ坐标系为估计d-q坐标系，考虑在γ轴注入高频电压的情况[10]：

$$\begin{bmatrix} v_{\gamma h} \\ v_{\delta h} \end{bmatrix} = V_h \begin{bmatrix} \cos\omega_h t \\ -\dfrac{\hat{\omega}}{\omega_h}\sin\omega_h t \end{bmatrix} \tag{5.28}$$

式中，V_h、ω_h（$=2\pi f_h$）分别为注入高频电压的振幅和角频率。

将式（5.28）代入式（5.27），变形后得到下式：

$$\begin{bmatrix} i_{\gamma h} \\ i_{\delta h} \end{bmatrix} = \frac{V_h}{\omega_h}\frac{1}{L_d L_q}\begin{bmatrix} L_0 - L_1\cos 2\Delta\theta \\ -L_1\sin 2\Delta\theta \end{bmatrix}\sin\omega_h t \tag{5.29}$$

由式（5.29）可知，位置估计误差$\Delta\theta$为0时，δ轴电流$i_{\delta h}$不流通；出现位置估计误差时，$i_{\delta h}$流通。因此，如果对δ轴高频电流$i_{\delta h}$进行式（5.30）的处理，用低通滤波器（LPF）仅取出直流分量，则可得到式[5.31(a)]；假设$\Delta\theta$足够小，则可得到式[5.31(b)]，这样的信号处理被称为外差处理。

$$
\begin{aligned}
i_{\delta\text{h\_sin}} &= i_{\delta\text{h}} \times \sin\omega_\text{h} t = -\frac{V_\text{h}}{\omega_\text{h}} \frac{L_1}{L_\text{d} L_\text{q}} \sin 2\Delta\theta \sin\omega_\text{h} t \sin\omega_\text{h} t \\
&= -\frac{V_\text{h}}{\omega_\text{h}} \frac{L_1}{L_\text{d} L_\text{q}} \sin 2\Delta\theta \frac{1-\cos 2\omega_\text{h} t}{2}
\end{aligned} \tag{5.30}
$$

$$
i_{\delta\text{h\_}\Delta\theta} = -\frac{V_\text{h}}{2\omega_\text{h}} \frac{L_1}{L_\text{d} L_\text{q}} \sin 2\Delta\theta = \frac{V_\text{h}}{4\omega_\text{h}} \frac{L_\text{q} - L_\text{d}}{L_\text{d} L_\text{q}} \sin 2\Delta\theta \tag{5.31(a)}
$$

$$
= \frac{V_\text{h}}{2\omega_\text{h}} \frac{L_\text{q} - L_\text{d}}{L_\text{d} L_\text{q}} \Delta\theta = K_\text{h} \Delta\theta \tag{5.31(b)}
$$

式中，

$$
K_\text{h} = \frac{V_\text{h}}{2\omega_\text{h}} \frac{L_\text{q} - L_\text{d}}{L_\text{d} L_\text{q}}
$$

图5.13所示为进行上述信号处理的位置和速度估计单元的结构。对电压指令值v_γ^*、v_δ^*，即图5.2中的电流控制器输出施加式（5.28）的高频电压。另外，位置估计误差$\Delta\theta$和$i_{\delta\text{h_}\Delta\theta}$的关系如图5.14所示。从检测到的$\delta$轴电流中，利用中心角频率为$\omega_\text{h}$的带通滤波器（BPF）提取与注入高频电压同频率的高频分量$i_{\delta\text{h}}$，并进行式（5.30）和式（5.31）的处理。$\Delta\theta$和$i_{\delta\text{h_}\Delta\theta}$的关系如式[5.31(a)]所示，随着$\sin 2\Delta\theta$的变化而变化（图5.14），但在$\Delta\theta$接近0的范围内，根据式[5.31(b)]可以得到位置误差估计值$\Delta\hat{\theta}$。因此，构建前述锁相环（PLL）系统（见图5.5），可以得到估计速度$\hat{\omega}$和估计位置$\hat{\theta}$。

当位置估计误差$\Delta\theta$为30°时，进行图5.13所示处理的各部分波形如图5.15所示。注入$V_\text{h} = 20\text{V}$、$f_\text{h} = 400\text{Hz}$的高频电压，经信号处理后得到$i_{\delta\text{h_}\Delta\theta}$约为0.063A。根据仿真条件，有

$$
K_\text{h} = \frac{V_\text{h}}{2\omega_\text{h}} \frac{L_\text{q} - L_\text{d}}{L_\text{d} L_\text{q}} = \frac{20}{2\times 2\pi\times 400} \frac{(19-11.2)\times 10^{-3}}{11.2\times 10^{-3}\times 19\times 10^{-3}} = 0.146
$$

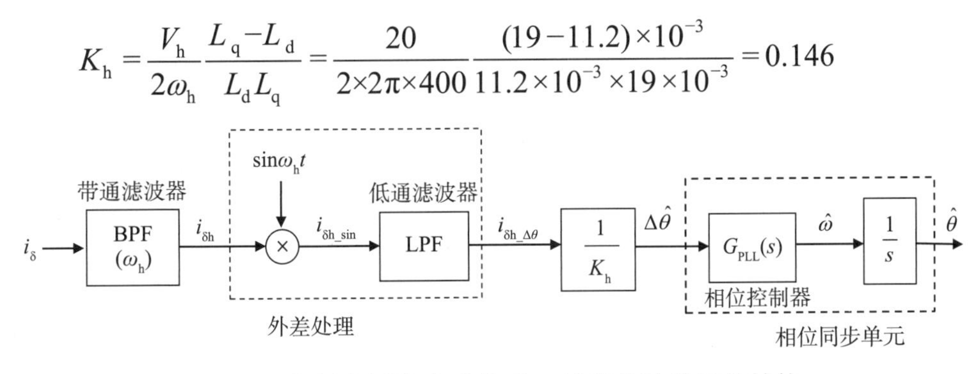

图5.13　高频电压注入式位置、速度估计单元的结构

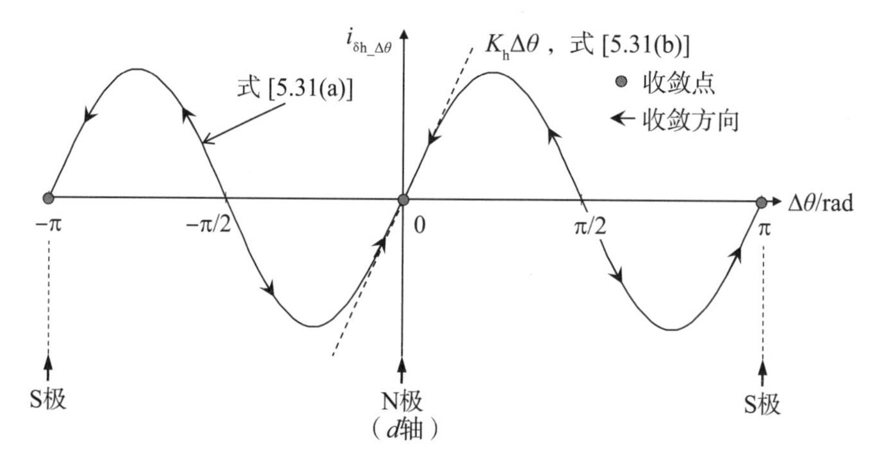

图5.14　位置估计误差信息

由式[5.31(b)]求得位置误差估计值$\Delta\hat{\theta}$约为25°。通过式[5.31(b)]求取$\Delta\hat{\theta}$时，$\Delta\theta$越大，$\Delta\theta$与$\Delta\hat{\theta}$之差越大；估计的$\Delta\hat{\theta}$越小，等效于位置估计的PLL增益下降，但$\Delta\theta$低于30°应该没有太大问题。

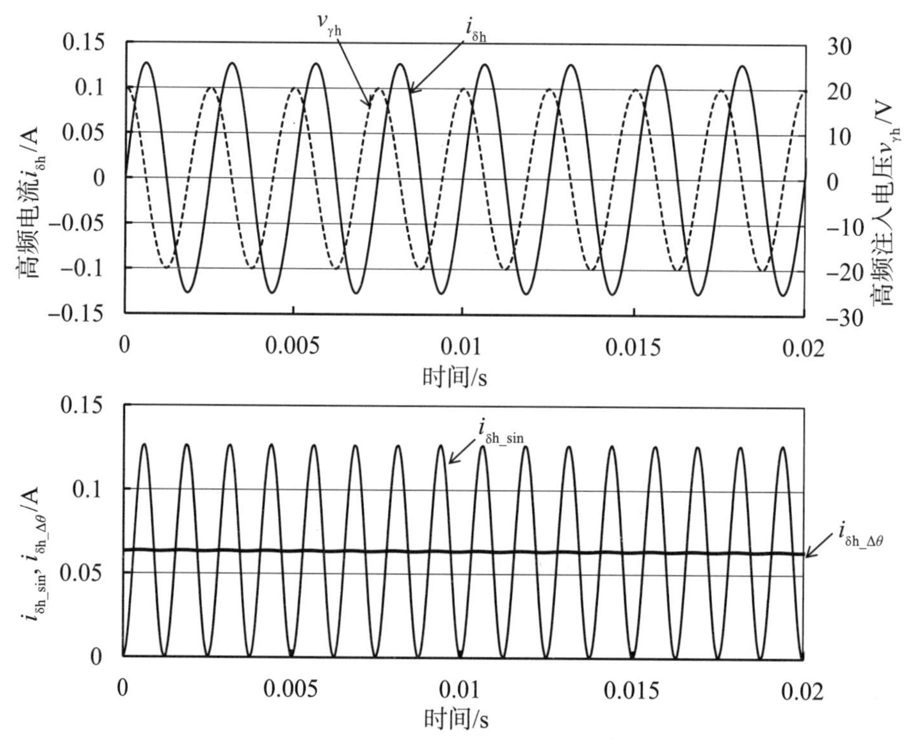

图5.15　处理单元的波形（$V_h = 20$V，$f_h = 400$Hz，$\Delta\theta = 30°$）

图5.16所示为采用上述高频电压注入法在超低速区进行无传感器速度控制的仿真结果。其中，位置估计误差和速度估计误差的初始值设为0。从停止到1.0s，速度指令值阶跃变化到200r/min时，瞬态出现较大的估计误差，但还是实

现了稳定的速度控制。这里，为了防止电流控制系统受到注入高频电压的影响，预先从电流控制用的电流中削减了角频率为ω_h的高频电流。

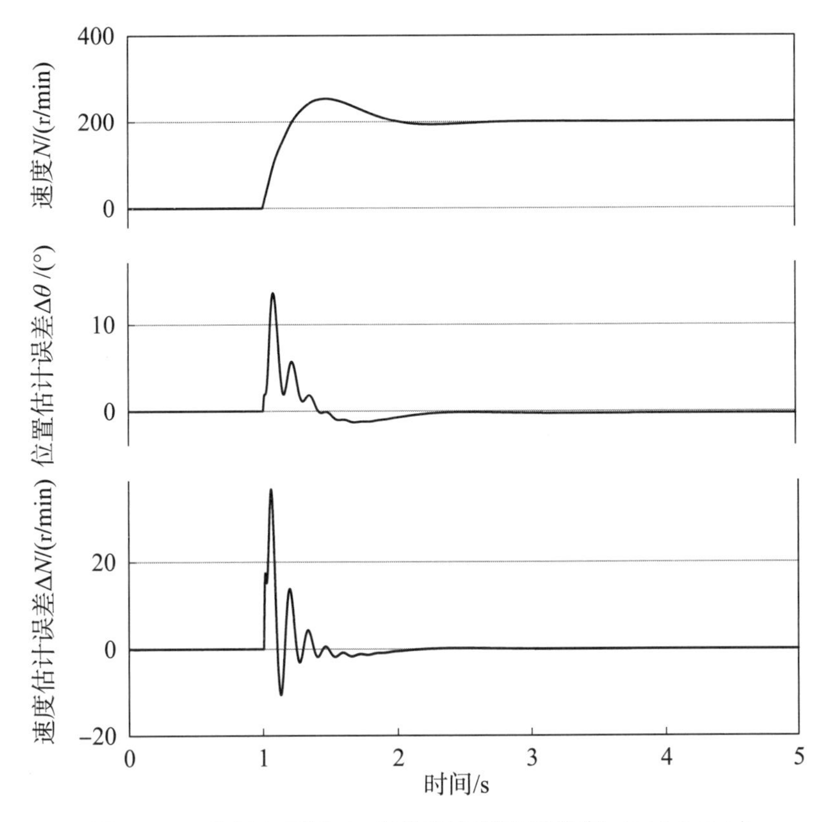

图5.16 高频电压注入式无传感器速度控制（IPM_D1）

由于通电时转子的初始位置不一定在$\Delta\theta = 0$附近，因此，式[5.31(b)]的近似不成立。但是，随着位置估计的进行，$i_{\delta h_\Delta\theta} = 0$时，$\Delta\theta$收敛到图5.14中的圆圈处。这时，根据初始位置，也可能收敛到$\Delta\theta = 180°$（S极）。图5.17所示为电机

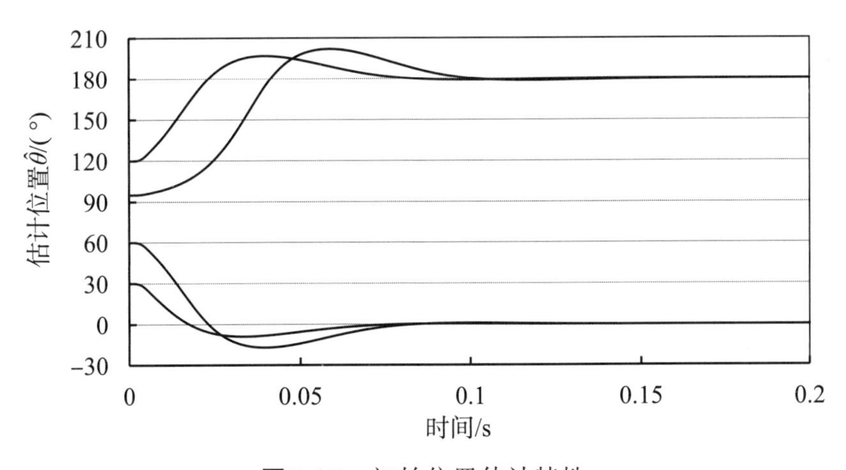

图5.17 初始位置估计特性

初始位置$\theta = 0°$ 时，不同估计位置初始值的初始位置估计特性，等效于通电时估计位置的初始值为0°，实际电机位置不为0° 的情况。可以看出，位置估计在大约0.1s后收敛，根据估计位置初始值的不同，$\hat{\theta}$先后收敛到180°。因此，进行初始位置估计之后，要进行极性判断，以确定估计的位置是在d轴的正方向（N极）还是负方向（S极）。注意，SynRM没有极性，不需要进行极性判断。

5.3.3　极性判断方法

极性判断一般利用d轴磁路的磁化特性。图5.18所示为d轴电流与d轴磁链的大致关系。d轴方向由于永磁体磁链Ψ_a的存在，如果施加正的d轴电流，就会充磁，产生磁饱和，结果使得电感L_d减小；相反，施加负的d轴电流时，就会因去磁而不会产生磁饱和，或者电感L_d没有变化，磁饱和缓慢增大。这种磁饱和引起的电感变化，可用于确定N极和S极的极性判断。

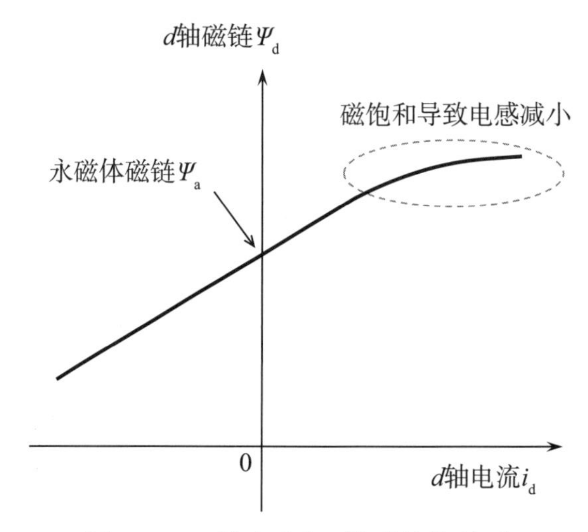

图5.18　d轴电流与d轴磁链的关系

具体来说，如图5.19所示，在进行初始位置估计的估计d-q坐标（γ-δ坐标）中，在足够短的固定时间（ΔT）内对γ轴（估计d轴）施加正负恒定电压（ΔV_γ），并测量γ轴电流的最大值ΔI_γ（$\Delta I_{\gamma+}$或$\Delta I_{\gamma-}$）。当电流大到出现磁饱和影响时，$\Delta I_{\gamma+}$和$\Delta I_{\gamma-}$就会产生差异。图5.19所示为$\Delta\theta = 0°$ 时的情况（初始估计位置为N极），施加正电压时，正的γ轴（估计d轴）电流流动，由于充磁而发生磁饱和，电感减小；相反，施加负电压时，电感不会发生变化（或增大）。因此，施加正负电压时的最大电流值$\Delta I_{\gamma+}$和$\Delta I_{\gamma-}$的大小关系如图5.19所示，$\Delta I_{\gamma+} > \Delta I_{\gamma-}$。相反，如果$\Delta I_{\gamma+} < \Delta I_{\gamma-}$，则初始估计位置为S极（$\Delta\theta = 180°$），应对初始估计位置进行180° 修正。

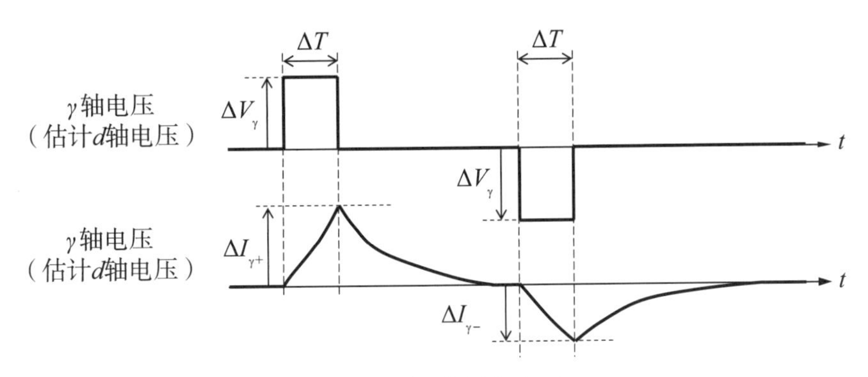

图5.19　极性判断方法

图5.20所示为对测试电机II进行初始位置估计的结果。在位置估计误差为250°左右的状态下，通过高频电压注入进行位置估计，结果是估计d轴收敛于S极（$\Delta\theta = 180°$）。然后，进行图5.19所示的极性判断，最终，$\Delta\theta = 0°$，完成初始位置估计。

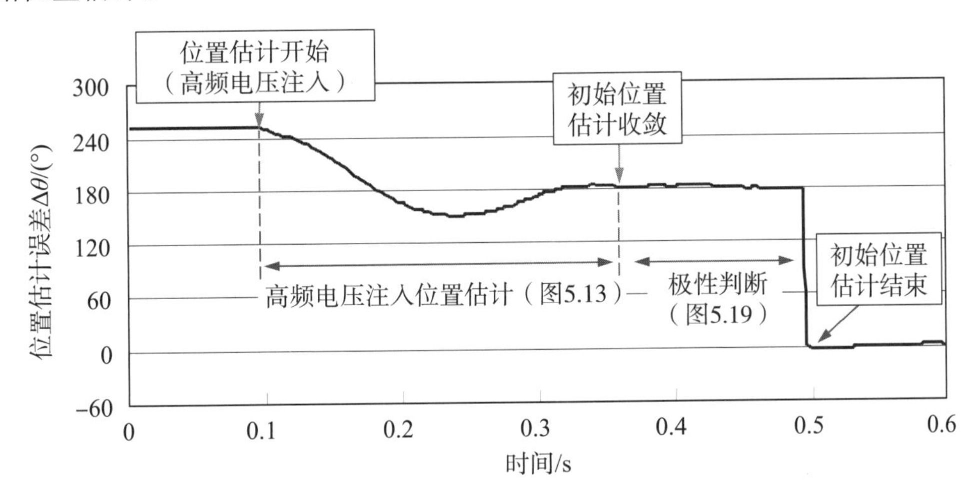

图5.20　初始位置估计特性（测试电机II）

5.4　高频注入式与扩展反电动势估计式全速域无传感器控制

为了实现全速域无传感器控制，一般要结合多种位置和速度估计方式，根据速度进行切换。本节介绍的是通电时利用凸极性的高频注入式和利用磁饱和的极性判断来估计初始位置（估计d轴），启动时和低速区利用高频注入式，中高速区利用扩展反电动势估计式的全速域无传感器控制。两种方式的切换方法是，在适当的速度下切换两种方式估计的位置和速度，或者在适当的速度范围内根据两种方式的估计结果对应速度加权。

图5.21所示为利用权重函数切换两种位置误差估计方式的全速域无传感器控制系统框图。估计位置误差$\Delta\hat{\theta}$，通过在估计d-q坐标系中高频注入式的估计位置误差$\Delta\hat{\theta}_{HF}$，与估计d-q坐标系中反电动势模型估计式的估计位置误差$\Delta\hat{\theta}_{EEMF}$，使用速度对应的权重函数$G_\omega$（图5.21中为一次函数）得到。构建锁相环（PLL）系统，使$\Delta\hat{\theta}$为0，就可以得到估计速度$\hat{\omega}$和估计位置$\hat{\theta}$。

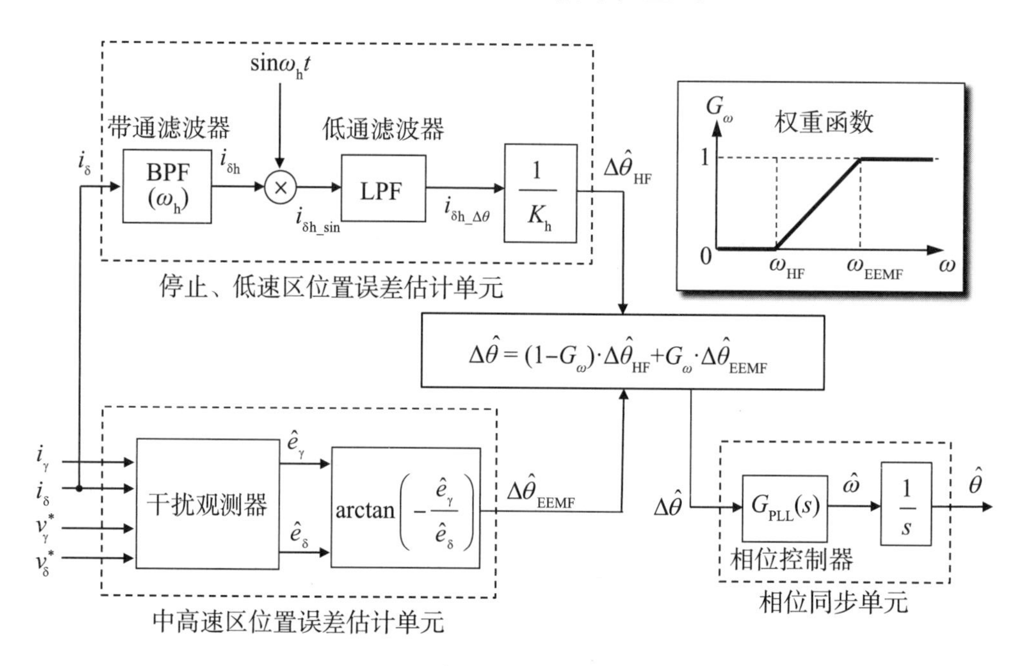

图5.21　全速域无传感器控制系统框图

在$0\leqslant\omega<\omega_{HF}$的速度范围内，施加式（5.28）的高频电压，得到估计位置误差$\Delta\hat{\theta}_{HF}$；在$\omega_{EEMF}\leqslant\omega$的速度范围内，利用扩展反电动势估计式得到估计位置误差$\Delta\hat{\theta}_{EEMF}$，进行位置和速度估计；在$\omega_{HF}\leqslant\omega<\omega_{EEMF}$的速度范围内，利用两种估计方式得到估计位置误差。另外，高频电压注入式可作用到稍高于ω_{EEMF}的高速区，扩展反电动势估计式可作用到稍低于ω_{HF}的低速区。

图5.21所示无传感器控制系统的IPM_D1仿真结果如图5.22所示，可以看到从停止到1000r/min的速度阶跃响应特性。在启动和低速区利用高频注入式，在中高速区利用扩展反电动势估计式进行控制。加速过程中会产生估计误差，尤其是受加速初期位置估计误差的影响，转矩减小，加速特性有所恶化，但仍能实现速度控制。

图5.22所示的两种位置误差估计方式切换时的特性如图5.23所示。高频注入式作用于0～650r/min，扩展反电动势估计式作用于350r/min以上。在400r/min～

600r/min内，利用图5.21所示权重函数G_ω（一次函数）获得位置误差估计$\Delta\hat{\theta}$。可以确认，两种位置误差估计方式的切换是平滑的。

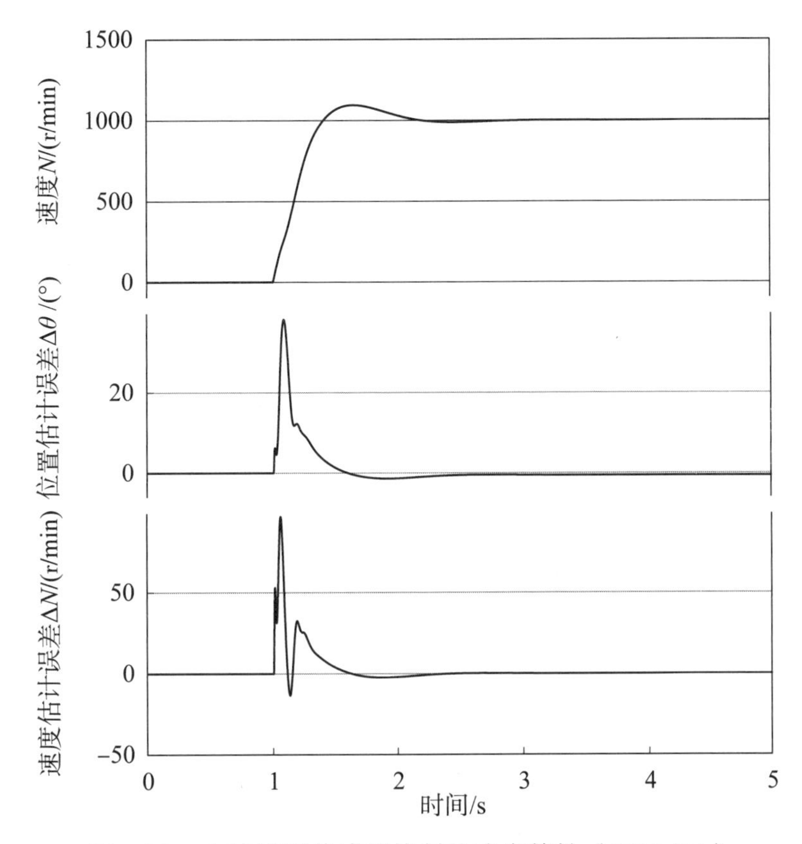

图5.22　全速域无传感器控制的响应特性（IPM_D1）

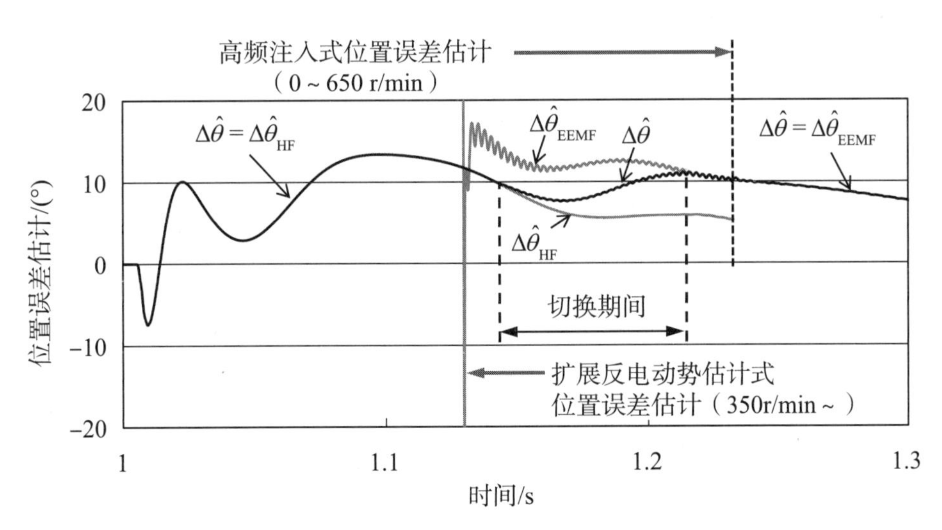

图5.23　基于权重函数的位置误差估计方式切换

图5.24所示为测试电机II的全速域无传感器控制的速度阶跃响应特性。停止和低速区利用高频注入式，中高速区利用扩展反电动势估计式，两种方式在500r/min时不加权进行切换。可以观察到，切换时位置估计误差和速度估计误差发生了很大变化，启动时产生很大的位置估计误差、速度估计误差，但是可以进行稳定控制。对于电流矢量控制，基速2000r/min之内进行MTPA控制，基速以上采用弱磁控制，根据速度适当控制γ轴、δ轴电流。切换位置误差估计方式时，由于不同方式的估计值不同，使用权重函数的平滑切换是有效的。

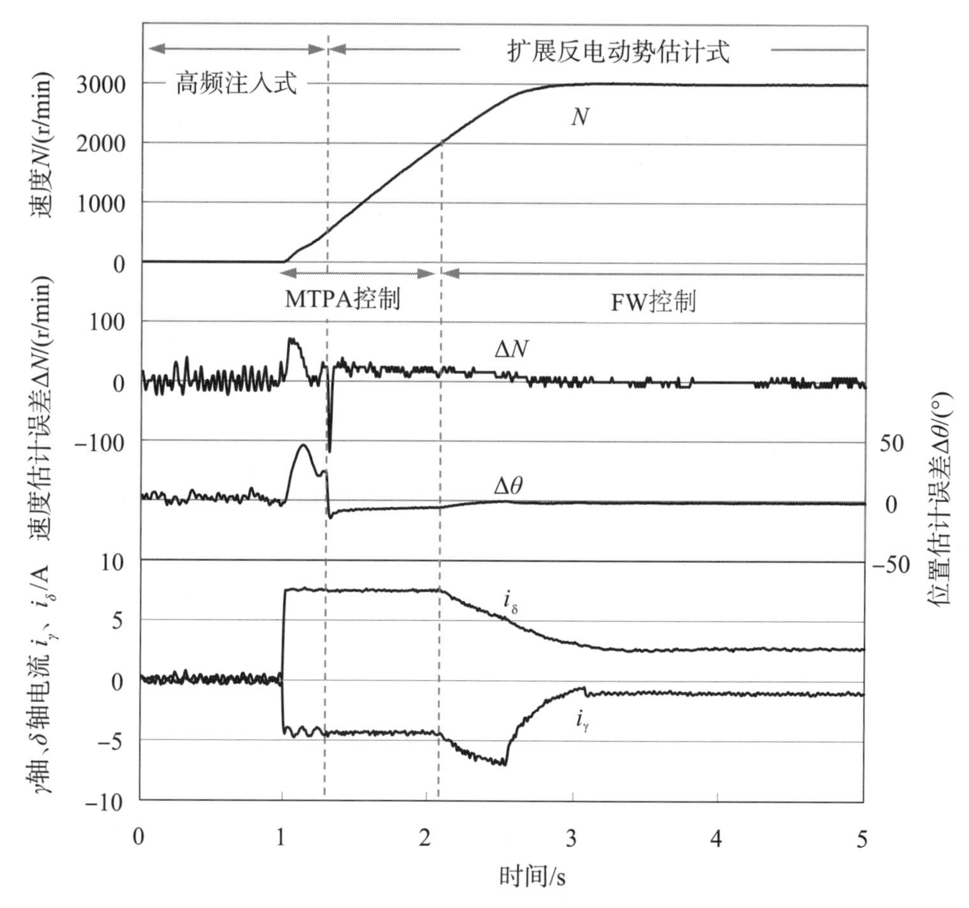

图5.24　全速域无传感器控制的速度阶跃响应特性（测试电机II）

参考文献

[1] Seung-Ki Sul, Sungmin Kim. Sensorless Control of IPMSM: Past, Present, and Future. IEEJ Journal of Industry Applications, 2012, 1(1): 15-23.
[2] 武田洋次, 松井信行, 森本茂雄, 本田幸夫. 埋込磁石同期モータの設計と制御. オーム社, 2001.
[3] 松瀬貢規. 電動機制御工学. 電気学会, 2007.
[4] 電気学会・センサレスベクトル制御の整理に関する調査専門委員会. ACドライブシステムのセンサレスベクトル制御. オーム社, 2016.
[5] リラクタンストルク応用電動機の技術に関する調査専門委員会. リラクタンストルク応用モータ. 電気学会, 2016.
[6] 新中新二. 永久磁石同期モータの制御. 東京電機大学出版局, 2013.
[7] 前川佐理, 長谷川幸久. 家電用モータのベクトル制御と高効率運転法. 科学情報出版, 2014.
[8] 堀洋一, 大西公平. 応用制御工学. 丸善, 1998.
[9] 森本茂雄, 河本啓助, 武田洋次. 估计位置誤差情報を利用したIPMSMの位置・速度センサレス制御. 電気学会論文誌D, 2002, 122(7): 722-729.
[10] M.J.Corley, R.D.Lorenz. Rotor position and velocity estimation for a salient-pole permanent magnet synchronous machine at standstill and high speeds. IEEE Transactions on Industry Applications, 1998, 34(4): 784-789.
[11] 森本茂雄, 神名玲秀, 真田雅之, 武田洋次. パラメータ同定機能を持つ永久磁石同期モータの位置・速度センサレス制御システム. 電気学会論文誌D, 2006, 126(6): 748-755.

第6章
直接转矩控制

直接转矩控制（direct torque control，DTC）是针对感应电机提出的控制方法，但可以应用于任何类型的电机。关于永磁同步电机的DTC驱动，有大量的研究，提出的方法也各种各样，DTC的特征如下：

（1）通过静止坐标系α、β轴上的电枢磁链估计进行电机控制，因此，不需要磁极位置信息，也不需要位置传感器。

（2）电枢磁链估计不需要电感等电机参数，只需要容易测量的电枢电阻值和已知的电枢磁链初始值。

（3）DTC可以不通过电流进行控制，因此，不需要通过电流控制方式实现转矩控制时所需的转矩-电流转换。一般来说，转矩与电流的关系是非线性的。DTC利用电枢磁链估计值和电流进行转矩估计，不需要电机参数。

本章先介绍采用DTC同步电机驱动系统的原理和基本特性，然后对宽范围调速运转指令值计算方法和DTC结构进行说明。

6.1　转矩和磁链控制的原理

DTC的一般结构如图6.1所示。为了结合转矩和电枢磁链将电机控制在目标运转状态，需要向控制器发送指令磁链Ψ_o^*和指令转矩T^*。控制器具体介绍见6.4节。

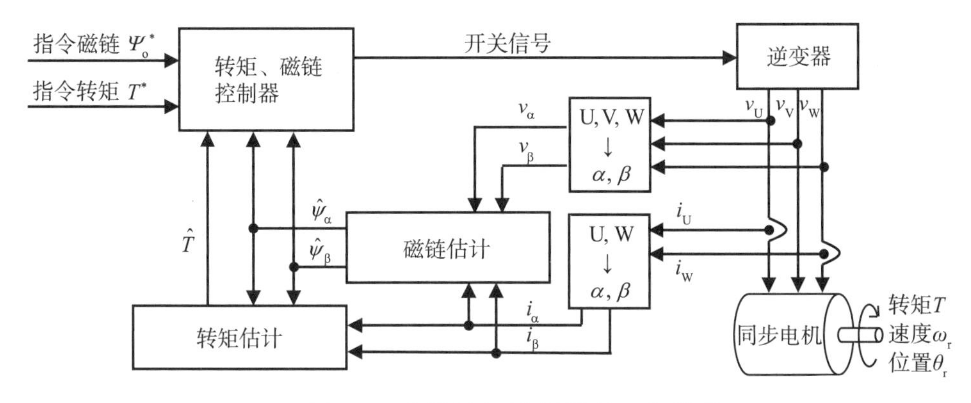

图6.1　直接转矩控制器的一般结构

6.1.1　转矩控制

在同步电机中，电枢磁链矢量Ψ_o恒定，转矩角（负载角δ_o）决定转矩。因此，控制相对于d轴的电枢磁链矢量$\boldsymbol{\psi}_o$的位置就能实现转矩控制。下面着眼于电枢磁链矢量的位置变化，介绍转矩控制方法。

首先，假设电角速度ω和转矩T恒定，即电机恒速恒转矩运行。在这种状态下，一个控制周期的矢量图如图6.2(a)所示。电枢磁链矢量$\boldsymbol{\psi}_o$方向为M轴。这

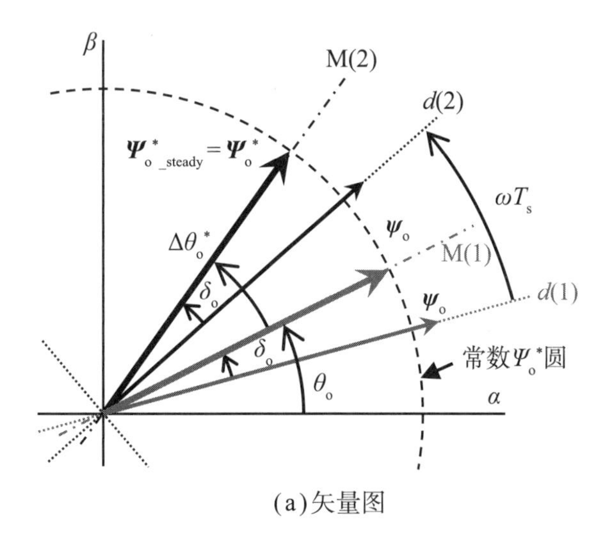

(a)矢量图

图6.2　恒速恒转矩运行时的矢量图与电枢磁链矢量的角度变化量

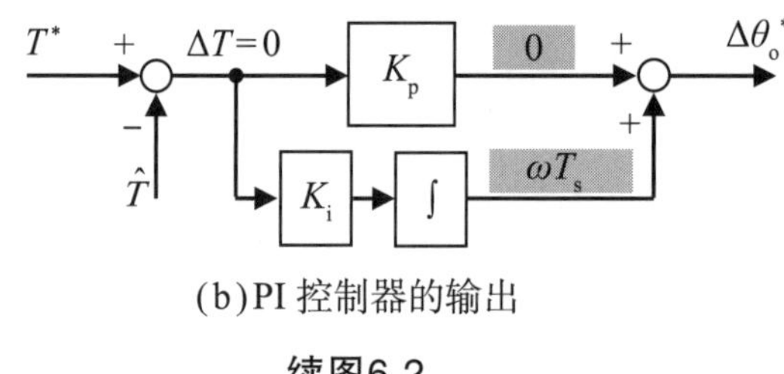

(b)PI 控制器的输出

续图6.2

里，假设指令磁链$\varPsi_o^*$为定值，不发生变化；当前d轴（1）和M轴（1）夹角为转矩角δ_o。注意，当M轴与d轴重合（$\delta_o=0$）时，转矩为0（$T=0$）。

在DTC中，为了确定转矩和指令磁链对应的电机施加电压，需要求取指令磁链，将下一个控制周期的电枢磁链矢量设为指令磁链$\varPsi_o^*$。经过控制周期T_s后，矢量图如图6.2(a)中d轴（2）和M轴（2）所示。由于电角速度恒定，控制周期T_s内的d轴旋转角度为ωT_s。根据转矩恒定这一条件，转矩角δ_o保持不变。因此，当前电枢磁链矢量$\varPsi_o$到指令磁链$\varPsi_o^*$的位置（角度）变化$\Delta\theta_o^*$，可用下式表示：

$$\Delta\theta_o^*=\omega T_s \tag{6.1}$$

如图6.2(b)所示，作为转矩控制器考虑时，指令转矩T^*和估计转矩$\hat{T}$相等，转矩误差为0，即$\Delta T=0$。因此，仅由电角速度引起的一个控制周期的角度变化ωT_s，就可以确定稳态运转时的指令磁链旋转量$\Delta\theta_o^*$。

换一个角度，关注d轴与M轴的速度差，设电枢磁链矢量的旋转角速度为ω_o。速度一致（$\omega_o=\omega$），相对速度为0时，转矩角不会变化，转矩也不会变化。

接下来，对增大转矩的情况进行说明。假设电角速度恒定，不受转矩变化影响。这时矢量图如图6.3(a)所示。d轴（1）和M轴（1）的位置关系与图6.2(a)所示相同，一个控制周期内d轴旋转量也是ωT_s。与稳态运转时的图6.2(a)的不同之处在于，增大转矩，只需要将转矩角增大$\Delta\delta_o$。鉴于此，指令磁链旋转量$\Delta\theta_o^*$可用下式表示：

$$\Delta\theta_o^*=\omega T_s+\Delta\delta_o \tag{6.2}$$

如图6.3(b)所示，转子位置变化既包含稳态成分ωT_s，还包含转矩角的角度变化量$\Delta\delta_o$。但是，考虑到转矩误差$\Delta T>0$，可以将$\Delta\delta_o$设为ΔT的常数倍。再来看角速度，如果$\omega_o>\omega$，则转矩角增大。因此，可以通过增减电枢磁链矢量的转动角速度ω_o，进行转矩控制。

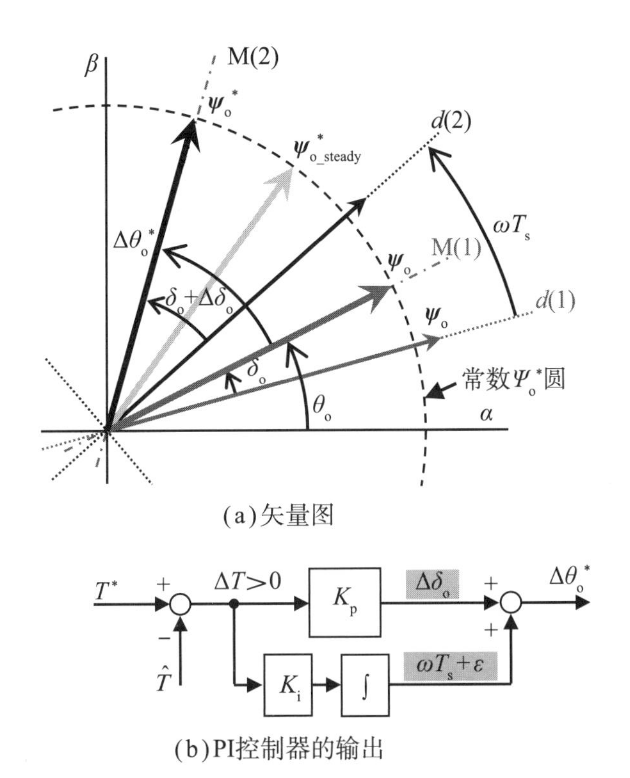

图6.3　转矩增大时的矢量图与电枢磁链矢量的角度变化量

在DTC中，转矩角δ_o和转矩T的关系很重要，所以要先导出转矩式。对$d-q$坐标系电枢磁链表达式[式（3.27）]，使用式（3.10）进行坐标变换（$\theta_\gamma=\delta_o$），可得$M-T$坐标系的电枢磁链：

$$\begin{bmatrix}\psi_M\\ \psi_T\end{bmatrix}=\begin{bmatrix}L_0+L_1\cos 2\delta_o & -L_1\sin 2\delta_o\\ -L_1\sin 2\delta_o & L_0-L_1\cos 2\delta_o\end{bmatrix}\begin{bmatrix}i_M\\ i_T\end{bmatrix}+\Psi_a\begin{bmatrix}\cos\delta_o\\ -\sin\delta_o\end{bmatrix} \tag{6.3}$$

在$M-T$坐标系中，$\psi_M=\Psi_o$、$\psi_T=0$，据此利用式（6.3）求解i_T：

$$i_T=\frac{1}{2L_dL_q}\left[2\Psi_aL_q\sin\delta_o-\Psi_o(L_q-L_d)\sin 2\delta_o\right] \tag{6.4}$$

将式（6.4）代入式（3.36），可得转矩角作为函数的转矩方程。

$$T=\frac{P_n\Psi_o}{2L_dL_q}\left[2\Psi_aL_q\sin\delta_o-\Psi_o(L_q-L_d)\sin 2\delta_o\right] \tag{6.5}$$

6.1.2　磁链控制

电枢磁链矢量是由感应电压的时间积分决定的。因此，磁链与电压的关系如下：

$$\boldsymbol{\psi}_o=\int \boldsymbol{v}_o\mathrm{d}t+\boldsymbol{\psi}_a-\int(\boldsymbol{v}_a-R_a\boldsymbol{i}_a)\mathrm{d}t+\boldsymbol{\psi}_a \tag{6.6}$$

$$\boldsymbol{v}_{\mathrm{o}}=\frac{\mathrm{d}\boldsymbol{\psi}_{\mathrm{o}}}{\mathrm{d}t} \tag{6.7}$$

由式（6.6）可知，可以通过电压大小与施加时间来控制磁链大小，也可以通过电压矢量的方向来控制磁链的方向。由式（6.7）可知，电枢磁链的变化量是由感应电压决定的。

一个控制周期的离散时间矢量图上，电枢磁链矢量与感应电压矢量的关系如图6.4所示。通过施加电压矢量$v_{\mathrm{o}}[k+1]$和控制周期T_{s}的乘积，产生电枢磁链矢量$\boldsymbol{\psi}_{\mathrm{o}}[k]$到$\boldsymbol{\psi}_{\mathrm{o}}[k+1]$的变化。

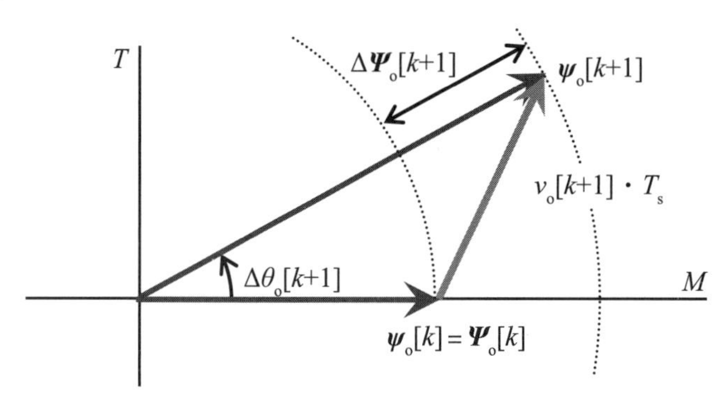

图6.4　离散时间的磁链与电压的关系

6.1.3 控制条件

DTC假定转矩T相对于转矩角δ_{o}是单调递增的，这是电机的特性。若不满足该条件，则无法正确进行转矩控制。转矩方程[式（6.5）]是Ψ_{o}、$\sin\delta_{\mathrm{o}}$、$\sin2\delta_{\mathrm{o}}$的函数，是否满足上述条件要看电枢磁链Ψ_{o}和转矩角δ_{o}的值。对此，下面分别介绍SPMSM、IPMSM和SynRM的DTC稳定工作条件。

● SPMSM

$L_{\mathrm{d}}=L_{\mathrm{q}}$，消去式（6.5）的第2项，转矩方程为

$$T=\frac{P_{\mathrm{n}}\Psi_{\mathrm{a}}}{2L_{\mathrm{q}}}\Psi_{\mathrm{o}}\sin\delta_{\mathrm{o}} \tag{6.8}$$

假设Ψ_{o}为常数，则相对于转矩角的转矩微分系数为

$$\frac{\mathrm{d}T}{\mathrm{d}\delta}=\frac{P_{\mathrm{n}}\Psi_{\mathrm{a}}}{2L_{\mathrm{q}}}\Psi_{\mathrm{o}}\cos\delta_{\mathrm{o}} \tag{6.9}$$

所以，转矩角δ_{o}在$-90°\sim+90°$范围内，转矩曲线斜率为正，转矩T单调递增。

综上所述，SPMSM的DTC条件如下：

（1）转矩角在-90°～+90°。

（2）转矩条件表达式（最大转矩）$|T| \leqslant \frac{P_n \Psi_a}{2L_q}\Psi_o$。

● IPMSM

对于可以利用磁阻转矩的IPMSM，d轴、q轴电感的关系为$L_q > L_d$。式（6.5）的第2项是电感差产生的转矩分量，可见相对于第1项永磁体磁链产生的转矩分量，它在$0 < \delta_o \leqslant 90°$范围内产生负转矩。图6.5所示为IPM_D1的转矩-转矩角曲线，显示了电枢磁链Ψ_o变为$0.5\Psi_a$、$1.0\Psi_a$、$2.0\Psi_a$、$3.0\Psi_a$时的转矩曲线。这里关注$\delta_o = 0$附近的情况。$\Psi_o = 3\Psi_a$时，随着δ_o增大，转矩减小，这时无法进行DTC控制。因此，需要施加电枢磁链，使目标运转状态下的$\mathrm{d}T/\mathrm{d}\delta_o$为正。

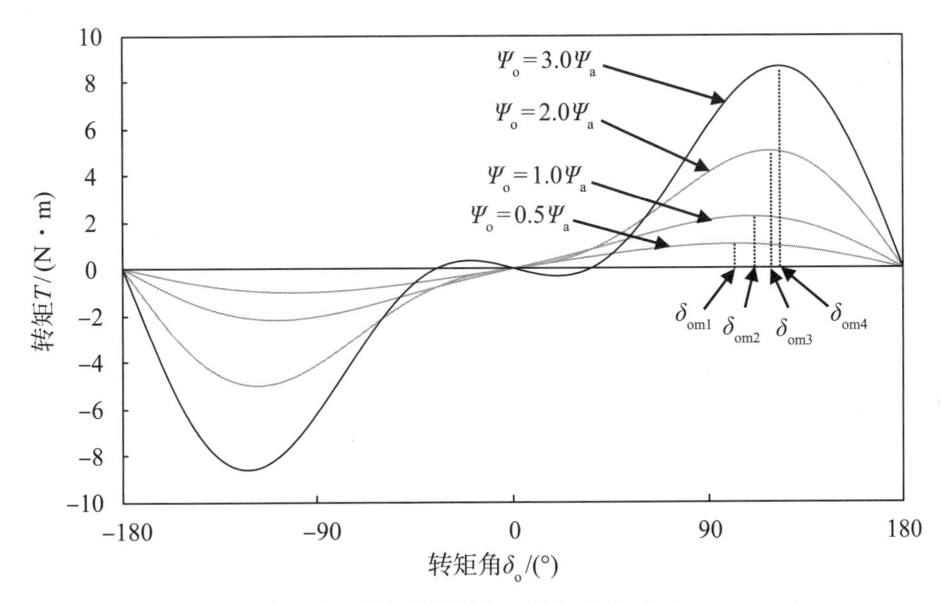

图6.5 改变电枢磁链时的转矩-转矩角曲线（IPM_D1）

在式（6.5）中，假设Ψ_o不随转矩角δ_o变化，通过δ_o进行微分，可得下式：

$$\frac{\mathrm{d}T}{\mathrm{d}\delta_o} = \frac{P_n\Psi_o}{L_d L_q}\left[\Psi_a L_q \cos\delta_o - \Psi_o (L_q - L_d)\cos 2\delta_o\right] \tag{6.10}$$

根据图6.5，可求出IPMSM在$\delta_o = 0$附近的正微分系数：

$$\left.\frac{\mathrm{d}T}{\mathrm{d}\delta_o}\right|_{\delta_o=0} > 0 \tag{6.11}$$

这是必要条件。

根据式（6.10）和式（6.11），可以得到下式：

$$\Psi_a L_q - \Psi_o (L_q - L_d) > 0 \tag{6.12}$$

由于$L_q > L_d$，整理可得关于电枢磁链Ψ_o的条件式：

$$\Psi_o < \Psi_{oc},\ \Psi_{oc} = \frac{L_q}{L_q - L_d}\Psi_a \tag{6.13}$$

如果式（6.13）得到满足，则在$\delta_o = 0$附近，转矩T相对于δ_o单调递增，可进行DTC控制。注意，Ψ_{oc}是$\delta_o = 0$时转矩斜率为0的电枢磁链，具体见6.2节的说明。

接下来，说明转矩角的范围。在关于转矩角的转矩曲线中，转矩最大点的转矩角为δ_{om}。如图6.5所示，电枢磁链Ψ_o为$0.5\Psi_a$、$1.0\Psi_a$、$2.0\Psi_a$、$3.0\Psi_a$时，转矩角分别为δ_{om1}、δ_{om2}、δ_{om3}、δ_{om4}。随着电枢磁链Ψ_o增大，Ψ_{om}也增大。另外，当转矩角大于δ_{om}时，转矩的斜率变为负值。因此，需要知道可控制的极限点的最大转矩角δ_{om}。在此，假设式（6.13）得到满足，求$90° < \delta_o < 180°$范围内的转矩T最大点。

在式（6.10）中，使

$$\left.\frac{dT}{d\delta_o}\right|_{\delta_o = \delta_{om}} = 0$$

用$\cos\delta_{om}$进行整理，得到下式：

$$2\cos^2\delta_{om} - \frac{\Psi_{oc}}{\Psi_o}\cos\delta_{om} - 1 = 0 \tag{6.14}$$

$90° < \delta_{om} < 180°$，即$-1 < \cos\delta_{om} < 0$的解为

$$\cos\delta_{om} = \frac{\Psi_{oc} - \sqrt{\Psi_{oc}^2 + 8\Psi_o^2}}{4\Psi_o} \tag{6.15}$$

最大转矩角δ_{om}可用下式表示：

$$\delta_{om} = \arccos\left(\frac{\Psi_{oc} - \sqrt{\Psi_{oc}^2 + 8\Psi_o^2}}{4\Psi_o}\right) \tag{6.16}$$

如果转矩角小于δ_{om}，则$dT/d\delta_o > 0$得到满足。

综上所述，IPMSM的DTC条件如下：

（1）控制电枢磁链Ψ_o满足式（6.13）。

（2）转矩角δ_o不超过式（6.16）给出的最大转矩角。

● SynRM

由于$\Psi_a=0$，根据式（6.5），转矩方程为

$$T=P_n\frac{L_d-L_q}{2L_dL_q}\Psi_o^2\sin 2\delta_o \tag{6.17}$$

假设Ψ_o为常数，则相对于转矩角的转矩微分系数为

$$\frac{dT}{d\delta_o}=P_n\frac{L_d-L_q}{L_dL_q}\Psi_o^2\cos 2\delta_o \tag{6.18}$$

这里，基于式（6.18）考虑DTC条件（$dT/d\delta_o>0$），结论如下：

· $L_d-L_q>0$，即$L_d>L_q$时：$\cos 2\delta_o>0$，$-45°<\delta_o<45°$ 或$135°<\delta_o<225°$

· $L_d-L_q<0$，即$L_q<L_d$时：$\cos 2\delta_o<0$，$45°<\delta_o<135°$ 或$225°<\delta_o<315°$（$=-45°$）

前者与表3.1和表3.2提及的SynRM基准d轴、q轴定义下的d轴、q轴电感关系一致。这是因为M轴定义的是电枢磁链矢量的方向，磁阻小、磁通量容易通过的方向对应M轴的指向。给出$-45°<\delta_o<45°$ 与$135°<\delta_o<225°$ 这两个范围的原因是，与永磁体产生的电枢磁链不同，N极和S极在一个电角周期（$\theta=0\sim360°$）内分化，电感产生的电枢磁链以180° 为周期出现。

后者与PMSM基准的d轴、q轴电感关系一致。在这种情况下，转矩角$\delta_o=90°$时，$T=0$，转矩控制在$45°<\delta_o<135°$ 内进行。换言之，$T=0$时，q轴和M轴重合。由于$L_q>L_d$，q轴方向的磁链占主导地位（主磁通），所以M轴是自动确定的结果。图6.2和图6.3所示是针对PMSM的，以d轴（永磁体的N极方向）为基准考虑的，但SynRM是以q轴（电感较大的方向）为基准考虑的，这与M–T坐标系的定义并不矛盾。

另外，如6.4.1所述，在DTC中，电枢磁链一般是通过电压时间积分获得，转矩角δ_o不直接用于控制，M轴、T轴的确定与d轴、q轴无关。所以，在控制中不需要考虑M轴是以d轴还是以q轴为基准确定的。

综上所述，SynRM的DTC条件如下：

（1）转矩角在$\cos 2\delta_o>0$（$L_d>L_q$时）或$\cos 2\delta_o<0$（$L_q>L_d$时）内。

（2）转矩条件式（最大转矩）：$|T|\leqslant P_n\frac{|L_d-L_q|}{2L_dL_q}\Psi_o^2$。

6.2 基本特性曲线

为了说明DTC条件[电枢磁链式（6.13）、最大转矩角式（6.16）]，这里给出转矩角与电枢磁链的关系，如图6.6所示。先看由式（6.16）得到的最大转矩角曲线。超过最大转矩角后，转矩斜率变为负值，无法实现DTC，因此，不能使用最大转矩角曲线上方的区域（X_1区）。此外，根据电枢磁链条件[式（6.13）]，一旦电枢链磁大于Ψ_{oc}，零转矩角附近转矩斜率就会变为负值。

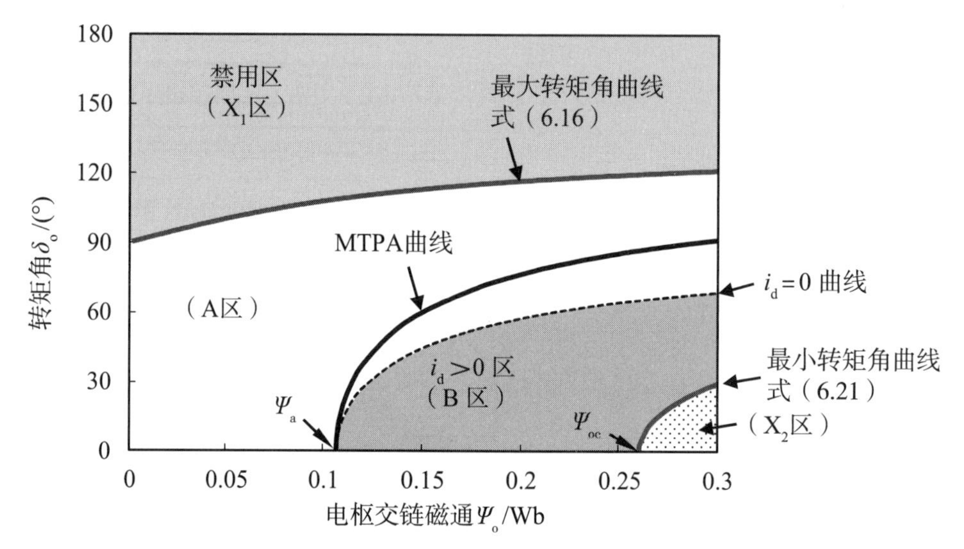

图6.6　转矩角与电枢磁链的关系（IPM_D1，V_{om} = 160V，I_{am} = 13A）

$\Psi_o > \Psi_{oc}$时，转矩角对应的转矩曲线如图6.7所示。请注意转矩斜率为负值的范围，图6.7给出的是转矩角在0 ~ 90° 内的放大图。$\Psi_o = 1.1\Psi_{oc}$或$\Psi_o = 1.3\Psi_{oc}$时，$\delta_o = 0$附近的转矩斜率为负值，无法进行DTC。此外，即使转矩角为正值，转矩也可能为负值。转矩为负值的转矩角范围可以通过计算得到。转矩方程（6.5）改用转矩角表达，$T<0$时，

$$2\Psi_a L_q \sin\delta_o - \Psi_o (L_q - L_d)\sin 2\delta_o < 0 \tag{6.19}$$

成立，式（6.19）可以变形为

$$\sin\delta_o \left[\Psi_a L_q - \Psi_o (L_q - L_d)\cos\delta_o\right] < 0 \tag{6.20}$$

在$0<\delta_o<90°$ 范围内，$\sin\delta_o>0$，可得$T<0$的条件式：

$$0 \leqslant \delta_o \leqslant \delta_{o\text{-}min},\quad \delta_{o\text{-}min} = \arccos\left(\frac{\Psi_{oc}}{\Psi_o}\right) \tag{6.21}$$

因此，$\Psi_o > \Psi_{oc}$时，DTC无法在式（6.21）给出的转矩角范围内实现，这一范围就是图6.6中的X_2区。

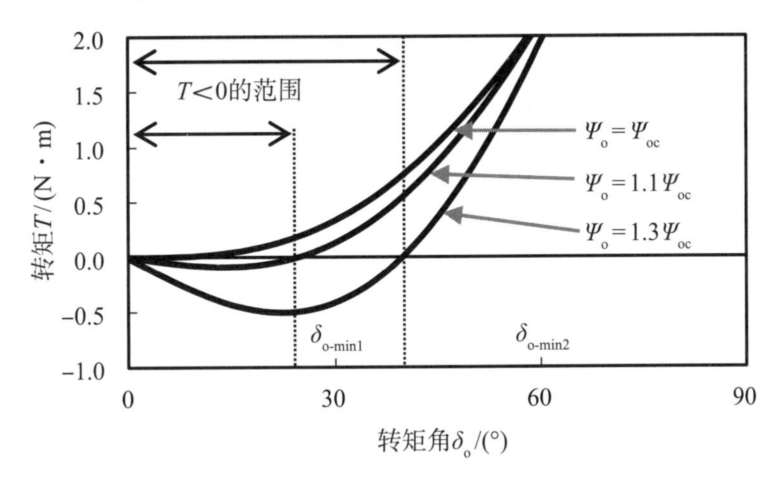

图6.7 大电枢磁链时的转矩-转矩角曲线（IPM_D1）

一般情况下，IPMSM被用于d轴电流为负值的区域。前面提到的X_2区是d轴电流为正值的区域（图6.6中的B区）的一部分，使d轴电流为负值的电流矢量控制方法不适用于该区。

转矩角相对于电枢磁链的特性如图6.8所示。应用电流极限时，图6.6中DTC区域（A区）的一部分也可能作为工作区。图6.8中增加了恒电流（$I_a = I_{am}$）曲线，转矩角小于该曲线时满足电流极限。MTPA控制是在MTPA曲线上进行的，$\Psi_o = \Psi_a$时，$\delta_o = 0$点的转矩为0，随着电枢磁链的增大，转矩角增大，转矩增大。恒电流（$I_a = I_{am}$）曲线和MTPA曲线的交点A是满足电流极限值的最大转矩点。图6.8中的工作点A和D也对应第4章的图4.19。因此，存在电流极限时，MTPA控制可用的工作区在阴影部分（C区）。

除了电流极限，还存在电压极限时，可用工作区比C区还小。基速N_{base} = 3505r/min时，工作点A感应电压为极限值160V，电枢磁链越小，感应电压越小。因此，在图6.8中感应电压极限线（虚线）左侧，电压极限值以下可用。C区全部在N_{base} = 3505r/min的感应电压极限线左侧，MTPA曲线上的工作点都可用。当速度提高到N_{ov} = 7140r/min时，感应电压极限线左侧不存在MTPA曲线，因此，不适用于MTPA控制，这时应采用弱磁控制。

以最大输出功率运转时，工作点移动情况如图6.8所示。恒转矩运行模式I的工作点为点A，即MTPA曲线与恒电流（$I_a = I_{am}$）曲线的交点。感应电压极限线（$V_o = V_{om}$）通过点A，基速3505r/min以下点A可作为工作点。在基速以上的工作

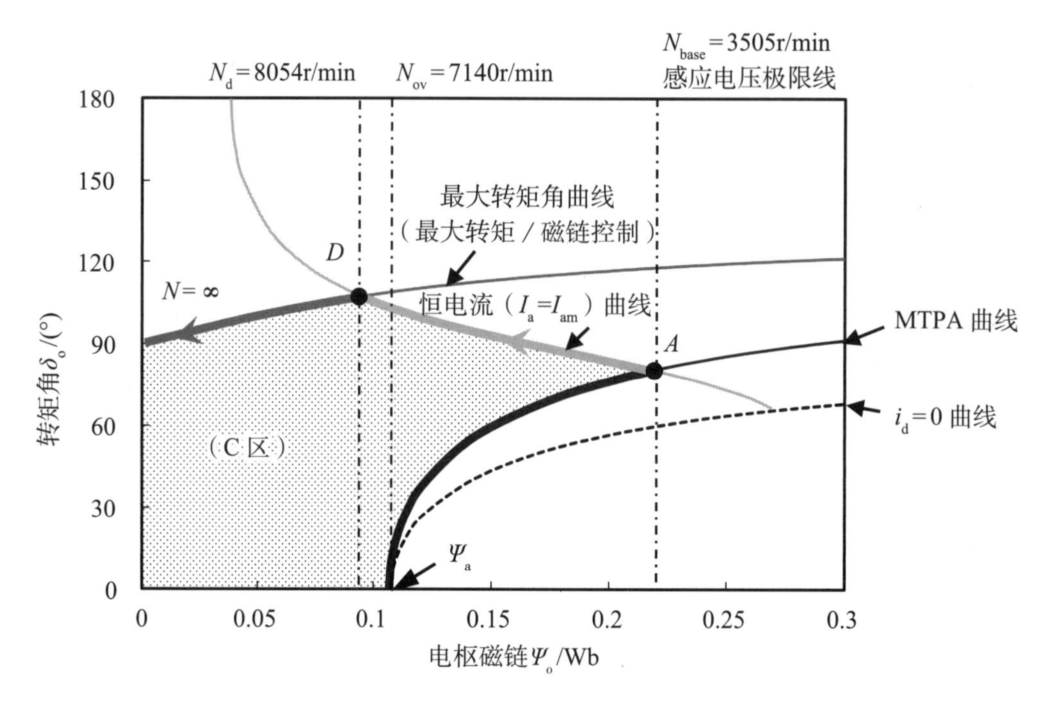

图6.8　相对于电枢磁链的转矩角特性（IPM_D1，$V_{om}=160$V，$I_{am}=13$A）

区（模式II），工作点沿恒电流（$I_a=I_{am}$）曲线从点A移动到D点。点D是恒电流（$I_a=I_{am}$）曲线与最大转矩角曲线的交点。

速度为N_d及以上，在工作点D以下区域（模式III），恒电流（$I_a=I_{am}$）曲线上超出最大转矩角限制的部分无法进行DTC控制。因此，最大转矩/磁链控制是通过在最大转矩角曲线移动工作点实现的。模式III理论上没有速度限制，随着速度提高，转矩角接近90°。

图6.9所示为相对于电枢磁链的转矩特性，工作点和工作区与图6.8相对应。由图6.9可知，C区最大转矩点为工作点A，转矩为3.55N・m。图6.8中的情况一样，模式I最大转矩点也是工作点A。模式II由于电压限制，工作点随着速度提高在恒电流（$I_a=I_{am}$）曲线上向左移动，转矩减小。速度进一步提高，工作点移动到点D时切换控制方法，并在最大转矩角曲线上移动，因此理论上可以实现$T=0$运转。速度超过N_d时，恒电流（$I_a=I_{am}$）曲线不能满足最大转矩角的限制，无法进行DTC控制。图6.9没有给出电枢磁链小于点D时的恒电流（$I_a=I_{am}$）曲线。

图6.10所示为电枢磁链矢量d轴、q轴分量轨迹。速度低于基速N_{base}时，工作在点A。随着速度的提高，感应电压极限圆半径逐渐减小，电枢磁链矢量d轴、q轴分量都向0靠近。注意，在一部分恒电流曲线（$I_a=I_{am}$）和最大转矩角曲线上存在电枢磁链矢量d轴分量为负值的情况。在这种状态下，永磁体磁链被完全抵消，在实

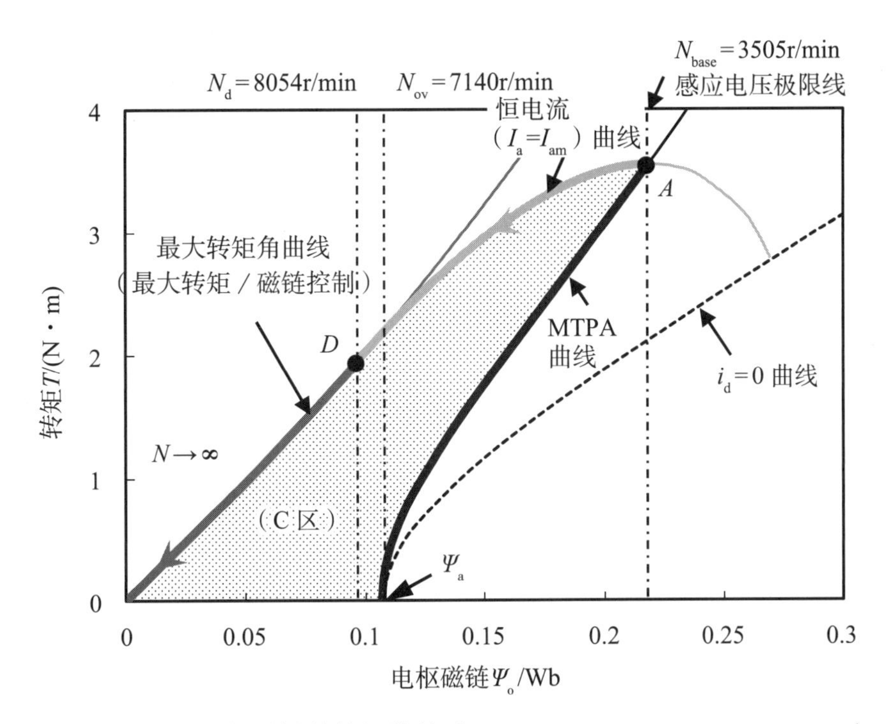

图6.9 相对于电枢磁链的转矩特性（IPM_D1，V_{om} = 160V，I_{am} = 13A）

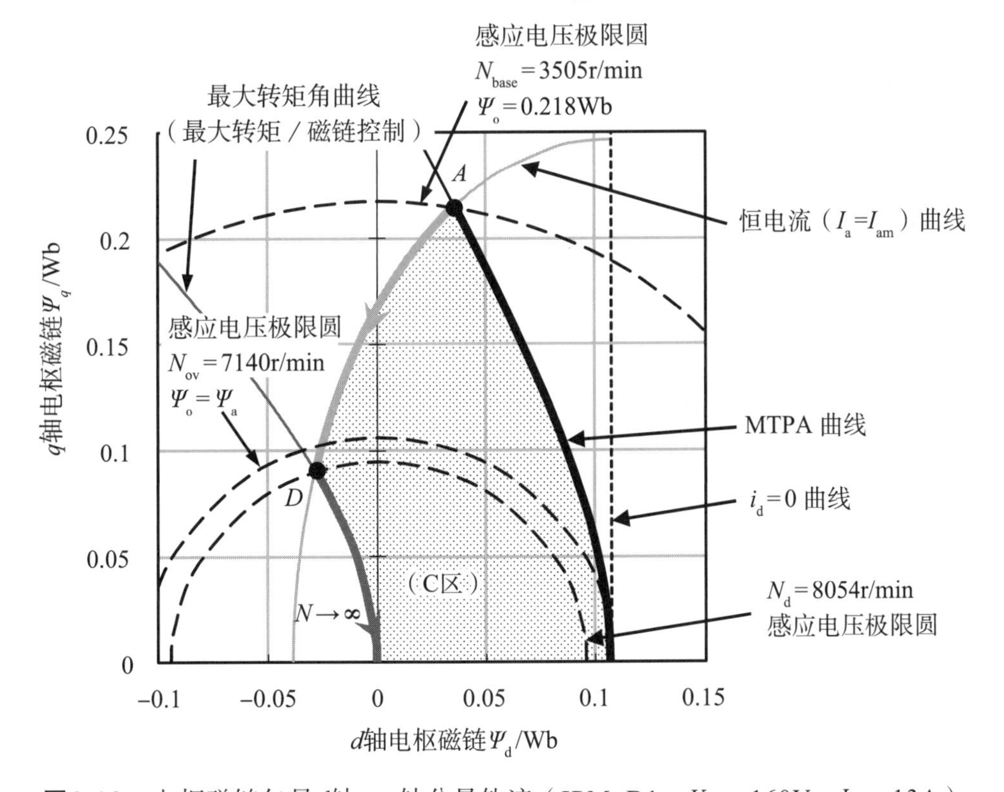

图6.10 电枢磁链矢量d轴、q轴分量轨迹（IPM_D1，V_{om} = 160V，I_{am} = 13A）

际电机驱动系统中可能会发生永磁体不可逆退磁，进而导致永磁体磁链减小。因此，在工作区（C区）内并不代表一定能工作，还要考虑永磁体特性等。

d轴、q轴电流轨迹如图6.11所示。图6.11与图4.19相同，用于说明DTC控制的适用区域。可以确认，d轴、q轴电流存在可工作区域（C区）。如果采用电流矢量控制，在恒电流（$I_a = I_{am}$）圆上和圆内都可以工作；但DTC控制由于最大转矩角限制，存在无法工作的区域（X_3区）。

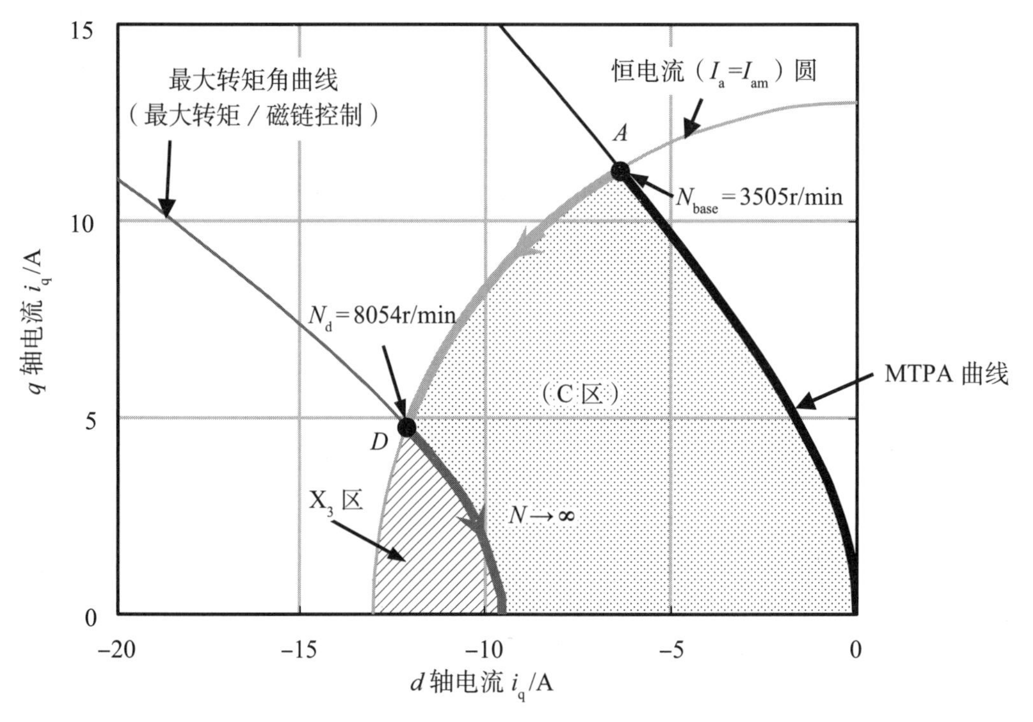

图6.11　d轴、q轴电流的轨迹（IPM_D1，V_{om} = 160V，I_{am} = 13A）

6.3　转矩和磁链指令值

宽范围调速运转必须根据运转状态适当给定转矩和磁链的指令值。指令值计算的框图如图6.12所示。虽然不同控制方法适用的公式不同，但作为限制器组成部分，不需要预先确定切换控制方法的速度和转矩条件。下面就各种控制方法适用的公式进行说明。

6.3.1　最大转矩/电流控制

● 参考表法

根据d–q坐标系的关系式[式（4.3）、式（4.10）、式（4.18）]，可知电枢

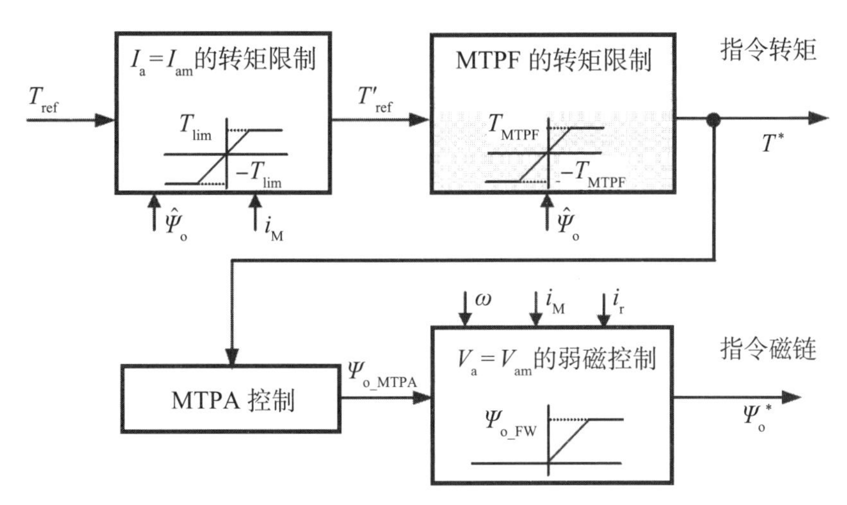

图6.12　指令值计算

磁链与转矩的关系。由于解析式导出比较困难，因此编制参照表，通过转矩值得到电枢磁链值。

利用参照表，也可以通过实测得到转矩和电枢磁链的关系，用于控制。

● *M–T*坐标上的数学模型使用方法

使用任意函数g，使电枢磁链和T轴电流的关系符合

$$\Psi_o = g(i_T)\cdot i_T + \Psi_a \tag{6.22}$$

在M–T坐标上应用MTPA数学模型[8]，这里举一个例子：

$$\Psi_o = \frac{2}{\pi}(L_T - b_T i_T) i_T \arctan\left(\frac{L_k}{\Psi_a} i_T\right) + \Psi_a \tag{6.23}$$

式中，L_T、L_K是相当于电感的常数；b_T是表示磁饱和影响电枢磁链的常数。

根据式（6.23）由转矩直接求取电枢磁链值很困难，因此，使用式（3.36）中的转矩方程间接求取，如图6.13所示。

● SynRM的*d–q*坐标系关系式使用方法

对于SynRM，忽略磁饱和将电感视为常数时，可以使用式（4.3）、式（4.10）以简单公式得到转矩和磁链指令值。

在MTPA控制中，如果忽略磁饱和的影响，则可以利用$i_d = i_q$的关系导出下式，求出电枢磁链的指令值[9]。

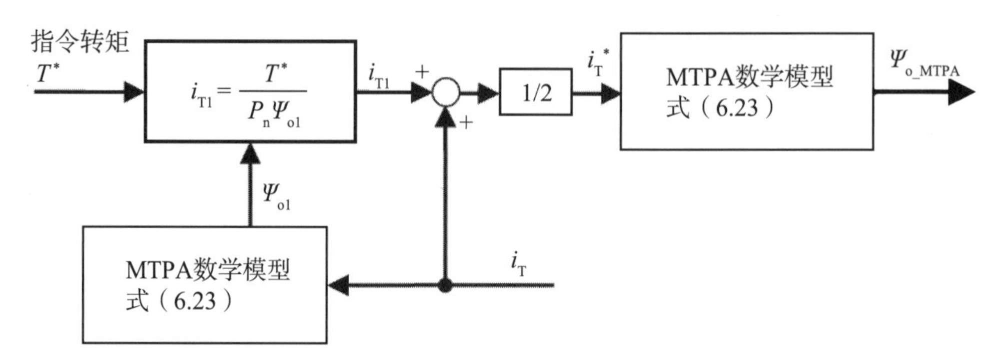

图6.13　使用*M*–*T*坐标上的数学模型进行MTPA控制

$$\Psi_{o-MTPA}=\sqrt{L_{T-MTPA}\frac{T^*}{P_n}},\quad L_{T-MTPA}=\frac{L_d^2+L_q^2}{L_d-L_q} \tag{6.24}$$

6.3.2　弱磁控制

将*M*–*T*坐标系的电压方程[式（3.35）]代入电压极限表达式$V_a=\sqrt{v_M^2+v_T^2}\leqslant V_{am}$，求解电枢磁链，便可得到弱磁控制的指令磁链：

$$\Psi_{o-FW}=\frac{1}{\omega}\left[-R_a i_T+\sqrt{V_{am}^2-(R_a i_M)^2}\right] \tag{6.25}$$

该式适用于所有电机类型。

6.3.3　电流极限的转矩极限

求解电流极限表达式$I_a=\sqrt{i_M^2+i_T^2}\leqslant I_{am}$，并将其代入转矩方程[式（3.36）]。

$I_a=I_{am}$时的转矩限制可由下式求出：

$$T_{lim}=P_n\hat{\Psi}_o\sqrt{I_{am}^2-i_M^2} \tag{6.26}$$

式中，$\hat{\Psi}_o$为电枢磁链的估计值。

6.3.4　最大转矩/磁链控制

如6.2节所述，DTC的最大转矩角条件对应MTPF控制。然而，转矩角很难直接控制，MTPF控制是通过转矩限制间接实现的。

● IPMSM

利用式（6.5）、式（6.16），MTPF控制的转矩极限可由下式得到：

$$T_{MTPF}=k\frac{P_n\hat{\Psi}_o}{2L_dL_q}\left[2\Psi_a L_q\sin\delta_{om}-\hat{\Psi}_o(L_q-L_d)\sin 2\delta_{om}\right] \tag{6.27}$$

式中，k是常数（$0<k<1$）。

理论上$k=1$是理想状态，但如图6.5所示，$\delta_o=\delta_{om}$为转矩曲线顶点，容易失稳。为此，设$k<1$，给定一个略小于最大值的值，使系统工作于稳定平衡点。

● SynRM

在MTPF控制中，将$L_d i_d=L_q i_q$，即转矩角$\delta_o=45°$ 作为条件代入式（6.17）可得下式，由此可以求出转矩极限值。

$$T_{MTPF}=\frac{P_n}{L_{T-MTPF}}\hat{\Psi}_o^2,\quad L_{T-MTPF}=\frac{2L_d L_q}{L_d-L_q} \tag{6.28}$$

6.4 DTC系统的构建

基础DTC将通过迟滞比较器得到的转矩误差和磁链误差赋予开关表，以确定驱动逆变器开关器件的栅极信号。这种情况下可以用非常简单的结构来构建电机驱动系统。但是，使用大小固定的电压矢量进行转矩和磁链控制很容易产生转矩脉动。此外，开关频率并不固定，会随工作状态的变化而变化。为了解决这个问题，可以用PI控制器代替比较器和开关表，实现转矩误差和磁链误差控制。这种方式使用和d轴、q轴电流控制方式一样的PWM逆变器，通过生成指令电压，实现固定开关频率。另一种方法是通过参考磁链矢量计算器（reference flux vector calculator，RFVC）生成磁通矢量指令值，进而得到电压矢量指令值。

6.4.1 电枢磁链估计

在定子上设置检测线圈可以获得电枢磁链测量值，但难以实现实时控制，故而多采用估计电枢磁链进行控制。根据式（6.6），静止坐标系α-β坐标下的电枢磁链可由下式得到：

$$\hat{\psi}_\alpha=\int(v_\alpha-R_a i_\alpha)\mathrm{d}t,\quad \hat{\psi}_\beta=\int(v_\beta-R_a i_\beta)\mathrm{d}t \tag{6.29}$$

这是一般表达式，用于PMSM磁链估计时，需要给定积分初始值。在PMSM中，永磁体磁链为磁链初始值，利用转子位置给出α轴、β轴分量。

另外，位置信息也可以通过估计磁链的α轴、β轴分量获得，它不仅可用于DTC，还可用于位置和速度的估计。

式（6.29）对电压进行时间积分，电阻误差或电压/电流偏移皆有可能导致估计磁链发散，近似于一阶滞后元件，而不是纯积分元件。连续系统的传递函数见式（6.30），框图如图6.14所示。

$$y=\frac{1}{s+\omega_c}u \tag{6.30}$$

式中，ω_c为截止角频率。

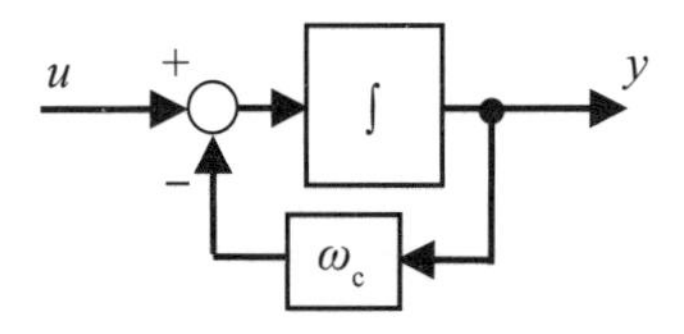

图6.14　一阶滞后元件

ω_c越接近0，特性就越接近纯积分，但容易因偏移而产生磁链发散，因此，需要将其设为合理值。图6.15所示为$\omega_c=20$rad/s时的频率特性，同时给出了纯积分（$\omega_c=0$）的特性。高频（高速旋转）时可以忽略近似影响，但低频时不能忽略。特别是相位变化的影响显著，截止角频率应设定足够低（如电角频率的1/10）。

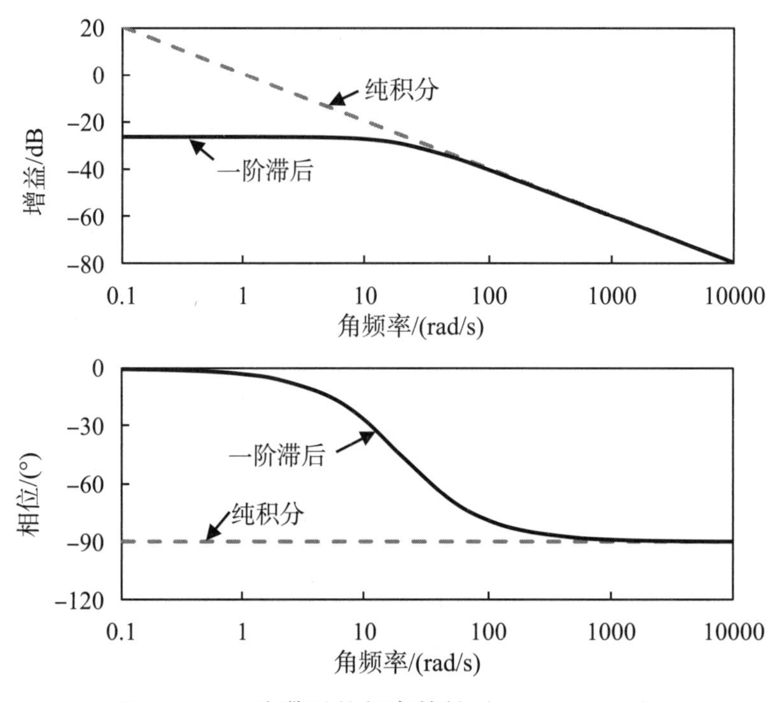

图6.15　一阶滞后的频率特性（$\omega_c=20$rad/s）

作为低速区的磁链估计方法，除了转子位置θ，还有L_d、L_q、Ψ_a等电机参数时，通常使用d-q坐标系的式（3.27）。电枢磁链d轴、q轴分量经坐标变换后，得到α轴、β轴分量。在电枢电压足够大的转速下，换用式（6.29）、式（6.30）

进行磁链估计。由于式（3.27）与转速无关，因此，可以在全速域中利用式（3.27）进行磁链估计。

6.4.2 开关表方式

本节介绍使用迟滞比较器和开关表的方式。通过6个电压矢量控制电枢磁链矢量。转矩指令值和估计值通过迟滞比较器比较后，产生控制用的转矩增减信息，这种方式同样适用于电枢磁链控制。

开关表方式如图6.16所示，框图非常简单。根据α轴、β轴电压和电流值，利用式（6.29）估计电枢磁链矢量。可用下式进行转矩估计：

$$\hat{T} = P_n(\hat{\boldsymbol{\psi}}_\alpha i_\beta - \hat{\boldsymbol{\psi}}_\beta i_\alpha) \tag{6.31}$$

在三相逆变器中，半导体开关的状态决定了电机上施加的电压。在此，对三相逆变器输出的电压矢量进行如下分类。

（1）线电压不为零的电压矢量：$\boldsymbol{V}_1(100)$，$\boldsymbol{V}_2(110)$，$\boldsymbol{V}_3(010)$，$\boldsymbol{V}_4(011)$，$\boldsymbol{V}_5(001)$，$\boldsymbol{V}_6(101)$。

（2）线电压全为零的电压矢量：$\boldsymbol{V}_0(000)$，$\boldsymbol{V}_7(111)$。

括号内的数字分别表示U、V、W相的开关状态。$\boldsymbol{V}_1(100)$表明U相开关上臂为开通状态，逆变器直流电源正侧与电机U相端子接通；V、W相开关下臂为开通状态，直流电源负侧与V、W相端子接通。

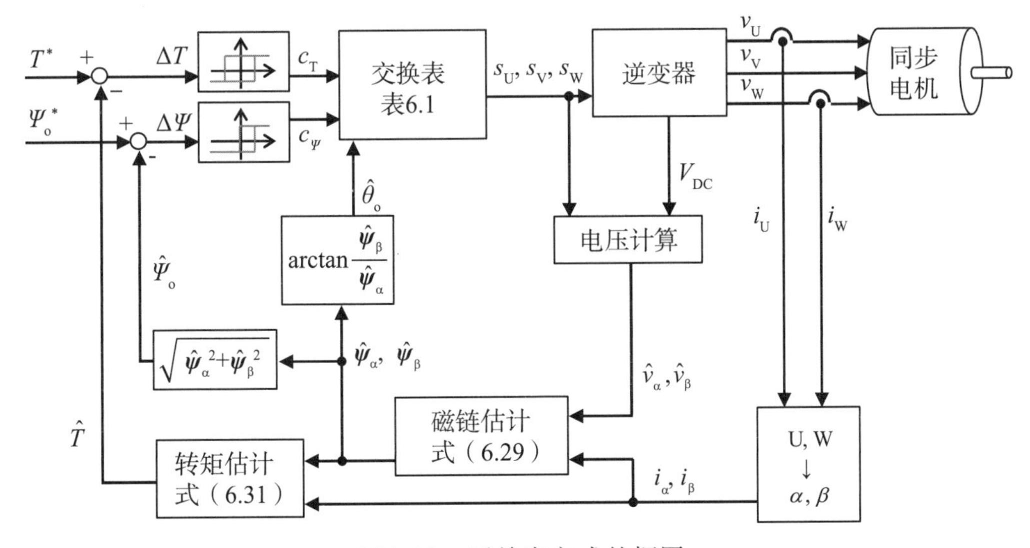

图6.16　开关表方式的框图

在开关表中，上述第（1）类矢量可用于转矩和磁链控制，第（2）类矢量用于减少脉动及其他目的。

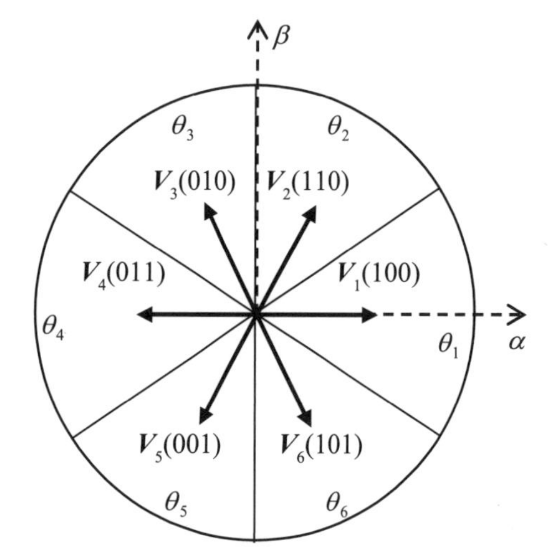

图6.17　电枢磁链的扇区与电压矢量的定义

图6.17所示为电压矢量和电枢磁链的扇区定义。各电压矢量之间的角度差为π/3rad（60°），矢量$\boldsymbol{V}_1$与静止坐标系α轴和U轴方向重合。此外，DTC电压矢量选择所需电枢磁链矢量位置信息，分成$\theta_1 \sim \theta_6$六个扇区。这些扇区也是按π/3rad划分的，如扇区θ_2为π/6～π/2rad（30°～90°）。

用于电压矢量选择的开关表见表6.1。根据转矩、磁链的比较结果，从C_T、C_Ψ和电枢磁链矢量所在区域，选择电压矢量。图6.18所示为改变电枢磁链矢量的例子。在图6.18(a)中，从$\boldsymbol{\psi}_{o|t=0}$状态施加电压矢量$\boldsymbol{V}_n$持续时间$t$，磁链矢量变为$\boldsymbol{\psi}_o$。图6.18(b)所示为在相同电压矢量下改变时间$t$的结果，随着施加时间由$t_b$变为较长的$t_a$时，磁链矢量增大。图6.18(c)所示为在施加时间相等的情况下，施加电压矢量$\boldsymbol{V}_2$或$\boldsymbol{V}_3$的结果，通过施加不同的电压矢量可以改变磁链矢量的大小。

表 6.1　DTC 开关表

控制器输出		电枢磁链矢量所在扇区					
转　矩	磁　链	θ_1	θ_2	θ_3	θ_4	θ_5	θ_6
$C_T=1$	$C_\Psi=1$	V_2	V_3	V_4	V_5	V_6	V_1
	$C_\Psi=-1$	V_3	V_4	V_5	V_6	V_1	V_2
$C_T=-1$	$C_\Psi=1$	V_6	V_1	V_2	V_3	V_4	V_5
	$C_\Psi=-1$	V_5	V_6	V_1	V_2	V_3	V_4

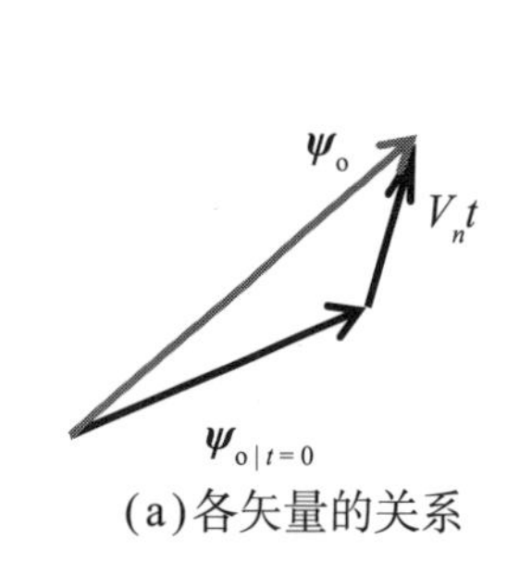

(a)各矢量的关系

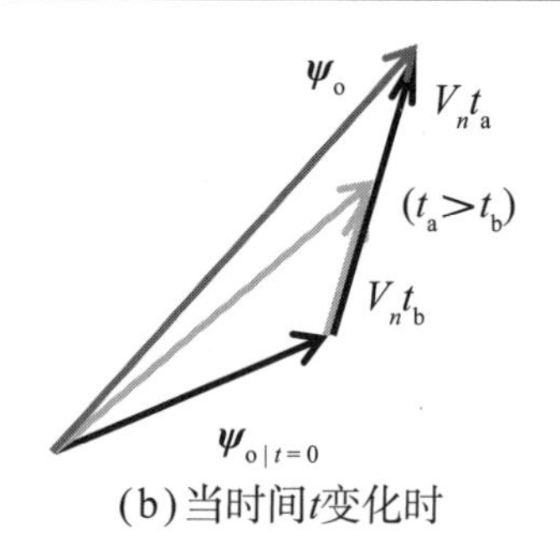

(b)当时间t变化时

图6.18　电压矢量引起的电枢磁链矢量变化

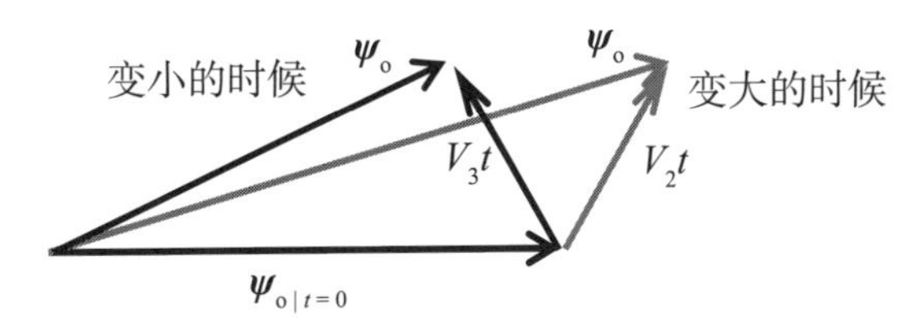

(c)改变电枢磁链矢量大小的示例

续图6.18

作为从表6.1所示的开关表中选择电压矢量的例子，图6.19所示为电枢磁链矢量所在扇区限定为θ_1时的情况。其余扇区$\theta_2 \sim \theta_6$只能选择不同的电压矢量，以此类推，这里忽略滞环的影响。

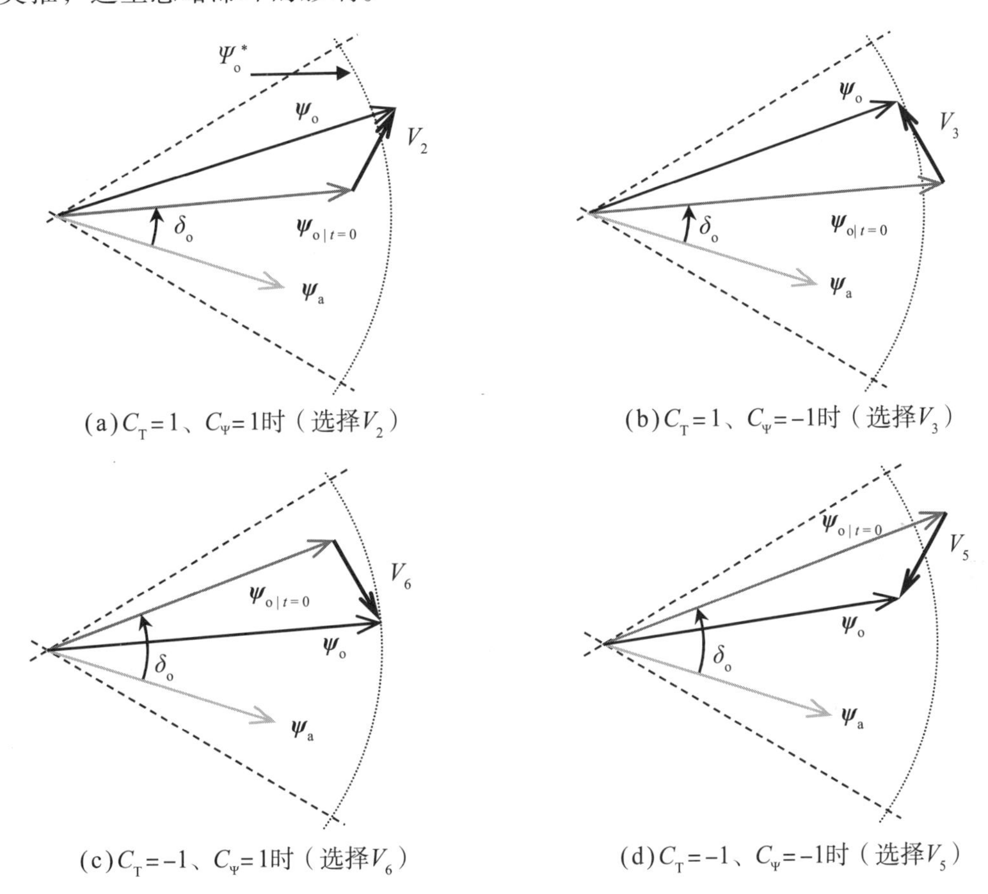

(a) $C_T=1$、$C_\Psi=1$时（选择V_2）

(b) $C_T=1$、$C_\Psi=-1$时（选择V_3）

(c) $C_T=-1$、$C_\Psi=1$时（选择V_6）

(d) $C_T=-1$、$C_\Psi=-1$时（选择V_5）

图6.19 电枢磁链矢量在θ_1区时的电压矢量选择

首先，图6.19(a)所示为转矩增大（即$C_T = 1$）、电枢磁链增大（即$C_\Psi = 1$）的情形，选择增大转矩角δ_o和电枢磁链$\boldsymbol{\psi}_o$方向的电压矢量$\boldsymbol{V}_2$。

图6.19(b)所示为转矩增大（即$C_T = 1$）、电枢磁链减小（即$C_\Psi = -1$）的情形，选择增大转矩角δ_o、减小电枢磁链$\boldsymbol{\psi}_o$方向的电压矢量$\boldsymbol{V}_3$。

图6.19(c)所示为转矩减小（即$C_T = -1$）、电枢磁链增大（即$C_\Psi = 1$）的情形。与图6.19(a)和(b)不同，为了减小转矩，选择减小转矩角δ_o方向的电压矢量$\boldsymbol{V}_6$。

图6.19(d)所示为转矩减小（即$C_T = -1$）、电枢磁链减小（即$C_\Psi = -1$）的情形。选择减小转矩角δ_o和电枢磁链$\boldsymbol{\psi}_o$方向的电压矢量$\boldsymbol{V}_5$。

图6.20所示为电枢磁链矢量旋转一周的例子。可见，根据表6.1的开关表选择电压矢量，可以控制电枢磁链矢量。另外，对于再生操作那样转矩为负，以及转子反转的情况，开关表用法一样。

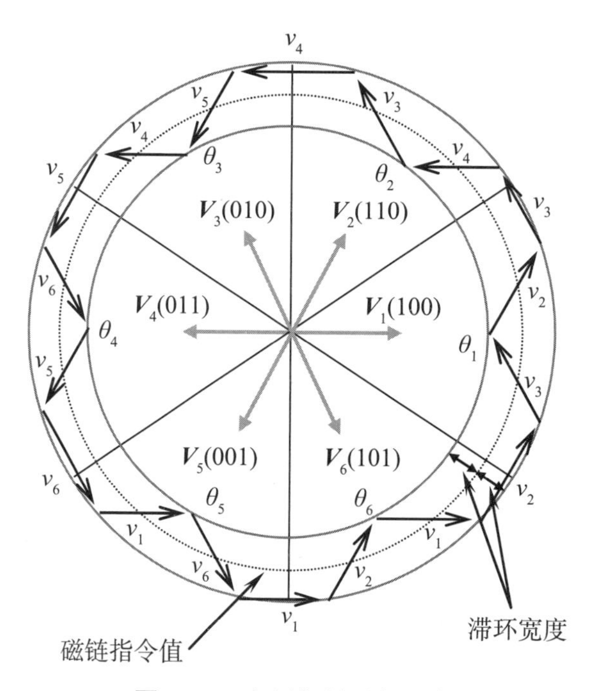

图6.20 电压矢量选择图例

表6.1未使用零电压矢量$\boldsymbol{V}_0(000)$、$\boldsymbol{V}_7(111)$，原因如下。如6.1节所述，转矩角是通过改变永磁体磁链矢量$\boldsymbol{\psi}_a$相对于电枢磁链矢量$\boldsymbol{\psi}_o$的位置来控制的。使用零电压矢量时，由于电枢磁链矢量变化停止，与永磁体磁链矢量位置关系发生变化，利用了永磁体磁链矢量以电角速度不断旋转的特点。但是，用这种方法进行转矩角控制时，转矩角变化的快慢取决于转子转速。转子旋转属于机械系统，相比电气系统为低速，无法实现转矩角快速变化。为了加快转矩响应，有必要使电枢磁链矢量跟随永磁体磁链矢量变化。因此，电压矢量$\boldsymbol{V}_1 \sim \boldsymbol{V}_6$是给定的，而电枢磁链矢量始终变化。此外，相比转矩控制和磁链控制的响应性，更注重转矩脉动减小时会使用零电压矢量。

开关表方式中，除了电压矢量，控制周期对转矩控制特性也有很大影响，这是因为电压注入时间是由控制周期倍数决定的。在此，通过仿真对瞬时转矩特性进行对比，图6.21所示为转速600r/min、指令转矩1.5N·m、直流母线电压150V时的逆变器驱动IPM_D1的结果。开关表方式的转矩误差的滞环为-0.001～+0.001N·m，磁链误差滞环为0～0.001Wb。

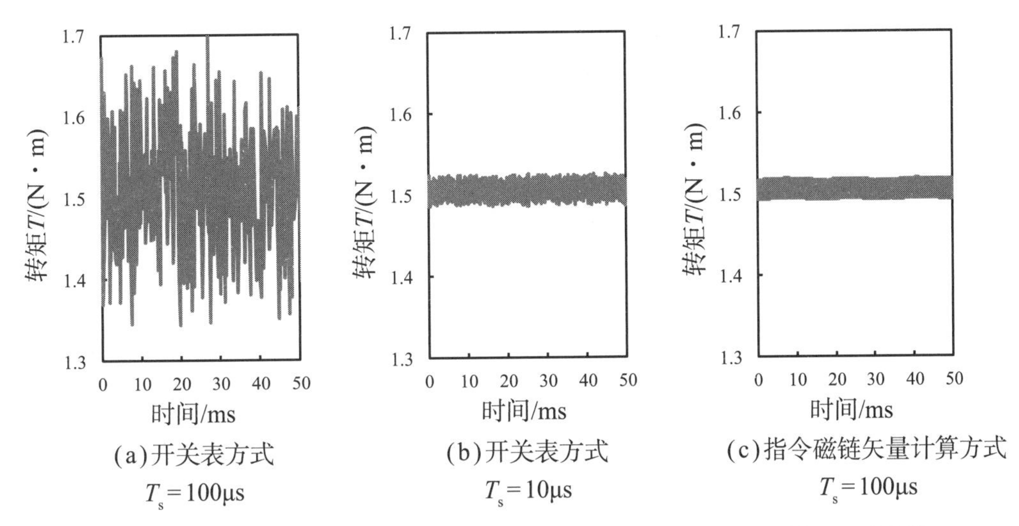

图6.21 转矩脉动比较（IPM_D1，600r/min，1.5N·m，V_{DC}=150V）

为了进行比较，将在下一小节介绍基于参考磁链矢量计算方式的特性。转矩控制器增益$K_p = 0.09$，$K_i = 35$，通过与控制周期同步的PWM（载波频率10kHz）获得开关信号。如图6.21(a)所示，采用开关表方式，当$T_s = 100\mu s$时，逆变器开关会产生很大的转矩脉动。控制周期缩短至$T_s = 10\mu s$后，如图6.21(b)所示，转矩脉动减小。图6.21(c)所示为基于参考磁链矢量计算方式的情况，控制周期$T_s = 100\mu s$时产生的转矩脉动比开关表方式$T_s = 10\mu s$时还小。即使采用开关表方式，转矩脉动也会随着转速提高、电枢电压增大至接近逆变器可输出的最大电压而减小。可见，转矩脉动取决于运转状态和直流母线电压。但是要注意，一般情况下，采用开关表方式驱动PMSM时需要缩短控制周期。

6.4.3 参考磁链矢量计算方式

这是一种使用PI控制器进行转矩控制的DTC方法，本书称之为RFVC DTC[1)]，框图如图6.22所示。转矩和磁链的控制，由参考磁链矢量计算器和指令电压计算器执行。另外，逆变器开关器件栅极信号由PWM逆变器产生，图6.22中未显示。参考磁链矢量计算器基于转矩误差ΔT、指令磁链量Ψ_o^*、电枢

1）Reference Flux Vector Calculation Direct Torque Control，指令磁链计算直接转矩控制。

磁链估计位置$\hat{\theta}_o$，利用PI控制器得到电枢磁链矢量指令值$\boldsymbol{\psi}_\alpha^*$、$\boldsymbol{\psi}_\beta^*$。电枢磁链估计位置可以用式（6.32）计算：

$$\hat{\theta}_o = \arctan\frac{\hat{\boldsymbol{\psi}}_\beta}{\hat{\boldsymbol{\psi}}_\alpha} \tag{6.32}$$

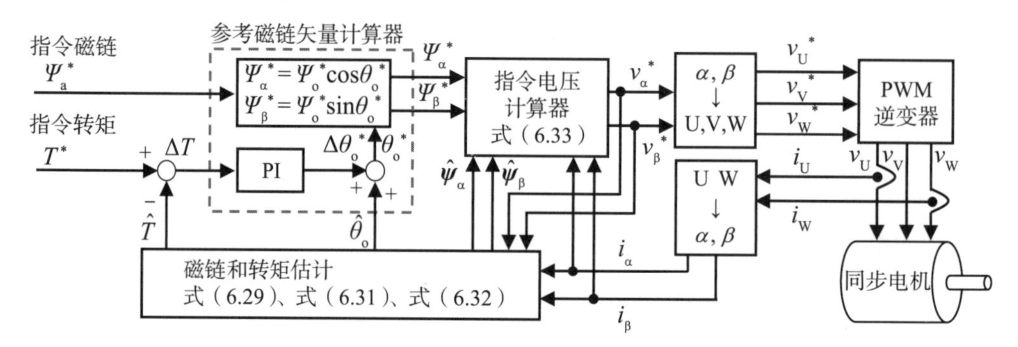

图6.22　RFVC DTC的框图

指令电压计算器基于式（6.7），利用磁链时间微分对应的感应电压生成指令电压。指令电压α轴、β轴分量v_α^*、v_β^*由下式计算：

$$v_\alpha^* = \frac{\boldsymbol{\psi}_\alpha^* - \hat{\boldsymbol{\psi}}_\alpha}{T_s} + R_a i_\alpha, \quad v_\beta^* = \frac{\boldsymbol{\psi}_\beta^* - \hat{\boldsymbol{\psi}}_\beta}{T_s} + R_a i_\beta \tag{6.33}$$

在M–T坐标系中同样可以构建RFVC DTC，框图如图6.23所示。根据图6.4所示的磁链与电压的关系，指令电压可以通过下式求出：

$$\begin{bmatrix} v_{oM}^* \\ v_{oT}^* \end{bmatrix} = \frac{1}{T_s}\begin{bmatrix} (\hat{\varPsi}_o + \Delta\varPsi_o)\cos\Delta\theta_o^* - \hat{\varPsi}_o \\ (\hat{\varPsi}_o + \Delta\varPsi_o)\sin\Delta\theta_o^* \end{bmatrix} \tag{6.34}$$

估计磁链可以通过磁链误差时间积分得到。电枢磁链控制器和估计器如图6.24所示，适用于基于式（6.30）的不完全积分。

逆变器出现电压饱和时，可以使用式（6.35）对指令电压进行限幅处理。

$$\begin{bmatrix} v_{M-sat}^* \\ v_{T-sat}^* \end{bmatrix} = \frac{V_{max}}{\sqrt{(v_M^*)^2 + (v_T^*)^2}}\begin{bmatrix} v_M^* \\ v_T^* \end{bmatrix} \tag{6.35}$$

式中，V_{max}为指令电压矢量的最大值。

实际应用中，为了应对电压和电流的高次谐波，会将V_{max}设为逆变器可输出最大电压，有时用于弱磁的V_{am}可以小于V_{max}。参考仿真，忽略逆变器电压误差和电压饱和影响，可以设定$V_{max} = V_{am}$。

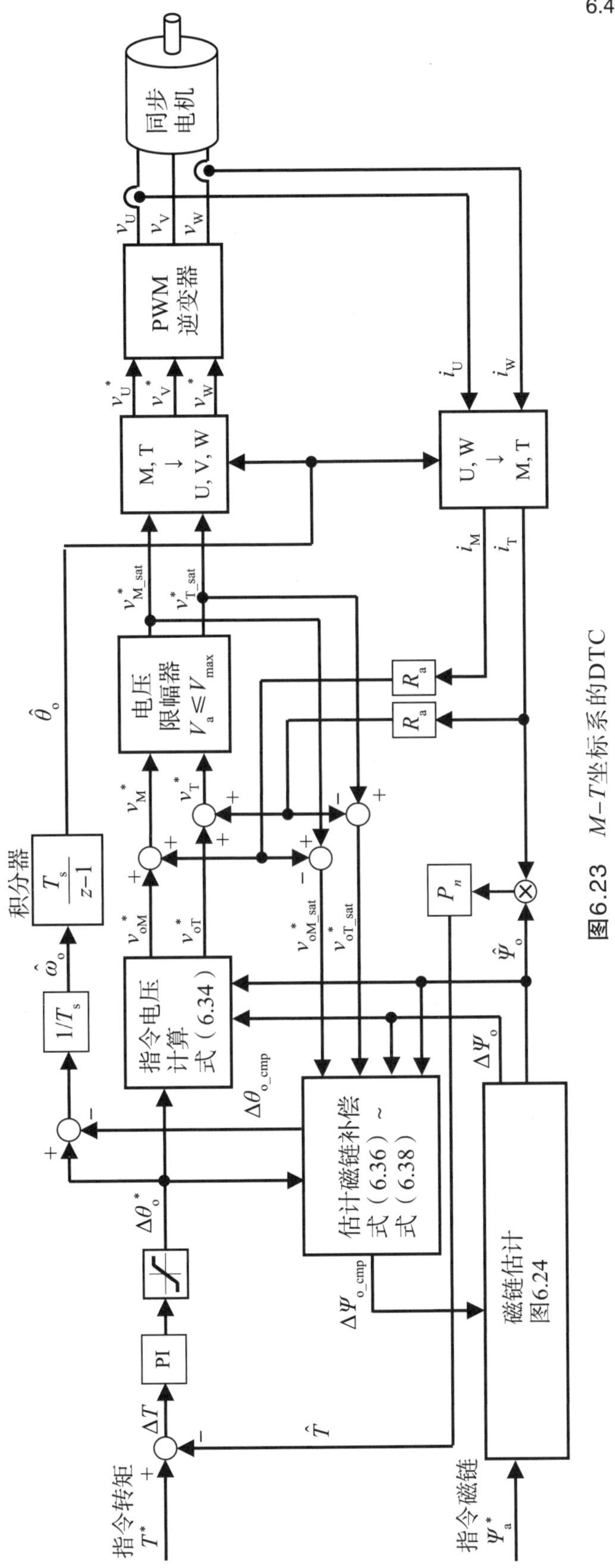

图6.23 M–T坐标系的DTC

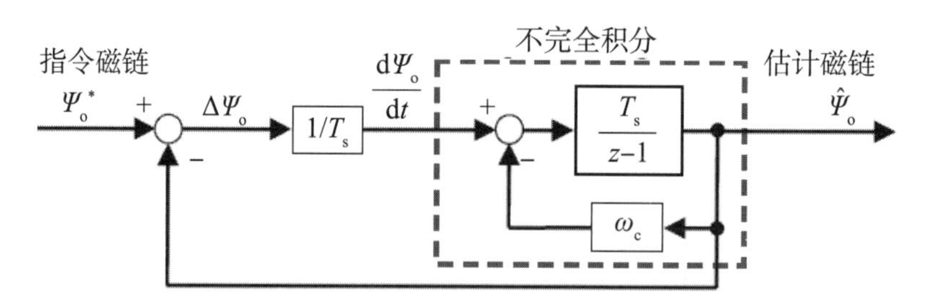

图6.24　电枢磁链的控制器与估计器

此外，电压饱和引起的磁链估计误差由下式进行补偿[10]：

$$\Delta\Psi_{o-cmp} = \hat{\Psi}_o + \Delta\Psi_o - \sqrt{\psi_M^2 + \psi_T^2} \tag{6.36}$$

$$\Delta\theta_{o-cmp} = \Delta\theta_o^* - \arctan\frac{\psi_T}{\psi_M} \tag{6.37}$$

$$\begin{bmatrix}\psi_M \\ \psi_T\end{bmatrix} = \begin{bmatrix}\hat{\Psi}_o + v_{oM-sat}^* \cdot T_s \\ v_{oT-sat}^* \cdot T_s\end{bmatrix} \tag{6.38}$$

RFVC DTC只在转矩控制中使用PI控制器，与磁链控制中也使用PI控制器的方式相比，增益设定简单得多，但仍然需要根据电机调整增益。到目前为止，控制器增益是通过模拟和实验进行反复试错来设定的，增益和转矩响应特性的关系还没有明确。这是因为DTC系统中非线性因素较多，增益设计和分析性研究比较困难。并且，作为控制对象的电机一般由逆变器驱动，而逆变器难免出现电压饱和现象，为了实现稳定控制，实际应用需要PI控制器的抗饱和机制。

正如6.1.1节介绍的转矩控制原理，转矩控制PI控制器的特别之处在于，比例元件主要负责转矩角控制，积分元件主要负责转子跟随控制。因此，一般增益设计方法不适用。

RFVC DTC转矩控制系统的等效模型如图6.25所示。系统输入为指令转矩T^*，输出为产生的转矩T，进行反馈控制。J、D、T_L是机械系统常数，分别为转

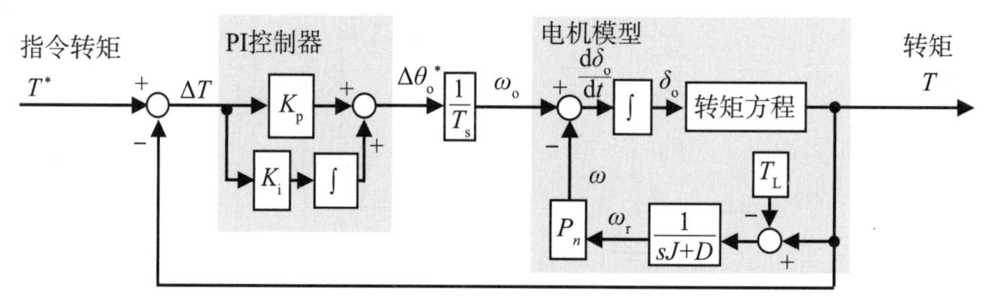

图6.25　转矩控制系统的等效模型

动惯量、黏性摩擦系数和负载转矩。从转矩控制PI控制器得到的$\Delta\theta_o^*$是离散系统的值，为了适应连续系统电枢磁链旋转角速度ω_o，要乘以控制周期T_s的倒数。

图6.25所示系统所需转矩角δ_o的转矩方程如式（6.5）所示。除包含三角函数外，转矩角与转矩的关系是非线性的，进行MTPA控制需要根据运转状态改变电枢磁链Ψ_o。使用式（6.5）很难导出转矩控制系统的传递函数，因此，要在某个工作点（转矩角δ_{o0}和转矩T_0）进行线性近似。由一阶方程表示的转矩方程如下：

$$T = k_T(\delta_o - \delta_{o0}) + T_0 \tag{6.39}$$

式中，$k_T = \left.\dfrac{dT(\delta_o)}{d\delta_o}\right|_{\delta_o=\delta_{o0}}$； $T_0 = T(\delta_o)\big|_{\delta_o=\delta_{o0}}$。

用式（6.39）作为转矩方程时，转矩控制系统的传递函数由下式给出：

$$G_3(s) = \frac{N_2 s^2 + N_1 s + N_0}{s^3 + D_2 s^2 + D_1 s + D_0} \tag{6.40}$$

式中，

$$T = G_3(s)\cdot T^*,\quad N_2 = \frac{k_T K_p}{T_s},\quad N_1 = \frac{k_T(K_p D + K_i J)}{T_s J},\quad N_0 = \frac{k_T K_i D}{T_s J}$$

$$D_2 = \frac{D}{J} + \frac{k_T K_p}{T_s},\quad D_1 = \frac{k_T(K_p D + K_i J + T_s P_n)}{T_s J},\quad D_0 = \frac{k_T K_i D}{T_s J}$$

式（6.40）是三阶系统传递函数，很难应用在控制器增益设计等方面。因此，为了降低传递函数的阶数，需要关注零点和极点的关系。假设式（6.40）中，式（6.41）的关系成立，则系数D_1可以变形为式（6.42）。

$$K_p D + K_i J >> T_s P_n \tag{6.41}$$

$$D_1' = \frac{k_T(K_p D + K_i J)}{T_s J} \tag{6.42}$$

使用式（6.42）时，式（6.40）具有$s = -D/J$的零点和极点，将其约分得到的传递函数为式（6.43）。式（6.41）的有效性将在后面讨论。

$$G_2(s) = \frac{(k_T K_p / T_s)s + k_T K_i / T_s}{s^2 + (k_T K_p / T_s)s + k_T K_i / T_s} \tag{6.43}$$

这里，将式（6.43）的特征方程定义为式（6.44）。

$$D_n(s) = s^2 + 2\zeta\omega_n s + \omega_n^2 \tag{6.44}$$

式中，ζ为阻尼系数；ω_n为固有角频率。

根据式（6.43）和式（6.44），增益K_p、K_i可由下式计算：

$$K_p = 2\frac{T_s}{k_T}\zeta\omega_n \tag{6.45}$$

$$K_i = \frac{T_s}{k_T}\omega_n^2 \tag{6.46}$$

由于已经得到二阶系统的传递函数，控制器的增益可由式（6.45）和式（6.46）确定。另一方面，转矩控制系统的传递函数可以进一步简化。如果与转矩控制系统的响应相比，PI控制器积分元件的变化可以忽略不计，设$K_i = 0$，则可以忽略积分元件。这一点可以由6.1.1节所述比例元件对转矩控制特性的巨大影响得知。如果$K_i = 0$，则式（6.43）可以变形为

$$G_1(s) = \frac{1}{T_T s + 1} \tag{6.47}$$

式中，T_T为转矩控制系统的时间常数，即

$$\tau = \frac{T_s}{k_T K_p} \tag{6.48}$$

尽管式（6.39）的线形近似假设K_T为常数，但在某些情况下，电机转矩响应特性会随着转矩变化而发生很大变化，如图6.26所示。着眼于表3.4中测试电机II，为了简化计算，本章使用q轴电感为恒定值（$L_q = 20.8\text{mH}$）的IPM_2。IPM_D1和IPM_2的参数和额定电流不同，但额定转矩均约为1.8N・m。从图6.26(a)所示的转矩角对应的转矩特性来看，IPM_2的曲线斜率变化比IPM_D1大。因此，如图6.26(b)所示，IPM_2的K_T变化更大。

设计时的固有角频率保持800rad/s不变，使阻尼系数变化，机械系统常数设为$J = 6.6\times10^{-3}\text{kg}\cdot\text{m}^2$，$D = 0.13\times10^{-3}\text{N}\cdot\text{m/（rad/s）}$。控制器增益见表6.2。

表 6.2　PI 控制器的增益设计值（$\omega_n = 800\text{rad/s}$，转矩 1N・m）

(a) 比例增益

阻尼系数 ζ	比例增益 K_p	
	IPM_D1	IPM_2
0.5	0.04	0.04
1.0	0.09	0.08
2.0	0.18	0.16

(b) 积分增益

比例增益 K_i	
IPM_D1	IPM_2
35	31

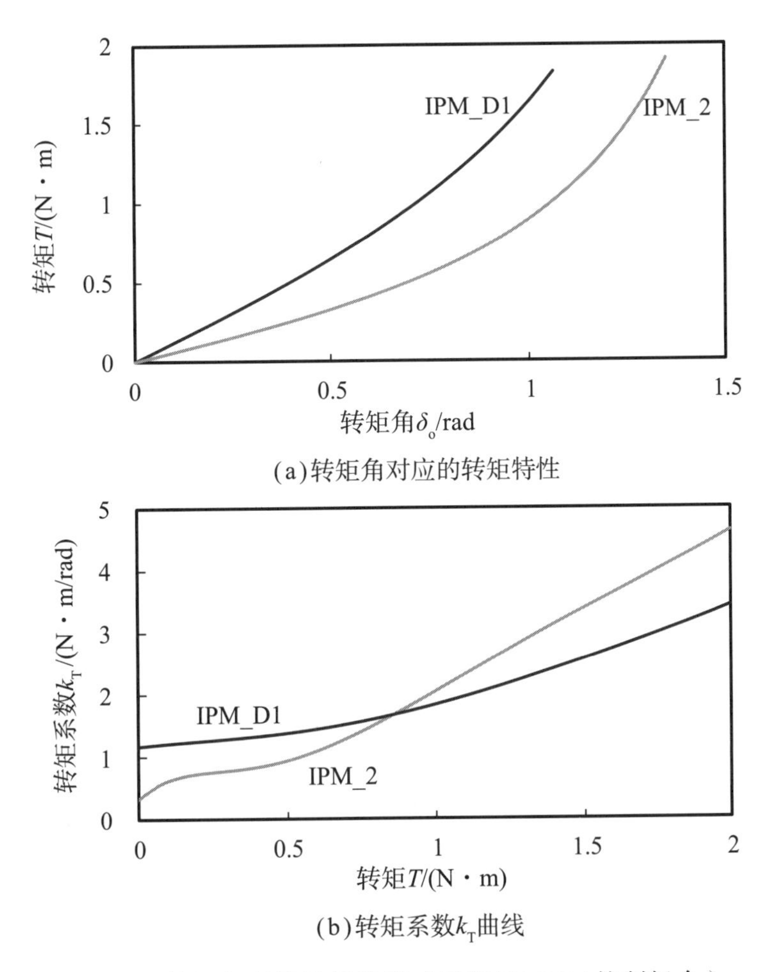

(a)转矩角对应的转矩特性

(b)转矩系数k_T曲线

图6.26 转矩方程的计算结果（适用于MTPA控制场合）

设转速初始值为1800r/min，评估转矩T对指令转矩T^*的响应特性。IPM_D1的响应特性如图6.27所示。图6.27(a)所示为指令转矩从1.0N・m阶跃变化到1.3N・m时的响应特性，可得到约1ms的响应速度。与固有角频率密切相关的积

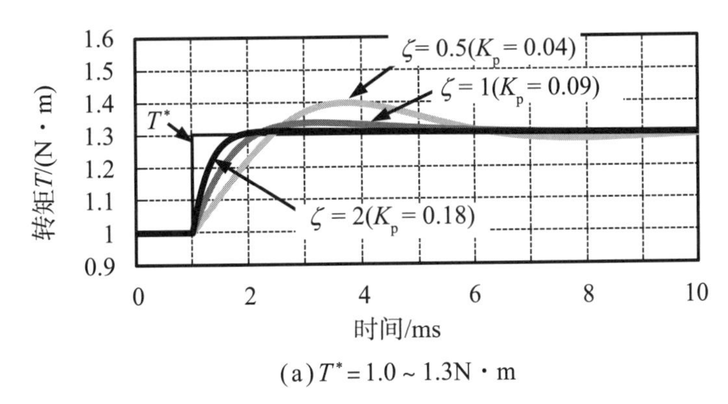

(a)T^*= 1.0 ~ 1.3N・m

图6.27 IPM_D1电机的响应特性（模拟，K_i = 35）

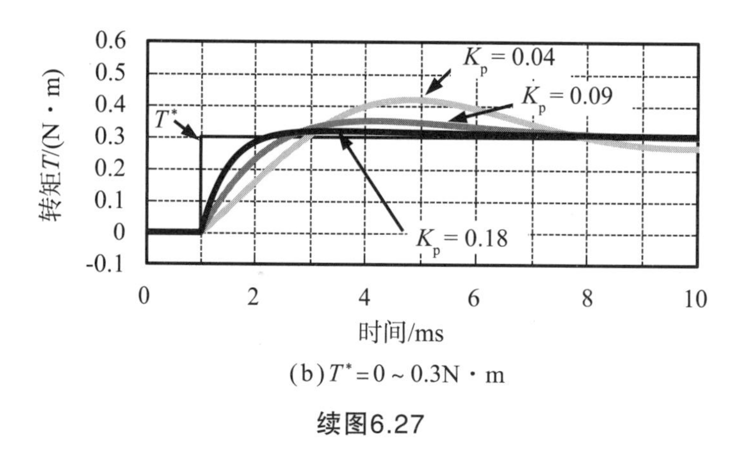

(b) $T^*=0\sim0.3$N·m

续图6.27

分增益是固定的。随着阻尼系数的减小，比例增益降低，积分元件的影响也随之增大，转矩响应出现振荡。图6.27(b)所示为指令转矩由0变化到0.3N·m时的响应特性。对于IPM_D1，系数k_T的变化对转矩响应特性的影响可以忽略不计，因此，图6.27(a)和(b)的转矩响应差异很小。

IPM_2的转矩响应特性如图6.28所示。当指令转矩由1N·m变到1.3N·m时，图6.28(a)所示的响应特性与图6.27(a)所示IPM_D1的结果一致。可以说，即使电机参数不同，通过增益设计也可以获得等效转矩响应特性。图6.28(b)所示为指令转矩由0变到0.3N·m时的响应特性，但与图6.28(a)相比，响应速度较慢，响应特性不同。这是由于系数k_T的变化很大，如图6.26所示。表6.2中的增益是利用转矩为1N·m时的k_T值计算的，因此，以不同转矩运转时无法获得所需的响应特性。要注意，IPM_2这种k_T变化较大的电机，转矩响应特性会随着转矩变化。另外，通过应用6.4.4节所述的响应改善方法，即使是IPM_2，也可以获得设计的响应特性。

在此，推导转矩控制系统的传递函数时假设式（6.41）是有效的。根据表6.2中的增益，经计算，$(K_pD+K_iJ):(T_sP_n)$为1500：1～1200：1，说明式（6.41）的假设是合理的。然而，对于转动惯量J较小的电机，如果积分增益设得很小，式（6.41）可能不成立。作为指导，增益设计最好使$(K_pD+K_iJ):(T_sP_n)$约为100：1。

综上所述，可以用式（6.45）和式（6.46）以任何参数计算增益，但必须考虑式（6.41）的假设，以实现具有良好特性的控制系统。

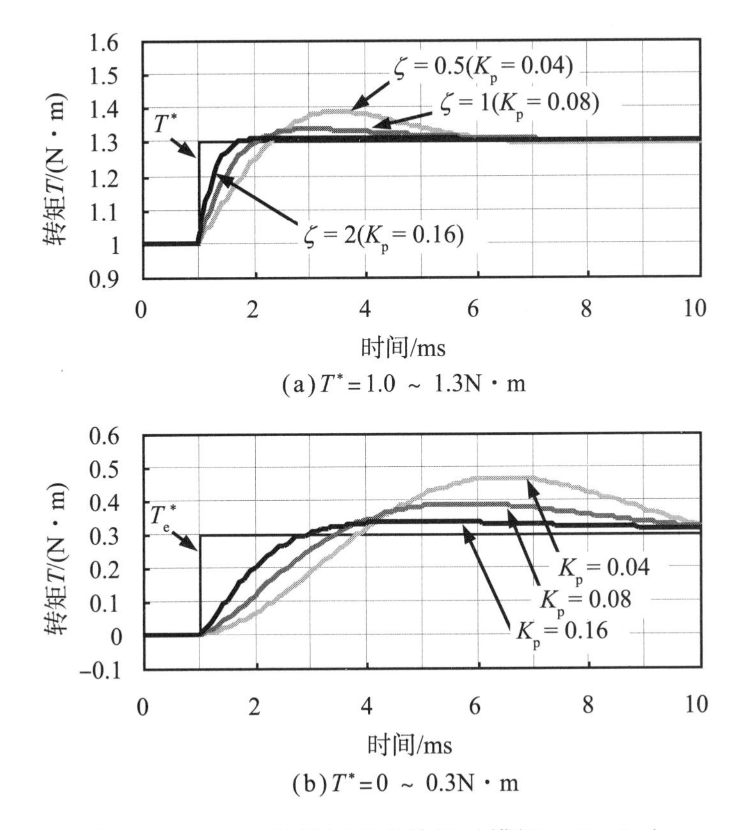

(a) $T^*=1.0 \sim 1.3\text{N}\cdot\text{m}$

(b) $T^*=0 \sim 0.3\text{N}\cdot\text{m}$

图6.28 IPM_2的转矩响应特性（模拟，$K_i=31$）

6.4.4 改善DTC控制特性的方法

如图6.28所示，空载时转矩响应速度可能会下降。作为对策，可以通过增益调度，使转矩控制的PI控制器增益根据运转状态变化，从而改善转矩响应特性。如此，空载时也能实现设计转矩响应特性。

如果将转矩$T=T_0$时的系数k_T定义为K_{T0}，则任意转矩下系数k_T可以用变量γ表示为γK_{T0}。转矩控制器的比例增益K_p和积分增益K_i为

$$K_p=\gamma K_{p0}, \quad K_i=\gamma K_{i0} \tag{6.49}$$

式中，K_{p0}、K_{i0}为常数。设$T=T_0$时的增益变化率为$\gamma=1$，增益K_p、K_i为变量。

增益变化率γ是转矩角特性相对于转矩的微分系数，由下式给出：

$$\gamma=\frac{\dfrac{\mathrm{d}\delta_o(T)}{\mathrm{d}T}}{\left.\dfrac{\mathrm{d}\delta_o(T)}{\mathrm{d}T}\right|_{T=T_0}} \tag{6.50}$$

为满足$T = T_0$时$\gamma = 1$，用T_0值对转矩角特性的微分系数进行归一化。此时，转矩变化率γ成为转矩函数，使用DTC中可用的估计转矩$\hat{T}$，具体控制器框图如图6.29所示。

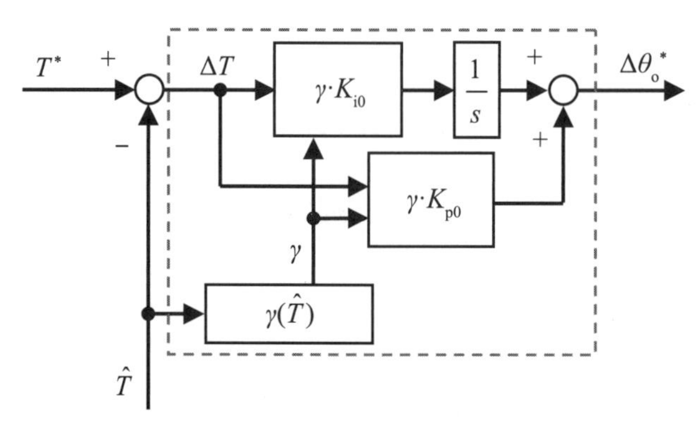

图6.29 用于转矩控制系统线性化的PI控制器（根据转矩可变增益）

利用系数k_T值随转矩变化的IPM_2，验证转矩响应改善方法的效果。从表6.2中得到阻尼系数$\zeta=2$，固有角频率$\omega_n=800$rad/s的控制器增益，$K_{p0} = 0.16$，$K_{i0} = 31$。这些增益是转矩为1N·m时的设计值，因此，假设以$T_0 = 1$N·m进行转矩控制系统的线性化。图6.30所示为增益变化率特性。增益变化率是转矩的函数，变化缓慢。在实际系统中，增益变化率由下式近似给出：

$$\gamma(\hat{T}) = C_3\hat{T}^3 + C_2\hat{T}^2 + C_1\hat{T} + C_0 \tag{6.51}$$

式中，$C_3 = -0.2562$；$C_2 = 1.829$；$C_1 = -4.243$；$C_0 = 3.670$。

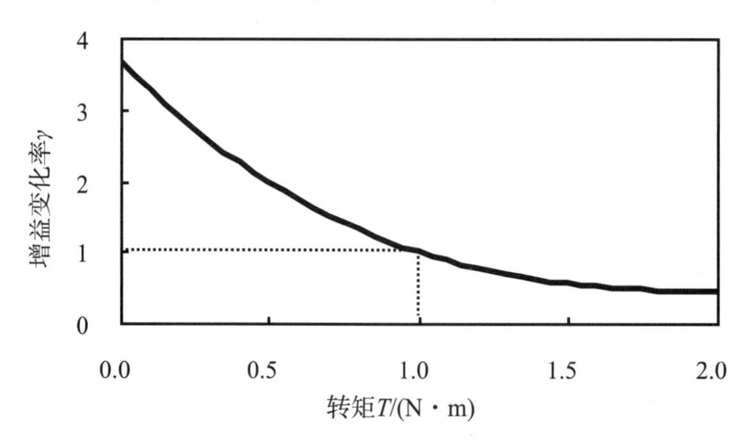

图6.30 增益变化率特性（IPM_2，$T_0 = 1$N·m，最大转矩/电流控制）

改善效果通过模拟得以验证。转速为1800r/min时，转矩控制系统的阶跃响应特性如图6.31所示。除了转矩响应特性，该图还展示了增益K_p、K_i的情况。如图6.31(a)所示，采用传统方法，增益固定（$K_p = K_{p0}$，$K_i = K_{i0}$）时，响应特性因转矩而异，这在6.4.3节已说明。图6.31(b)所示为应用增益调度法的情况，通过在小转矩区域增大增益，固有角频率和阻尼系数控制为定值。结果是，无论运转中的转矩如何，都可以得到等效响应特性。

着眼于进一步改善控制特性，下面就逆变器电压饱和时转矩控制系统稳定所需的PI控制器抗饱和机制进行说明。

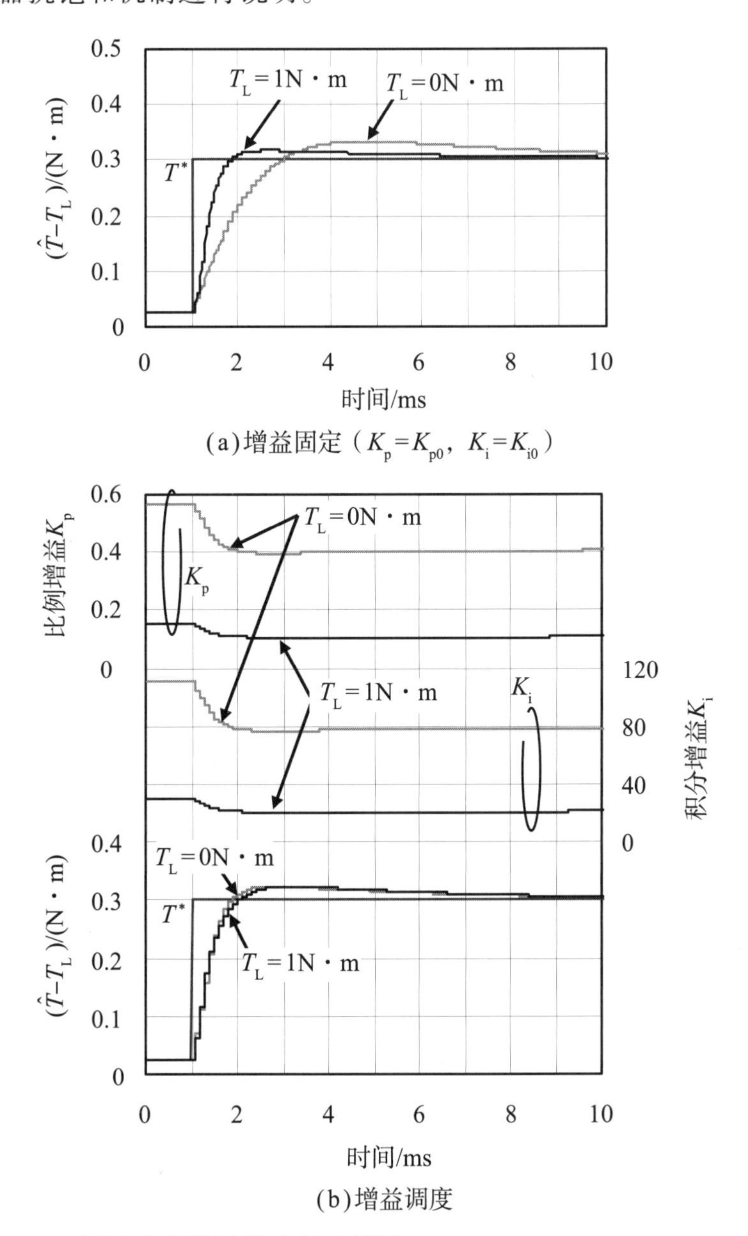

图6.31　转矩响应特性的比较（模拟，IPM_2，$K_{p0}=0.16$，$K_{i0}=31$）

图6.32所示为指令转矩阶跃变化时的转矩响应特性。同时，图中也给出了电机的电枢电压。改变转矩，需要比恒转矩运转时更大的电压。特别是转矩变化很大时，会生成超过逆变器可输出电压的指令电压，导致逆变器电压饱和。RFVC DTC使用PI控制器进行转矩控制，如果控制系统因电压饱和而失去线性，就会导致积分器饱和，进而引发转矩响应超调。图6.32所示为逆变器直流母线电压为85V时的结果。在上一节，直流母线电压设为150V，转矩阶跃变化量设为0.3N · m，特性研究可以忽略电压饱和的影响。但一般情况下，电压饱和是不可避免的，必须采取抗饱和措施。

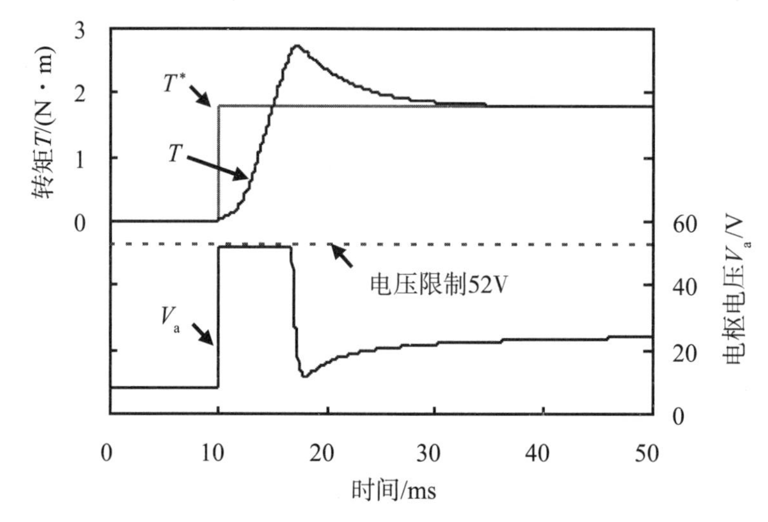

图6.32　电压饱和时阶跃指令的转矩响应特性
（模拟结果，IPM_2，转速500r/min，空载）

转矩控制器的抗饱和利用的是电压饱和对估计磁链的影响。出现电压饱和时，磁链位置的指令值θ_o^*与估计值$\hat{\theta}_o$相异。这里，对磁链位置的指令值和估计值之差θ_ε作如下定义。

$$\theta_\varepsilon = \theta_o^*[k-1] - \hat{\theta}_o[k] \tag{6.52}$$

利用出现电压饱和的θ_ε进行抗饱和的机制如图6.33所示，通过参数γ_i等效地改变PI控制器的积分元件增益，从而抑制积分器的输入量。如果角度差θ_ε为0，则给变量γ_i赋1，随着θ_ε增大，γ_i接近0。满足这一条件的函数为

$$\gamma_i = \frac{1}{1+K_a|\theta_\varepsilon|} \tag{6.53}$$

式中，K_a为抗饱和增益（$K_a>0$）。

另一种方法是用电压超过量（如$V_a^*-V_{am}$）代替式（6.52）。

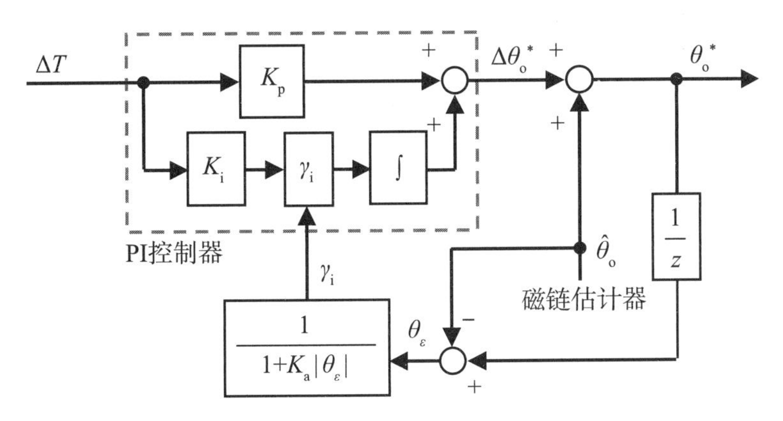

图6.33　转矩控制器的抗饱和机制

利用测试电机II验证抗饱和机制的有效性。设PI控制器的增益为$K_p = 0.16$，$K_i = 31$。转速为500r/min时转矩控制系统的阶跃响应特性比较如图6.34所示。通

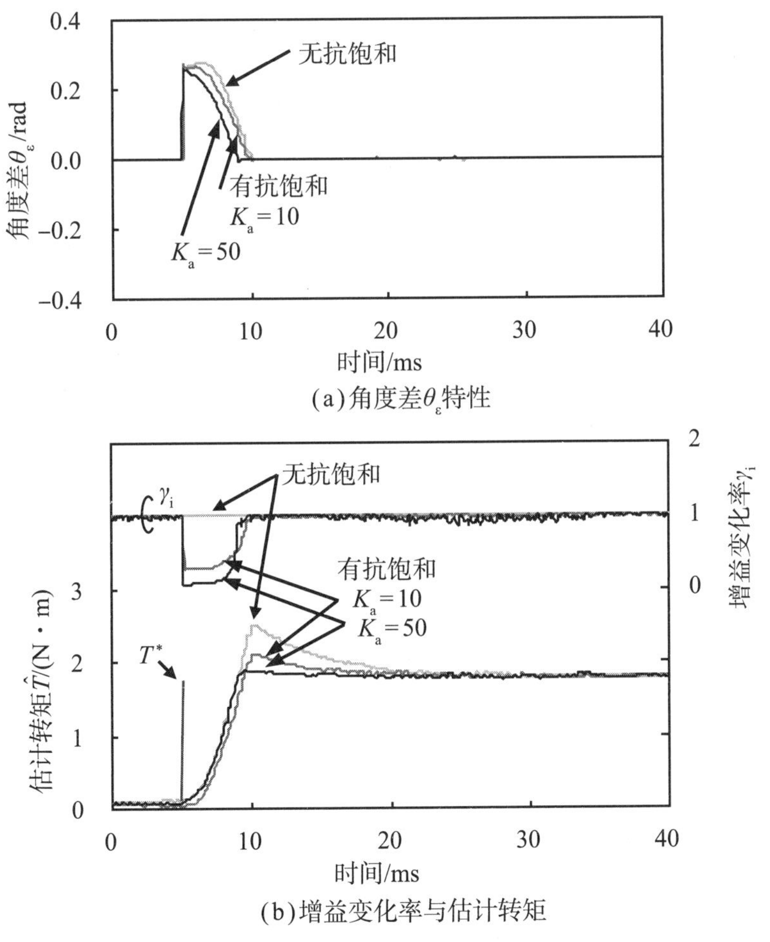

图6.34　有/无抗饱和的转矩响应特性比较
（实验结果，测试电机II，转速500r/min，空载）

过式（6.52）得到的角度差θ_ε特性如图6.34(a)所示。指令转矩阶跃变化后，指令磁链和估计磁链立即出现角度差，说明逆变器的电压饱和出现在估计磁链中。控制器增益变化率γ_i和转矩响应特性如图6.34(b)所示。无抗饱和机制时，转矩响应出现较大的超调；而有抗饱和机制时，超调得到抑制。根据图示变量γ_i的结果，指令转矩变化后γ_i立即下降，积分器输入被抑制。另外，抗饱和增益K_a越大，超调越小。综上所述，PI控制器的抗饱和效果良好，转矩响应特性得以改善，对指令转矩的跟随性提高了。

6.4.5　DTC电机驱动系统的运转特性

带DTC的PMSM驱动系统运行特性，可以考察测试电机I按图6.12和图6.23结合的机制运转实验的结果。图6.35所示为指令速度从500r/min变化到3500r/min的实验结果。如图6.35(a)所示，加速后达到指令速度。如图6.35(b)所示，由于MTPA控制和电流限制，自0.5s开始以恒定转矩运行，而后转入弱磁，转矩减小。达到指令速度、转矩减小后，再次返回MTPA控制。如图6.35(c)所示，通过

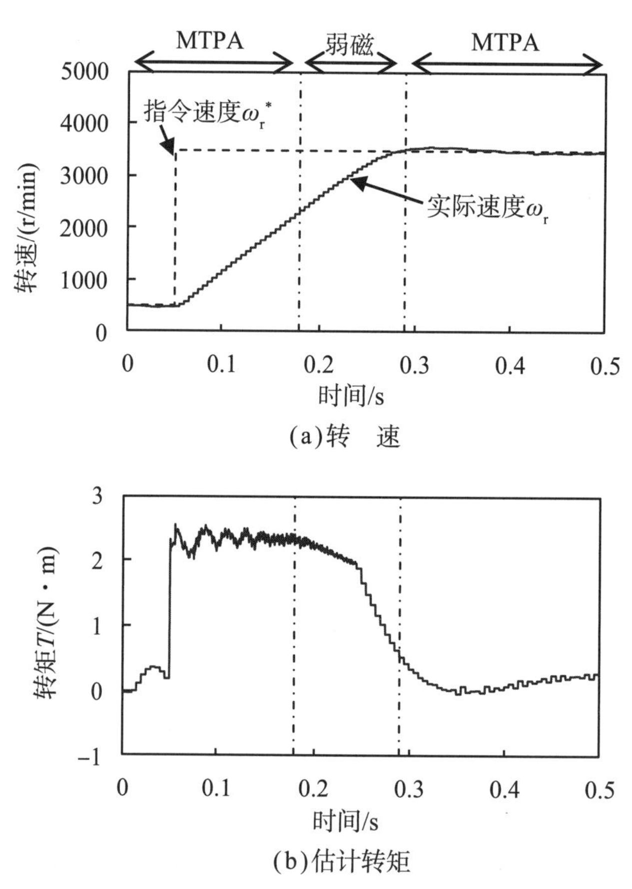

(a)转　速

(b)估计转矩

图6.35　DTC运转特性（测试电机I，$V_{DC}=150V$）

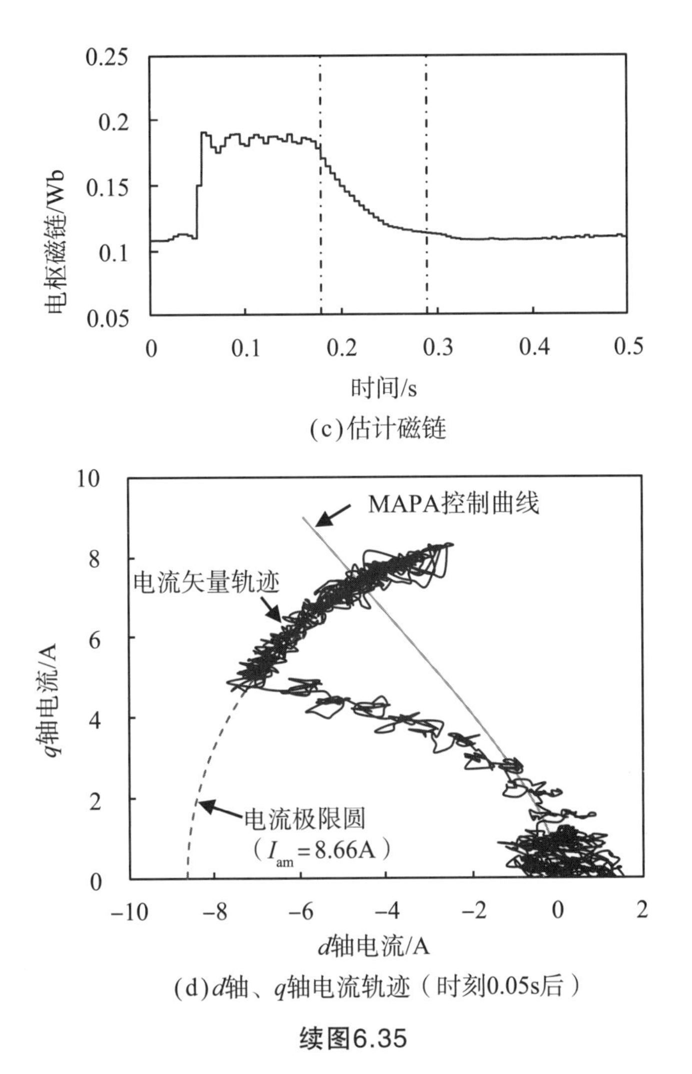

(c)估计磁链

(d)d轴、q轴电流轨迹（时刻0.05s后）

续图6.35

弱磁控制，磁链随着速度的提高而减小。d轴、q轴电流轨迹如图6.35(d)所示。电流轨迹在MTPA控制曲线和电流极限圆的交点附近运行后，由于弱磁控制，沿着电流极限圆向电流相位变大方向前进。若转矩减小，则再次返回MTPA控制曲线，这一点可以从图6.35(d)得到确认。即使是直接转矩控制，也能得到与第4章介绍的电流矢量控制相同的d轴、q轴电流特性。

参考文献

[1] 松瀬貢規. 電動機制御工学. 電気学会, 2007.

[2] 中野孝良. 交流モータのベクトル制御. 日刊工業新聞社, 1996.

[3] 井上征則. 回転子位置センサレス駆動される永久磁石同期モータの高性能制御. 大阪府立大学博士論文, http://hdl.handle.net/10466/10411, 2010.

[4] 高橋勲, 野口敏彦. 瞬時すべり周波数制御に基づく誘導電動機の新高速トルク制御法. 電気学会論文誌論B, 1986, 106(1): 9-16.

[5] Buja G S, Kazmierkowski M P. Direct torque control of PWM inverter-fed AC motors-a survey. IEEE Transactions on Industrial Electronics, 2004, 51(4): 744-757.

[6] Rahman M F, Haque M E, Tang L, Zhong L. Problems associated with the direct torque control of an interior permanent-magnet synchronous motor drive and their remedies. IEEE Transactions on Industrial Electronics, 2004, 51(4): 799-809.

[7] Tang L, Zhong L, Rahman M F, Hu Y. A novel direct torque control for interior permanent-magnet synchronous machine drive with low ripple in torque and flux-a speed-sensorless approach. IEEE Transactions on Industry Applications, 2003, 39(6): 1748-1756.

[8] 井上達貴, 井上征則, 森本茂雄, 真田雅之. 電機子鎖交磁束に同期した座標系におけるPMSMの最大トルク／電流制御の数式モデルと制御手法. 電気学会論文誌D, 2015, 135(6): 689-696.

[9] Inoue Y, Morimoto S, Sanada M. Control scheme for wide-speed-range operation of synchronous reluctance motor in M-T frame synchronized with stator flux linkage. IEEJ Journal of Industry Applications, 2013, 2(2): 98-105.

[10] 関友洋, 井上征則, 森本茂雄, 真田雅之. M-T座標上での直接トルク制御を用いたPMSMセンサレス駆動システムの電圧飽和時における運転特性. 電気学会モータドライブ／家電民生合同研究会, 2013, MD-13-8/HCA-13-8: 41-46.

第7章
逆变器和传感器

前几章介绍的各种同步电机控制系统，实现高性能控制需要电流、位置、速度信息，由控制器进行运算处理，最终生成电压源型逆变器的开关信号。本章着眼于同步电机驱动系统的组成要素，着重介绍逆变器的基本结构和控制方法，以及获取电机控制所需的各种信息的传感器。

7.1 电压源型逆变器的基本结构与原理

7.1.1 电压源型三相逆变器的PWM控制

根据电源形式，逆变器大体上可分为电压源型逆变器（voltage source inverter, VSI）和电流源型逆变器（current source inverter, CSI）。电压源型逆变器是将直流电压源变换为幅值和频率可调的三相交流电压的逆变器，直流回路滤波元件是电容。电流源型逆变器是将直流电流源变换为可调交流电流的逆变器，直流回路滤波元件是电感。

电压源型三相逆变器驱动三相交流电机的主电路结构如图7.1所示。直流电压源输入通过6个半导体开关控制三相输出端（U、V、W）的电压。至于开关信号的生成方法，如第6章所述直接转矩控制的开关表方式，利用转矩和磁的指令值与估计的偏差，而非电压指令生成开关信号。另一方面，RFVC DTC和广泛使用的电流矢量控制，由控制单元生成电压指令，并根据该电压指令生成PWM控制开关信号。下面对电压源型逆变器的PWM控制进行说明。

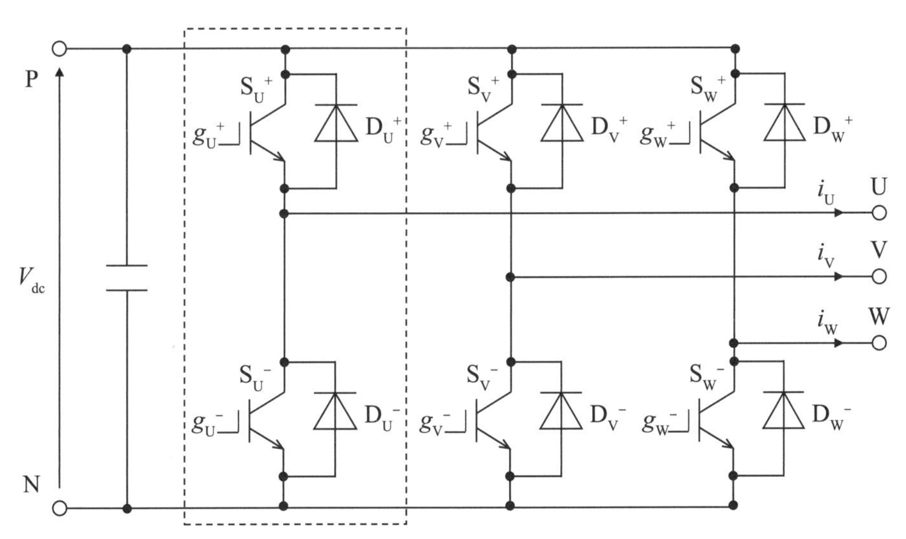

图7.1　电压源型三相逆变器主电路结构

着眼于三相逆变器的一相，探讨逆变器的基本原理。只取出电压源型三相逆变器的U相（图7.1中的虚线部分），就成了图7.2(a)所示的单相半桥逆变器。电压源型三相PWM逆变器不设直流电源中性点O（不需要），为了方便说明，这里设置直流电源中性点O，由此观察到的端子U的电压v_U即逆变器U相输出电压（相电压）。图7.2(b)和(c)所示为三角波比较式开关信号生成框图和各部分的波形，这是PWM控制的基础。调制波v_s（相当于电压指令v_U^*，为正弦波）和载波

（三角波载波信号）v_{car}的比较结果s_U，决定了开关信号（开关器件的栅极信号 g_{U+}、g_{U-}），控制输出电压：

$$v_U = \begin{cases} \dfrac{V_{dc}}{2} & (s_U = 1 \text{ 时}) \\ -\dfrac{V_{dc}}{2} & (s_U = 0 \text{ 时}) \end{cases} \tag{7.1}$$

当PWM载波（三角波载波信号）的频率f_{car}相比调制波（电压指令信号）足够高时，输出电压v_U的基波（v_{U1}）与电压指令信号的正弦波一致。

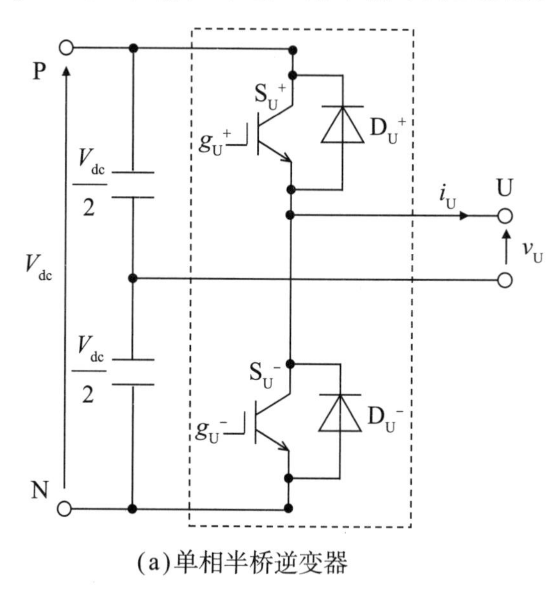

(a)单相半桥逆变器

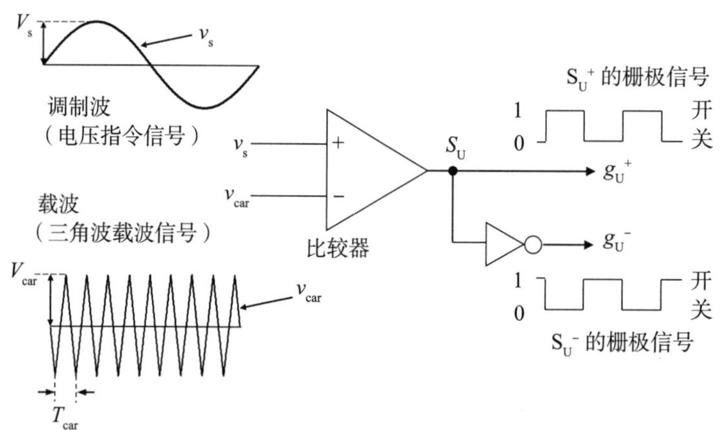

(b)三角波比较式开关信号生成

图7.2　逆变器的三角波比较式PWM控制

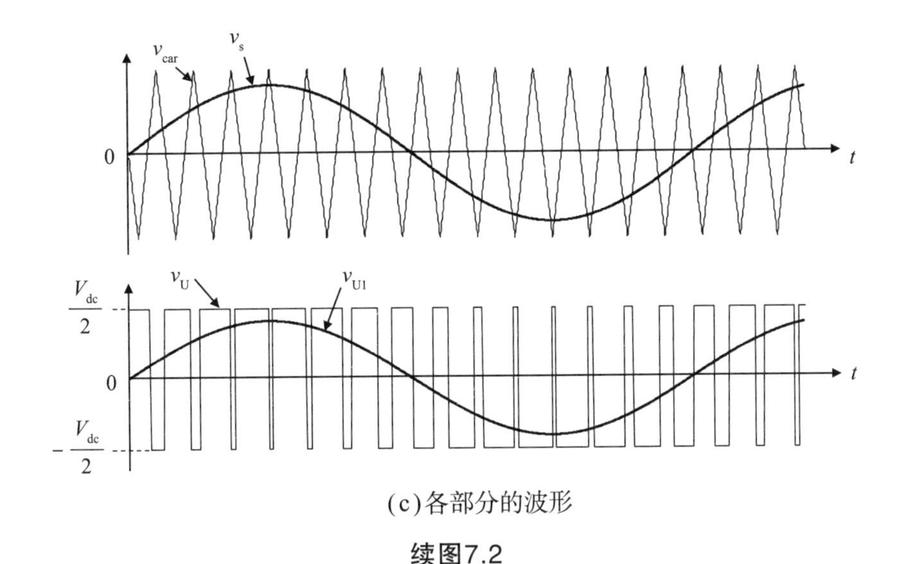

(c)各部分的波形

续图7.2

输出电压V_U的基波幅值V_{U1}、载波幅值V_{car}，取决于调制波幅值V_s以及直流电压V_{dc}，由下式给出：

$$V_{U1} = \frac{V_s}{V_{car}} \cdot \frac{V_{dc}}{2} = M\frac{V_{dc}}{2} \quad (M \leqslant 1) \tag{7.2}$$

式中，$M = V_s/V_{car}$为调制度（调制率）。

V_{U1}由调制波决定，因此在$V_s \leqslant V_{car}$（$M \leqslant 1$）的范围内，可以实现输出电压的线性控制。如图7.3所示，由电压指令值v_U^*（设幅值为V^*）生成调制波v_s，PWM逆变器的输出电压可以在$-V_{dc}/2 \leqslant v_U^* \leqslant V_{dc}/2$的范围内进行线性控制（实线部分）。而$V^* > V_{dc}/2$的范围，因调制度$M$超过1而成为非线性区（虚线部分）。在$M > 1$的范围内进行PWM控制的方式，被称为过调制PWM。使用过调制PWM可以输出基波幅值大于$V_{dc}/2$的电压，但无法进行线形控制，还会产生低次谐波等问题。如果V^*变得非常大，调制度$M \gg 1$，则逆变器输出波形变成方波，基波幅值为可输出最大值$2V_{dc}/\pi$（图7.3中“×”处）。

上述介绍假定电压指令值v_U^*为正弦波，但v_U^*并不限于正弦波。在$-V_{dc}/2 \leqslant v_U^* \leqslant V_{dc}/2$的范围内，逆变器输出电压的局部平均值（PWM载波周期平均值）与电压指令值v_u^*一致。虽然这里只介绍了单相半桥逆变器，但该电路相当于三相逆变器的一相（U相），三相逆变器的其他相（V、W）也可以独立控制。

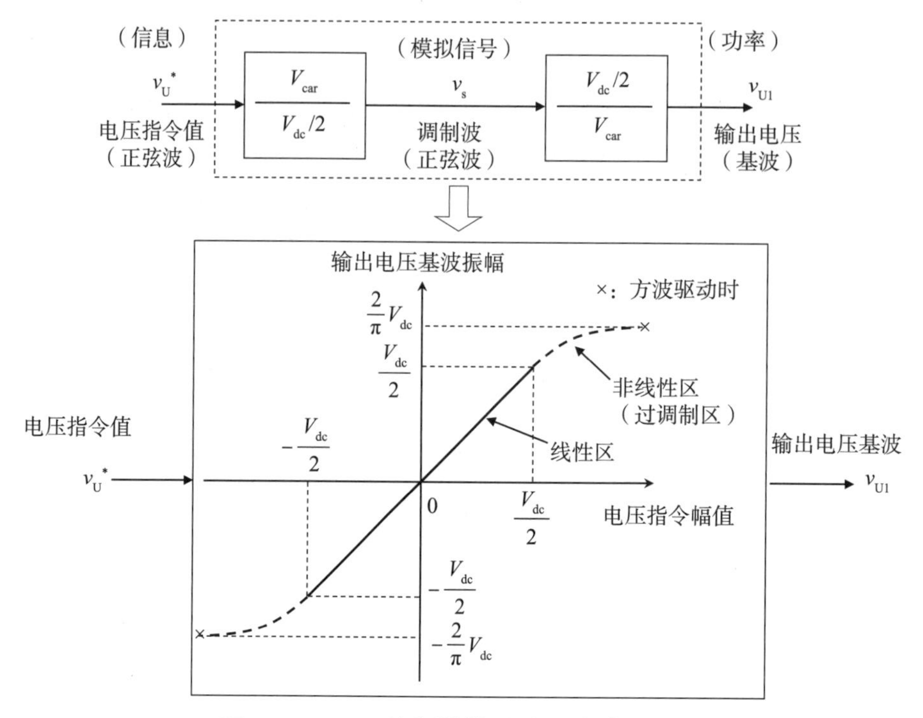

图7.3　PWM逆变器模型（正弦波电压）

7.1.2　提高电压利用率的调制方式

上述三角波比较式正弦波PWM调制中，能够线性控制的正弦波相电压上限值（幅值）V_{ph_max}为$V_{dc}/2$，线电压的最大幅值为$\sqrt{3}V_{dc}/2$。对于三相PWM逆变器，即使相电压含有谐波，只要线电压不含谐波就没有问题。鉴于此，有些调制方式通过改进调制波的波形，提高可输出线性正弦波电压的上限值V_{ph_max}，即提高直流电源的电压利用率。提高电压利用率的方法，除了三次谐波注入、两相调制等，还有将三相电压作为空间矢量处理、生成开关信号的空间矢量调制。这些方式均可将线性控制正弦波相电压的最大幅值V_{ph_max}控制为$V_{dc}/\sqrt{3}$，线电压的最大幅值等于直流电源电压V_{dc}，电压利用率比上节介绍的基本正弦波PWM控制方式提高了15.5%。

● 三次谐波注入

三次谐波注入是一种有效提高直流电压利用率的方式，这种方式能适当降低开关损耗，具体实现方式是在相电压正弦波调制信号中叠加适当大小的三次谐波，使之成为鞍形波。因为叠加了三次谐波，所以逆变电路输出的相电压中必然含有三次谐波分量，但由于三次谐波相位相同，即合成线电压后相电压的三次谐波相互抵消，合成的线电压中便没有了三次谐波分量。这里简单推导一下三次谐波注入法。

在各相的正弦波电压指令值上叠加如下三次谐波信号v_{s3}^*，作为新的电压指令值。

$$v_{s3}^* = \frac{V^*}{6}\sin 3\omega t \tag{7.3}$$

例如，U相电压指令值为

$$v_{Us}^* = v_U^* + v_{s3}^* = V^*\sin\omega t + \frac{V^*}{6}\sin 3\omega t = V^*\left(\sin\omega t + \frac{1}{6}\sin 3\omega t\right) \tag{7.4}$$

波形如图7.4所示。U相电压指令值v_{Us}^*的最大值为$\sqrt{3}V^*/2$（$\omega t = \pi/3$时），是v_U^*的幅值V^*的0.866倍。在该峰值达到$V_{dc}/2$之前，都是可以进行线性控制的范围。换句话说，$V^* = V_{dc}/\sqrt{3}$ 是可线性控制正弦波相电压的最大幅值V_{ph_max}。各相都注入了v_{s3}^*，因此，在线电压中被抵消，其影响不会显现。例如，U-V间的线电压v_{Uv}为

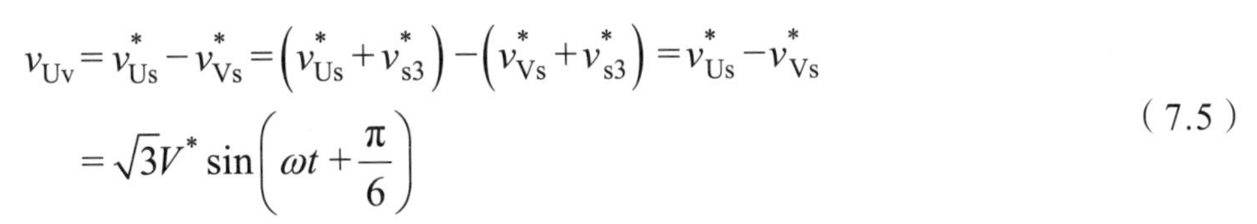

$$\begin{aligned} v_{Uv} &= v_{Us}^* - v_{Vs}^* = \left(v_{Us}^* + v_{s3}^*\right) - \left(v_{Vs}^* + v_{s3}^*\right) = v_{Us}^* - v_{Vs}^* \\ &= \sqrt{3}V^*\sin\left(\omega t + \frac{\pi}{6}\right) \end{aligned} \tag{7.5}$$

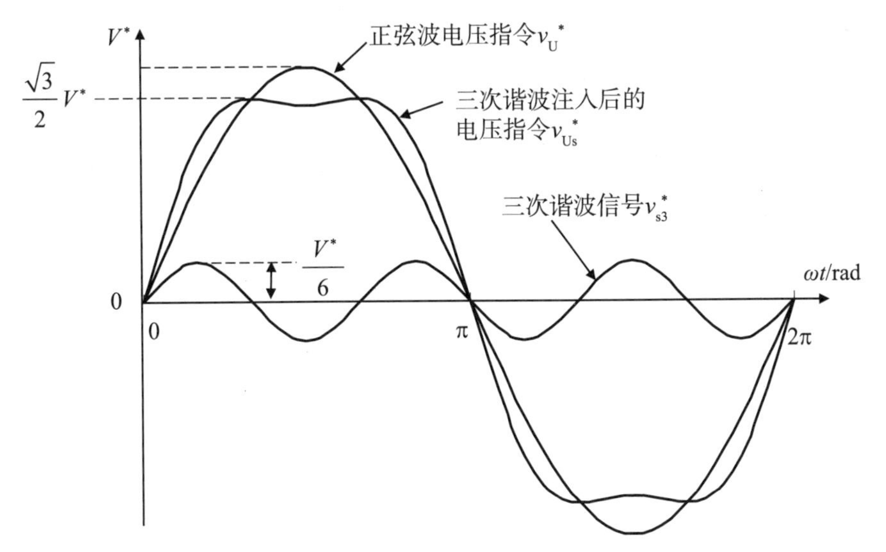

图7.4 三次谐波注入的调制波

● 两相调制

使三相电压指令值中绝对值最大的一相电压指令值等于$V_{dc}/2$，通过其他两相的开关来控制电压的方式就是两相调制。具体来说，通过式（7.6）求得偏移电压，通过式（7.7）得到新的电压指令值。

$$v_{s2}^* = \begin{cases} V_{dc}/2 - v_{max} & （|v_{max}| \geqslant |v_{min}|时） \\ -V_{dc}/2 - v_{min} & （|v_{max}| < |v_{min}|时） \end{cases} \tag{7.6}$$

式中，$v_{max} = \max(v_U^*, v_V^*, v_W^*)$；$v_{min} = \min(v_U^*, v_V^*, v_W^*)$。

$$\left.\begin{aligned} v_{Us}^* &= v_U^* + v_{s2}^* \\ v_{Vs}^* &= v_V^* + v_{s2}^* \\ v_{Ws}^* &= v_W^* + v_{s2}^* \end{aligned}\right\} \tag{7.7}$$

在这种情况下，线电压中的偏移电压v_{s2}^*被抵消。图7.5所示为两相调制的各个波形。将v_{s2}^*注入原正弦波电压指令中后，各相电压指令值以π/3为周期，变为$V_{dc}/2$或$-V_{dc}/2$。随着V^*的增大，v_{s2}^*的波形发生变化，补偿后的电压指令值v_{s2}^*的最大值被限制在$V_{dc}/2$，但基波幅值V^*增大到$V_{dc}/2$以上。此时，$V^* = V_{dc}/\sqrt{3}$为可线性控制的正弦波相电压最大幅值V_{ph_max}。两相调制除了能够提高电压利用率（$V_{ph\_max} = V_{dc}/\sqrt{3}$），还可以降低开关损耗——仅需三相开关中的两相。

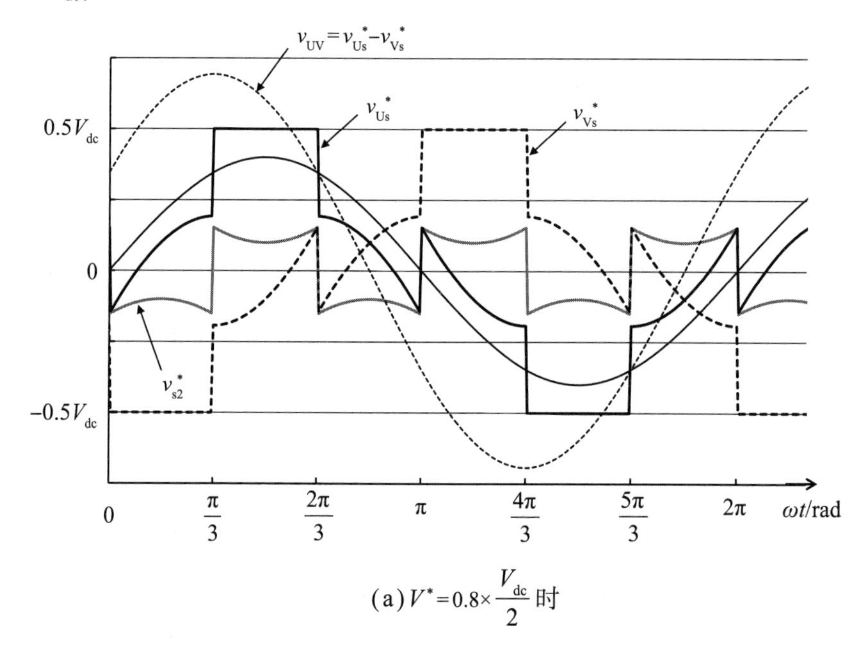

(a) $V^* = 0.8 \times \frac{V_{dc}}{2}$时

图7.5　两相调制的波形

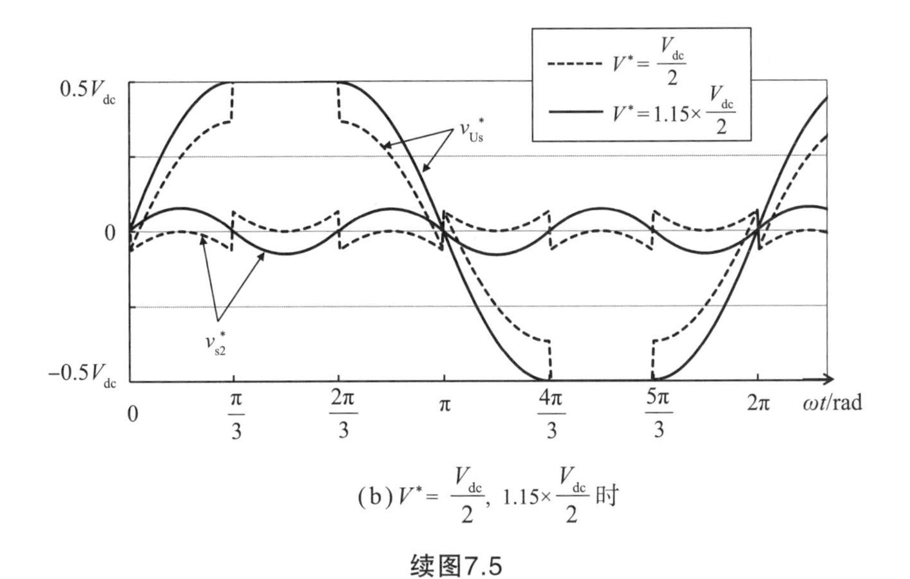

(b) $V^*=\frac{V_{dc}}{2}$, $1.15\times\frac{V_{dc}}{2}$时

续图7.5

对于相同电压的直流电源，用上述方法提高直流电压V_{dc}的利用率，可以增大电机驱动的电压极限值。第4章介绍的电压限制值V_{am}与可线性控制的正弦波相电压最大幅值V_{ph_max}的关系为$V_{am}=\sqrt{3/2}V_{ph_max}$，$V_{ph_max}$增大15.5%，$V_{am}$也增大15.5%，基速及基速以上的转矩、功率也相应增大。

7.2 死区时间的影响与补偿

7.2.1 死区时间的影响

在前面的叙述中，逆变电路的上下臂交替开关，开通和关断瞬间切换。但是，实际的开关器件存在开关延迟时间和开通、关断时间。倘若上下臂同时开通，开关就会因电源短路引起过电流而受损，因此，开关信号上必须有一段上下臂皆关断的时间（死区时间）。一般在开通时间上设置开通延迟T_D（s）。

下面以图7.2所示电路为例，介绍死区时间的影响。图7.6所示为有/无开通延迟T_D的实际开关信号和输出电压的波形比较。开通时刻延迟T_D后，就有了一段上下臂都关断的时间。上下臂均关断，输出电流i_U为正时，由于二极管D_U^-导通，输出电压为$-V_{dc}/2$；输出电流为负时，由于二极管D_U^+导通，输出电压为$V_{dc}/2$。因此，理想状态下的输出电压和实际输出电压之间存在输出电压误差，如图7.6所示。

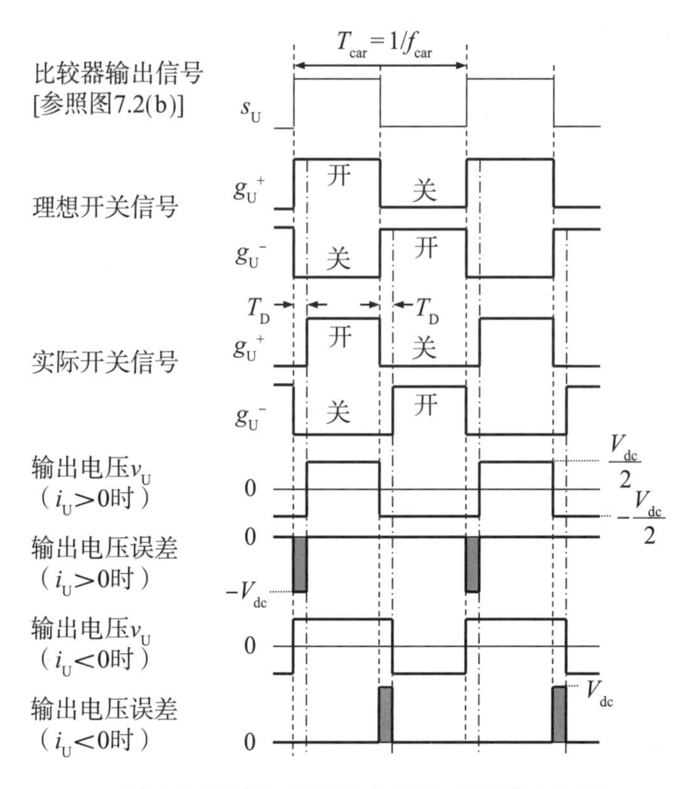

图7.6　死区时间的影响

死区时间T_D引起的电压误差，每个PWM载波周期T_{car}（$=1/f_{car}$，f_{car}为载波频率）产生一次。因此，如果取PWM载波周期的平均值并近似地表示为方波电压，则电压误差的大小ΔV为

$$\Delta V=\frac{V_{dc}T_D}{T_{car}}=V_{dc}T_D f_{car} \tag{7.8}$$

上式假设开关的切换是瞬时的，上下臂在T_D期间均关断。但严格来说，要考虑器件的开关特性。考虑到开通时间t_{on}和关断时间t_{off}，实际的死区时间（上下臂关断期间）为$T_D+t_{on}-t_{off}$。一般来说，$t_{on}<t_{off}$，电压误差的平均值ΔV略小于用式（7.8）求出的值。

7.2.2　死区时间的补偿方法

通常情况下，死区时间T_D和载波频率f_{car}是固定值，不论电压指令值的波形如何，电压误差ΔV始终起干扰作用。死区时间T_D的影响如图7.7所示，相电流为正时方波电压为$-\Delta V$，电流为负时方波电压为ΔV，以至于电压指令值和实际输出电压之间出现误差，进而引发相电流波形失真，产生低次谐波。各相都有死区时间引起的电压误差，反应到三相电流波形中就成了六次谐波分量（$6f$分量）。

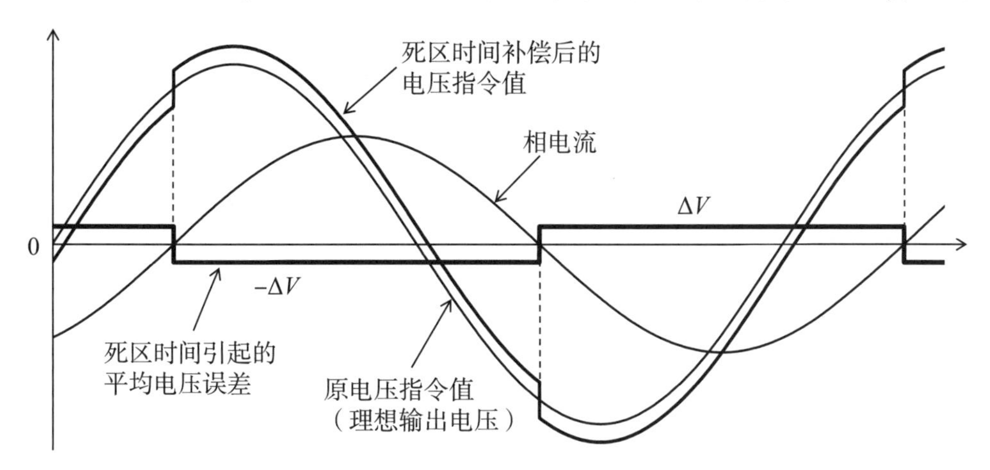

图7.7　死区时间引起的电压误差和电压指令值

为了消除这种影响，按式（7.9）对三相电压指令值进行死区时间补偿。

$$\begin{bmatrix} v_{Uc}^* \\ v_{Vc}^* \\ v_{Wc}^* \end{bmatrix} = \begin{bmatrix} v_U^* \\ v_V^* \\ v_W^* \end{bmatrix} + \Delta V \begin{bmatrix} f_{cmp}(i_U) \\ f_{cmp}(i_V) \\ f_{cmp}(i_W) \end{bmatrix} \tag{7.9}$$

电压补偿函数$f_{cmp}(i)$如图7.8所示。根据图7.7，函数$f_{cmp}(i)$是可以随着电流i的极性切换正负的符号函数$\mathrm{sgn}(i)$，如图7.8(a)所示。补偿前后的电压指令波形如

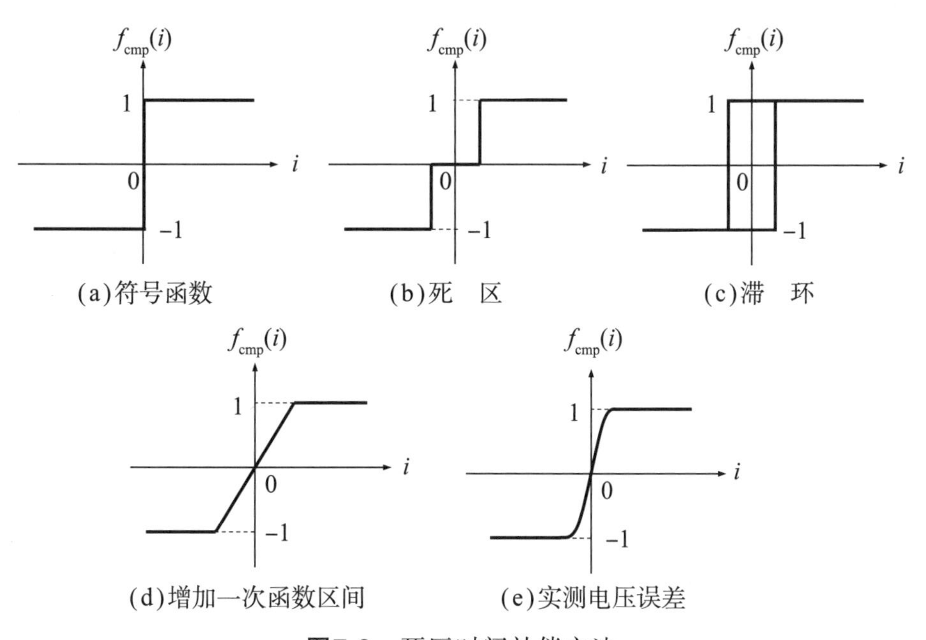

图7.8　死区时间补偿方法

图7.7所示。使用补偿后的电压指令值进行PWM控制时，由于加上了死区时间引起的电压误差，实际电压可以达到原电压指令值（理想输出电压）。然而，由于检测电流含有PWM引起的谐波和检测噪声等，为了抑制零电流附近出现的电流脉动的影响，如图7.8所示，在零电流附近加设死区[图7.8(b)]、滞环特性[图7.8(c)]和电流的一次函数区间[图7.8(d)]。此外，也有利用实测的电流和电压误差的关系进行死区时间补偿，如图7.8(e)所示。使用电压补偿函数$f_{cmp}(i)$的电流基本上是检测电流，考虑纹波成分和采样引起的检测延迟等，将由d轴、q轴电流指令值计算出的相电流用于死区时间补偿也是有效的。

7.3 电机驱动用传感器

同步电机控制需要位置、电流等各种状态量的信息，检测这些状态信息的传感器是电机控制系统的重要组成部分。表7.1列出了同步电机驱动所用的各种传感器。

表 7.1　同步电机驱动用传感器

机械量传感器	位置传感器	增量编码器
		绝对编码器
		旋转变压器
	速度传感器	使用测速发电机、位置传感器的信号
电气量传感器	电流传感器	霍尔传感器、分流电阻
	电压传感器	霍尔传感器、分流电阻

7.3.1 机械量传感器

在同步电机控制中，坐标变换需要位置信息，位置、速度、转矩控制需要位置、速度信息。

● 位置传感器

电机驱动所用的位置传感器，通常有旋转编码器和旋转变压器。

1. 旋转编码器

光学增量编码器的连接轴上装有码盘，码盘上刻着3圈等间距狭缝（由外至内分别为A、B、Z相），码盘两侧分别装着光源（发光二极管）和光敏元件（光电晶体管）。通过光敏元件提取与旋转量成正比的明暗次数作为电信号，经放大整形后，得到矩形波的输出信号。增量编码器的输出波形如图7.9所示。编码器每旋转一圈（机械角360°）产生1000～6000个A相、B相脉冲，1个Z相脉冲。A相和B相的相位差为90°，正转时A相信号超前90°，反转时B相信号超前90°，由此可以检测编码器的旋转方向。另外，如果能捕获A相、B相信号的上升沿和下降沿，则可以得到4倍频脉冲信号。这里，设编码器的每转脉冲数为N_{RE}（PPR[1]），则4倍频后的脉冲数为$N_p = 4N_{RE}$（CPR[2]）。有了4倍频信号，便可通过下式计算坐标变换使用的电角分辨率：

$$\theta_{RES} = \frac{2\pi P_n}{N_p} \tag{7.10}$$

对于极对数P_n较大的电机，要保证电角分辨率，应使用每圈脉冲数较大的编码器。

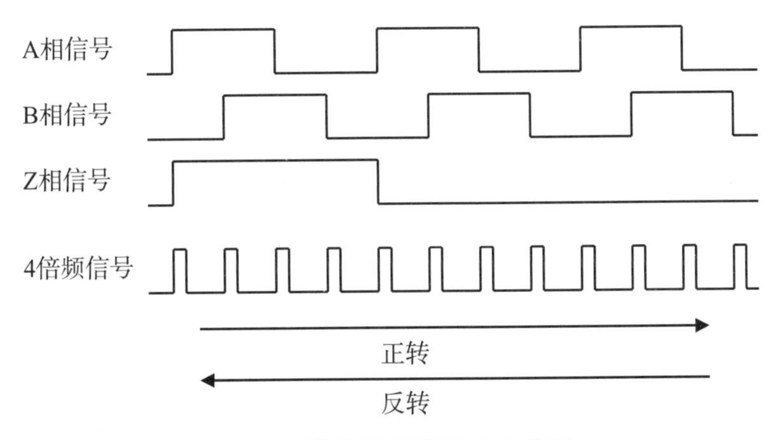

图7.9　增量编码器的输出信号

使用增量编码器不能检测旋转轴的绝对位置，只能通过Z相信号检测参考位置（原点）。然而，通电时电机的位置是未知的，这对于电机启动来说是个问题。对此，还有输出U、V、W相信号的电机控制编码器，如图7.10所示。转子的绝对位置可以通过U、V、W相信号检测，信号的电角度为60°。通电启动时基于这些信号进行控制，可以在正方向产生足够的启动转矩，一旦有了Z相信号，就可以获得式（7.10）给出的高分辨率位置信息。

与光学编码器对应，还有磁性编码器。N极和S极在磁盘圆周上交替被磁化，用磁阻元件检测磁场变化，就会得到一个类似于光学编码器的信号。磁性编码器在分辨率和精度方面不如光学编码器，电机控制一般使用光学编码器。

1）PPR：Pulses Per Revolution，每转脉冲数。

2）CPR：Counts Per Revolution，每转计数。

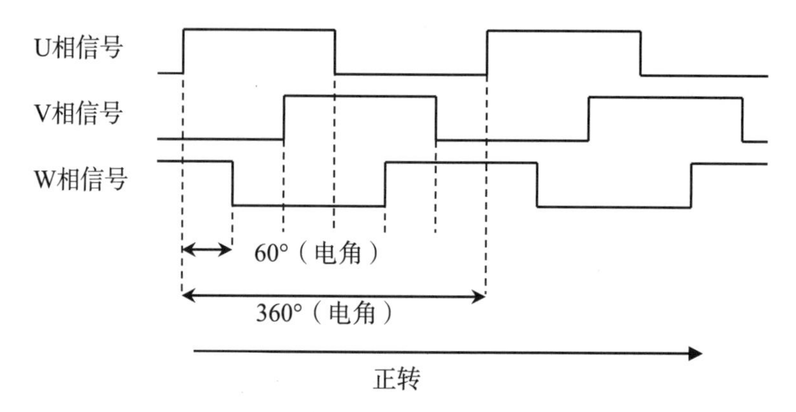

图7.10　电机控制编码器的U、V、W相信号

不过，增量式编码器无法实现通电时的绝对位置检测。相比之下，绝对编码器在任何时候都能进行绝对位置检测。

绝对编码器的码盘上有N道刻线，通过读取每道刻线的明暗，便得到一个n位输出信号，如图7.11所示。绝对编码器输出的是二进制码，或任意两个相邻的代码只有一位二进制数不同的格雷码。

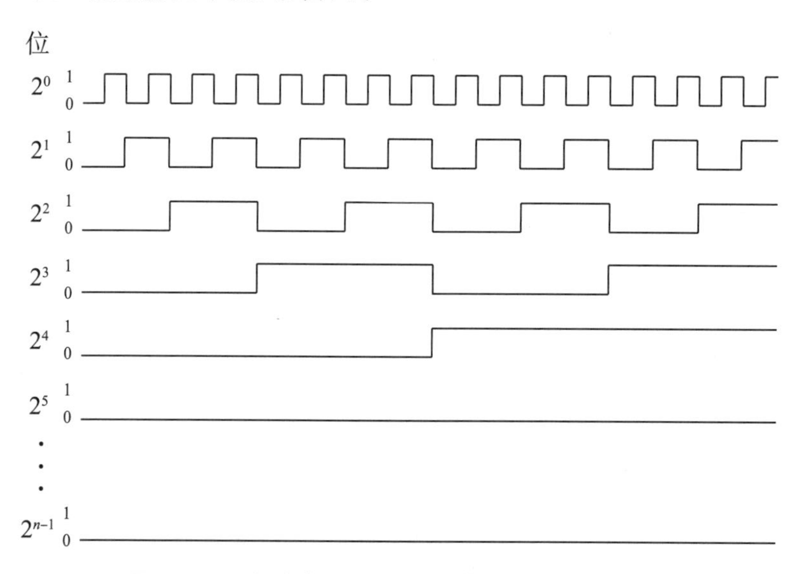

图7.11　绝对编码器的输出信号（二进制码）

2. 旋转变压器

旋转变压器一次绕组和二次绕组的互感会随着旋转角度的变化而变化。对一次绕组施加1kHz以上的高频电压，产生高频电流时，由于电磁感应作用，转子侧的二次绕组中会产生带有旋转角度信息的感应电压（交流电压）。旋转变压器的励磁和模拟输出信号通过旋转变压器/数字转换器（R/D转换器）转换为数字信

号。R/D转换器输出的是与增量编码器输出的A、B、Z相信号或绝对编码器输出信号相同的n位信号。

旋转变压器仅由铁心和线圈构成，在结构上更具环境适应性，因此，常被用作汽车动力电机的位置传感器。

● 速度传感器

最常见的速度传感器是测速发电机，它产生与转速成正比的直流电压。有刷测速发电机的结构基本上与直流电机相同，定子上有永磁体，转子绕组中产生的与速度成正比的感应电动势通过换向器和电刷作为模拟直流电压进行检测。还有一种无刷测速发电机，避免了换向器和电刷的机械接触。在同步电机驱动系统中，有了位置传感器，就可以通过下式得到速度信息ω_r（机械角）。

$$\omega_r = \frac{d\theta_r}{dt} \approx \frac{\theta_{r2} - \theta_{r1}}{t_2 - t_1} = \frac{\Delta\theta_r}{T_s} \tag{7.11}$$

式中，T_s为位置检测周期（s）；θ_{r1}、θ_{r2}分别为t_1、t_2时刻（s）的位置（机械角，rad）；$\Delta\theta_r$为$t_1 \sim t_2$时刻的位置变化量。

具体来说，对特定测量周期T_s的编码器输出脉冲进行计数，就可以实现速度检测，因为脉冲数n_p与转速成正比。设编码器每转脉冲数为N_P，则编码器脉冲的位置分辨率（机械角）为$\theta_{r_RES} = 2\pi/N_P$（rad），位置变化量为$\Delta\theta = n_p\theta_{r_RES}$，由式（7.11）可以得到旋转角速度$\omega_r$（rad/s）。

$$\omega_r = \frac{\Delta\theta_r}{T_s} = \frac{2\pi n_p}{N_p T_s} \tag{7.12}$$

如图7.12所示，编码器脉冲与其测量周期不同步，n_p的误差最大达±1脉冲，因此速度分辨率为

$$\omega_{r\_RES} = \frac{2\pi}{N_p T_s}(\text{rad/s}) = \frac{60}{N_p T_s}(\text{rad/min}) \tag{7.13}$$

为了提高速度分辨率，需要使用每转脉冲数N_P较大的编码器，或者延长测量周期T_s。T_s一般与速度控制系统的采样周期相匹配，T_s过大会导致速度控制系统的响应频率难以提高，T_s过小会导致速度分辨率下降，速度控制器的增益难以提高。因此，要根据速度控制的瞬态响应特性，确定编码器的每圈脉冲数N_P和测量时间T_s。此外要注意，由式（7.13）得到的速度是采样周期T_s内的平均速度，

而不是进行位置检测的采样时间点的瞬时速度，T_s越大，加减速度越大，通过式（7.13）得到的速度与实际瞬时速度的偏差越大。

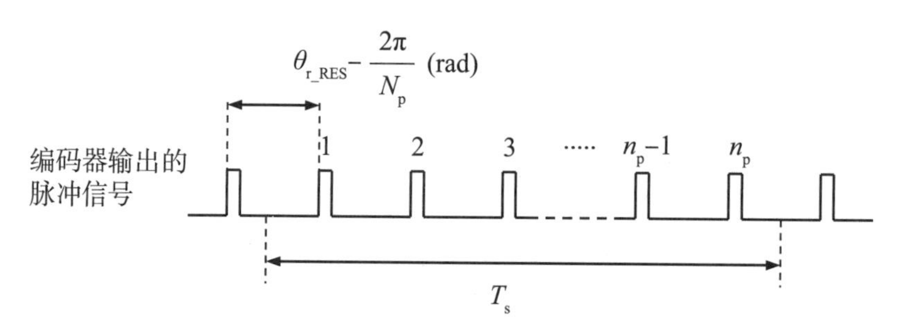

图7.12　对脉冲计数，进行速度检测

7.3.2　电量传感器

● 电流传感器

检测电流的方法大致可分为两种，一种是检测电流产生的磁场强度，另一种是测量电流路径中分流电阻的压降。

● 霍尔传感器

霍尔传感器是利用霍尔元件检测电流的传感器，原理如图7.13所示。当电流I_C流过霍尔元件并垂直施加磁场B时，霍尔效应在电流和磁场的垂直方向上产生的电位差V_H（$=K_H I_c B$）和I_C与B成正比。如图7.13(b)所示，在铁心间隙设置霍尔元件，流过检测电流i的导线贯穿铁心，则施加在霍尔元件上的磁通密度B与电流i成正比。当I_C通过外部电路保持恒定时，就能得到与电流i成正比的霍尔电压V_H。由于V_H很小，要放大成与i成正比的模拟信号。

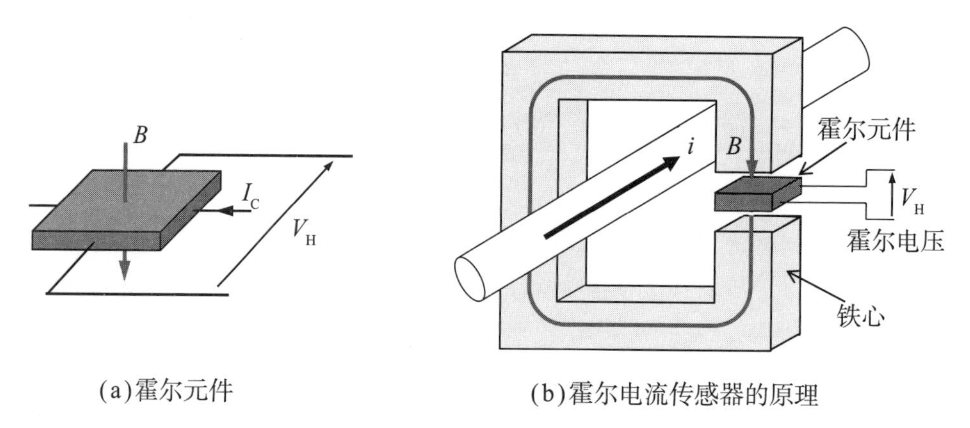

(a)霍尔元件　　(b)霍尔电流传感器的原理

图7.13　霍尔传感器

霍尔传感器的特点是，产生电流的功率电路部分和传感器信号部分得以隔离，大小电流的检测皆适用。另外，霍尔传感器适用于从直流到100kHz以上的高频电流，也被称为DCCT，是电机驱动系统中的标准电流传感器。

● 分流电阻

在测量电路中串联分流电阻，检测电阻两端的电位差。若待测功率电路部分为高压，则要采用隔离放大器等，与控制侧的低压部分隔离。分流电阻式电流检测电路比较简单，对于10A以下电流的测量有较高的性价比，常见于空调、洗衣机等家用电器的电机控制电路中，不隔离的情况也越来越多。但是，待检测电流较大时，分流电阻的阻值须减小、功率须增大，故而极少用于100A以上电流的检测。另外，检测高频电流时，由于电感成分的影响，分流电阻的电感量越小越好。

● 电压传感器

电压传感器可分为隔离放大器式电压传感器和应用霍尔效应的电压传感器，前者将待测电压分压后输入隔离放大器以获得到隔离信号，后者从待测电压线路中提取微小电流。该电流通过缠绕在铁心上的一次绕组时，铁心气隙部分产生的磁场与一次绕组电流即待测电压成正比，采用与电流传感器相同的方法检测气隙磁场，便可得到与待测电压成正比的信号。

在电机驱动系统中，很少测量交流侧（电机端子）的电压，一般测量逆变器直流侧的电压，用于电路保护和控制。如7.1节所述，检测到的直流电压V_{dc}会影响逆变器的可输出电压和电压极限值，因此，在直流电压V_{dc}变化的系统中，须慎重对待电流矢量控制和直接转矩控制。

参考文献

[1] 森本茂雄, 真田雅之. 省エネモータの原理と設計法. 科学情報出版, 2013.

[2] 電気学会・センサレスベクトル制御の整理に関する調査専門委員会. ACドライブシステムのセンサレスベクトル制御. オーム社, 2016.

[3] 前川佐理, 長谷川幸久. 家電用モータのベクトル制御と高効率運転法. 科学情報出版, 2014.

[4] 森本雅之. EE Textパワーエレクトロニクス. オーム社, 2010.

[5] 大野榮一, 小山正人. パワーエレクトロニクス入門（改訂5版）. オーム社, 2014.

[6] 矢野昌雄, 打田良平. パワーエレクトロニクス. 丸善出版, 2000.

[7] 谷口勝則. PWM電力変換システム—パワーエレクトロニクスの基礎. 共立出版, 2007.

[8] 百目鬼英雄. 電動モータドライブの基礎と応用. 技術評論社, 2010.

[9] 長竹和夫. 家電用モータ・インバータ技術. 日刊工業新聞社, 2000.

第8章

数字控制系统设计

模拟时，控制器和电机模型都可以进行浮点数计算，利用可变阶跃时间求解器也比较容易模拟连续系统的现象。然而，进行实时控制时，受制于计算机的处理能力，需在每个控制周期的离散时间内进行控制。另外，得到电压和电流等物理量后，可以进行模数转换，但分辨率有限。因此，构建控制器，首先要很好地理解数字控制系统。

本章主要介绍电机驱动用数字控制系统的基本结构和注意事项。

8.1 数字控制系统的基本结构

8.1.1 硬件结构

电机控制用数字控制系统的硬件结构如图8.1所示。

● 通过PWM生成开关信号

根据控制器的指令电压，产生逆变器用开关信号。利用计数器产生三角波载波，通过载波比较得到开关信号。或者采用另一种不依赖载波比较的方法，给定指令电压对应的值作为减计数器的初始值，利用计数器溢出（计数清零）获得开关信号。加上死区时间后作为开关器件栅极信号，供电压源型三相逆变器。

● 模数转换

模数转换（ADC）用于电机的电压和电流控制，有时也用于以模拟值给定转矩、速度和位置的指令值。采样时，这些值保存在采样保持（S/H）电路中。某些情况下需要同时转换多个信号，但转换时间因转换方法而异（电机控制常用逐次比较），有时要采用模拟开关等进行多通道切换，故而需要S/H电路。另外，还需要后述抗混叠的低通滤波器。

● ABZ计数器

计数器常用于脉冲测量，电机控制通过增量编码器的ABZ信号确定转子位置。如7.3.1节所述，计数器通过Z脉冲（原点）复位，其计数值随着A相和B相信号变化而增减。

● 定时器

用于时间测量，其硬件结构与计数器相同，但是可以通过提供一个固定频率的信号（时钟）作为脉冲信号来测量时间。在控制系统中，每个控制周期都需要进行处理和计算，可以使用定时器来实现。

● 其　他

在数字控制系统中，可以借助PC观察控制程序计算的变量。但是，也有需要用示波器等观测的情况，为此有时要配备DA转换器以输出模拟信号。

后述的软件处理（包括中断处理）由微控制器或数字信号处理器（DSP）实现。AD转换、计数、开关信号生成可以用可编程逻辑器件（FPGA或CPLD）来

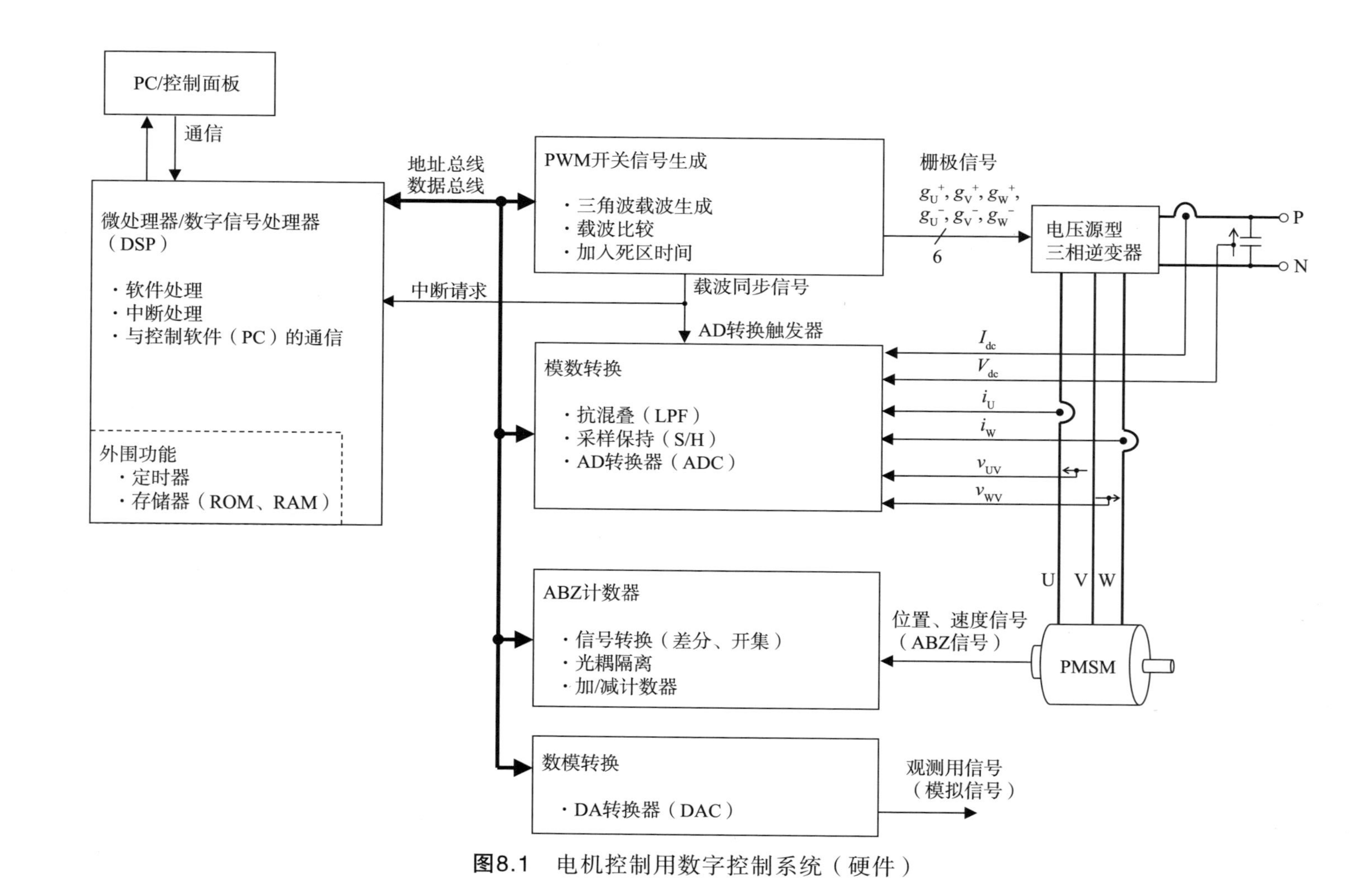

图8.1 电机控制用数字控制系统（硬件）

实现。目前，电机控制用微控制器已大量在售，除了电源电路，电机控制所需的功能用一个芯片就能实现。

8.1.2 软件处理和中断处理

图8.2所示为电机控制器的软件处理框图。与PC上使用应用软件（模拟器和数值计算软件等），利用微处理器的最高能力在短时间内完成处理不同，电机控制要求每个控制周期都进行处理。为此，有必要将不同控制速度（响应速度、时间常数）的电气系统和机械系统分开来考虑。

d轴、q轴电流控制和DTC是基于电压方程的电气系统控制，响应多在微秒级，常与PWM载波同步处理。因此，须在控制周期内完成AD转换、坐标变换、转矩/电流控制（PI控制）和各种补偿的处理。

速度和位置控制是基于运动方程的机械系统控制，响应多在毫秒级，通过定时器中断进行处理即可，电流和转矩指令值也按照机械系统的控制周期更新。

电机控制用微处理器是单核的，无法同时进行多个运算处理，只能通过中断分时处理电气系统和机械系统的控制。中断处理如图8.3所示，载波同步中断一般具有较高的优先级，因为其频率高且不允许延迟。为此要有这样的认识，在机械系统控制的处理过程中，电气系统控制可能进行了多次中断处理。以电流控制为例，指令电流的更新并非在速度控制的处理中依次进行，而是在d轴、q轴分量对齐时进行。

8.2 控制系统的数字化

经常使用连续系统的函数进行控制系统特性的评估，但在现实世界中，运算是使用微处理器在离散时间内进行的，连续系统（s域）和离散系统（z域）常常需要相互转换。

如果能像控制系统模拟常用的Simulink那样构建控制系统框图，那么只需要在三相电流反馈或三相电压指令值信号中插入零阶保持（S/H）或内存延迟，就可以简单离散化。并且，通过对积分元件和微分元件进行s–z变换，可以得到离散化的系统。表8.1给出了s–z变换的例子。在z域，z表示1个样本之前的值，z^{-1}表示1个样本之后的值。下面就积分和微分举例说明。

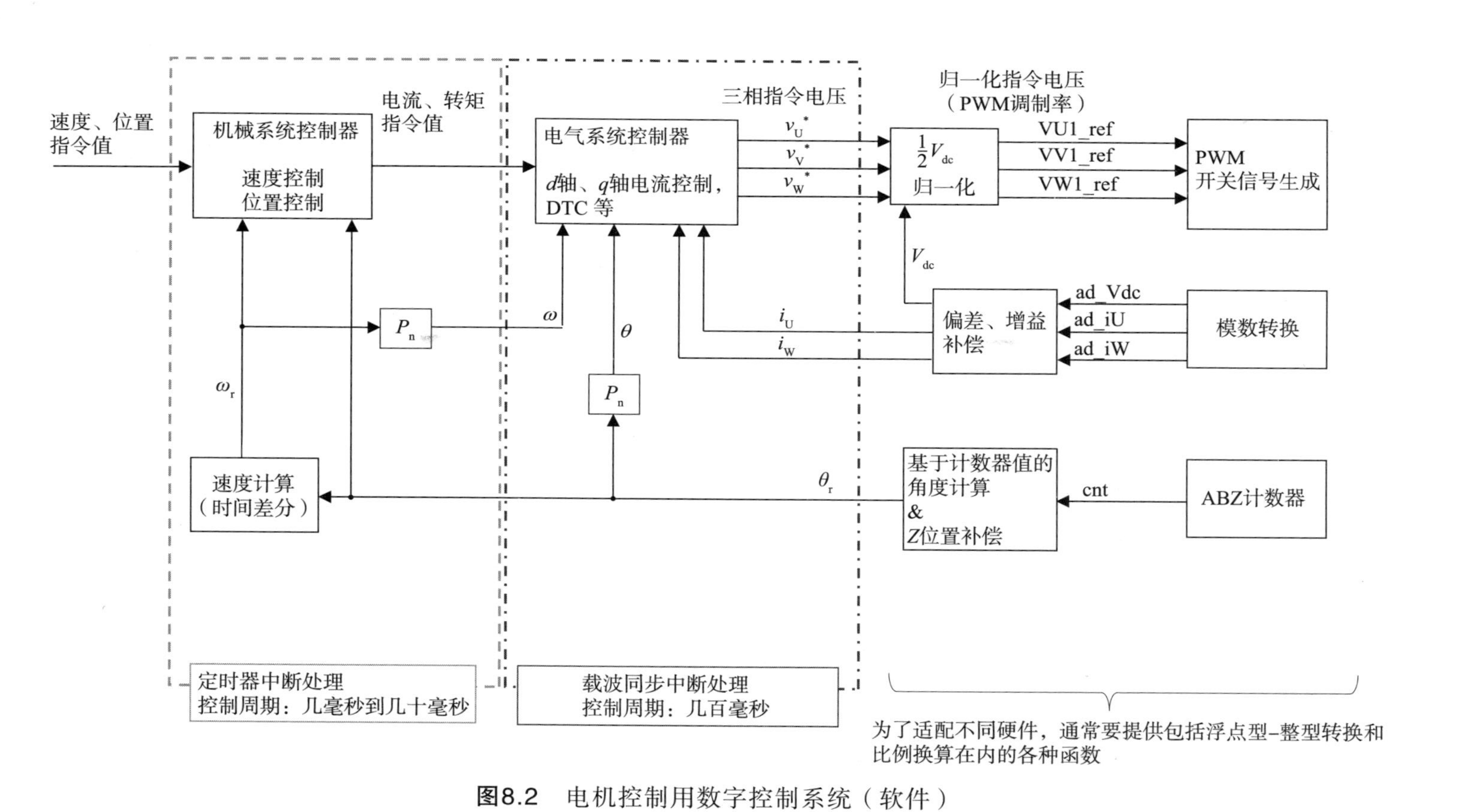

图8.2　电机控制用数字控制系统（软件）

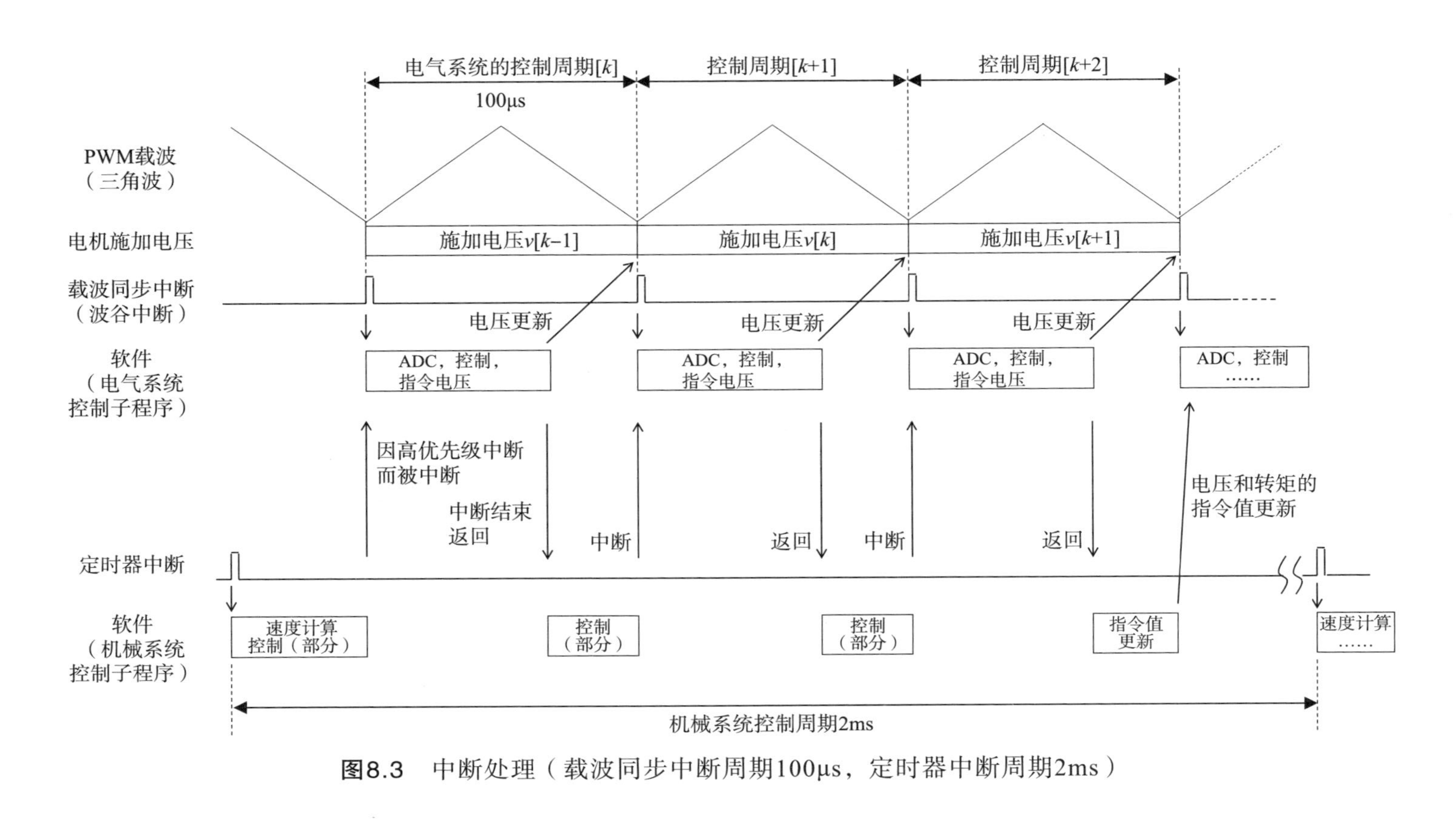

图8.3　中断处理（载波同步中断周期100μs，定时器中断周期2ms）

表 8.1　连续系统与离散系统的转换方法

前向欧拉法 （forward euler method）	$s=\dfrac{z-1}{T_s}$	· 仅使用同一采样时刻的值 [如 $u(k-1)$] 进行计算 · 方便通过模拟，避免代数循环 · 采用前一次采样的值 [$u(k-1)$ 和 $y(k-1)$] 进行计算，并不能反映当前状态
后向欧拉法 （backward euler method）	$s=\dfrac{1-z^{-1}}{T_s}$	· 需要不同采样时刻 [如 $u(k)$ 和 $u(k-1)$] 的值 · 适合像软件那样进行逐次计算的情况
双线性变换 / 梯形法 （trapezoidal）	$s=\dfrac{2}{T_s}\cdot\dfrac{1-z^{-1}}{1+z^{-1}}$	· 不会发生频率响应的混叠（连续系统和离散系统一一对应） · 变换前后的稳定性有保证 · 连续系统（ω_a）和离散系统（ω_d）的角频率存在差异，需按下式进行预失真校正： $\omega_d=\dfrac{2}{T_s}\arctan\left(\dfrac{T_s}{2}\omega_a\right)$

图8.4(a)所示s域的积分元件，在时域由式（8.1）给出，在z域可通过式（8.2）用后向欧拉法计算：

$$y(t)=\int u(t)\mathrm{d}t+Y_0 \tag{8.1}$$

$$y(k)=T_s u(k)+y(k-1) \tag{8.2}$$

式中，T_s为采样周期；$Y_0=y(0)$为y的初始值。

(a)积　分　　(b)微　分

图8.4　s域的微积分

离散系统中的积分元件可以通过常数因子、延迟元件和加法来实现。这是数字滤波器（FIR或IIR）常用的配置，适用于能像DSP那样高速计算积和的处理器。模拟电路中难以实现的几百阶的高阶滤波器，用数字滤波器很容易实现。

图8.4(b)所示s域中的微分元件，在时域由式（8.3）给出，在z域可通过式（8.4）用后向欧拉法计算：

$$y(t)=\frac{\mathrm{d}u(t)}{\mathrm{d}t} \tag{8.3}$$

$$y(k)=\frac{u(k)-u(k-1)}{T_s} \tag{8.4}$$

在离散系统中，这也被称为时间差分，因为微分元件可以用差分来实现。此外，式（8.4）将T_s作为除数，但可以用采样频率$f_s=1/T_s$表示为式（8.5），和积分一样进行积和运算。

$$y(k)=f_s\left[u(k)-u(k-1)\right] \tag{8.5}$$

8.3　数字化的注意事项

如果采样频率足够高（控制周期足够短），s–z变换及其他数字控制问题就很少出现。而在现实中，受制于硬件和软件，有时存在无法提高采样频率的情况，要加以注意。

8.3.1　采样定理

根据采样定理，只能提取频率低于采样频率1/2的信号。如图8.5所示，如果能够对正弦波的正负半周进行采样，也就实现了正弦波的频率采样。但是，根据采样时刻，也存在采样到零值的可能性，这时便无从得知信号是否存在了。此外，也无法提供充分的交流振幅和相位信息。

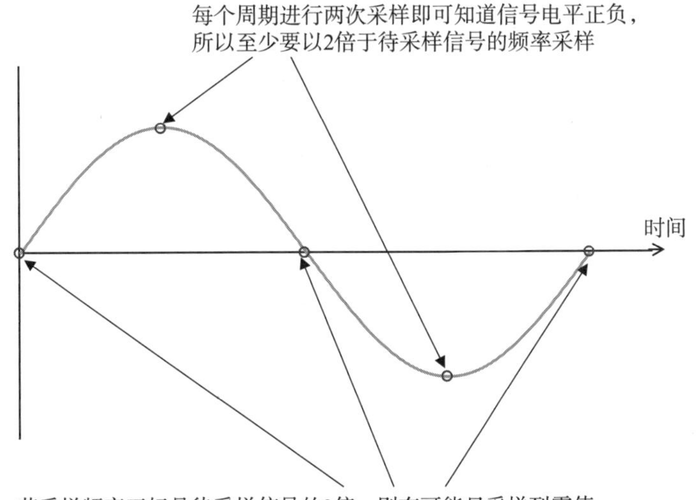

图8.5　采样定理

对于包含频率超过采样频率1/2的信号，通过采样可以观察到不同频率的信号（混叠）。作为抗混叠措施，可以在ADC的输入电路中设置LPF，或者以比控制周期短的周期进行采样（过采样），并用数字滤波器进行滤波。

着眼于电机控制，除了频率，振幅和相位也是重要信息。如图8.6所示，对于待观测的频率，采样数要足够大，采样频率取10～100倍基波频率比较合适。

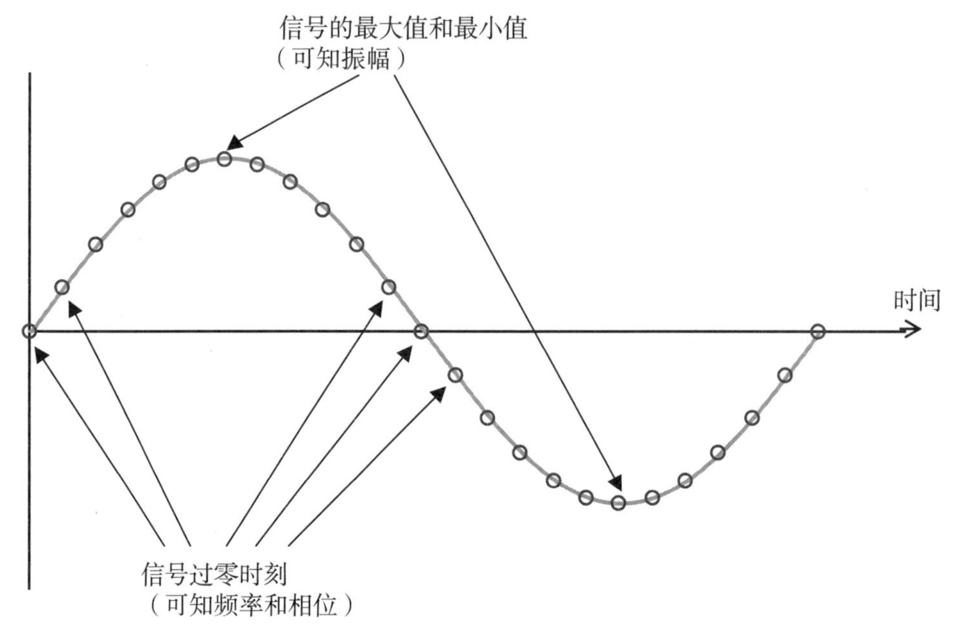

图8.6　电机控制的理想采样周期

8.3.2　量化误差

由ADC和数字电路实现的PWM，不能处理超过量化位数的信息。n位的ADC，满量程可以采样2^n阶（符号位占用1位，振幅为2^{n-1}阶）电压和电流值。

图8.7所示为采样和量化带来的变化。由图8.7(a)可知，T_s的值在每个采样周

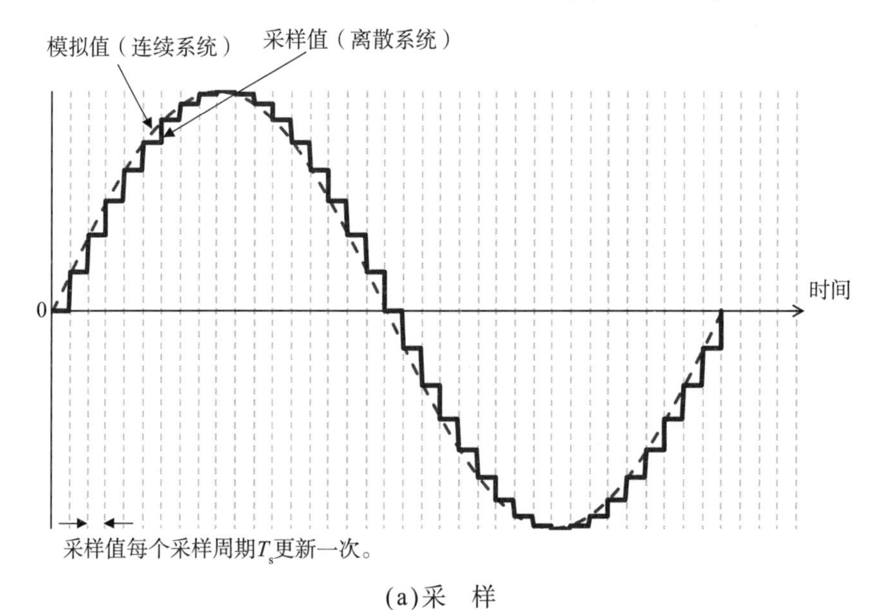

(a)采　样

图8.7　采样和量化导致的采样值的变化

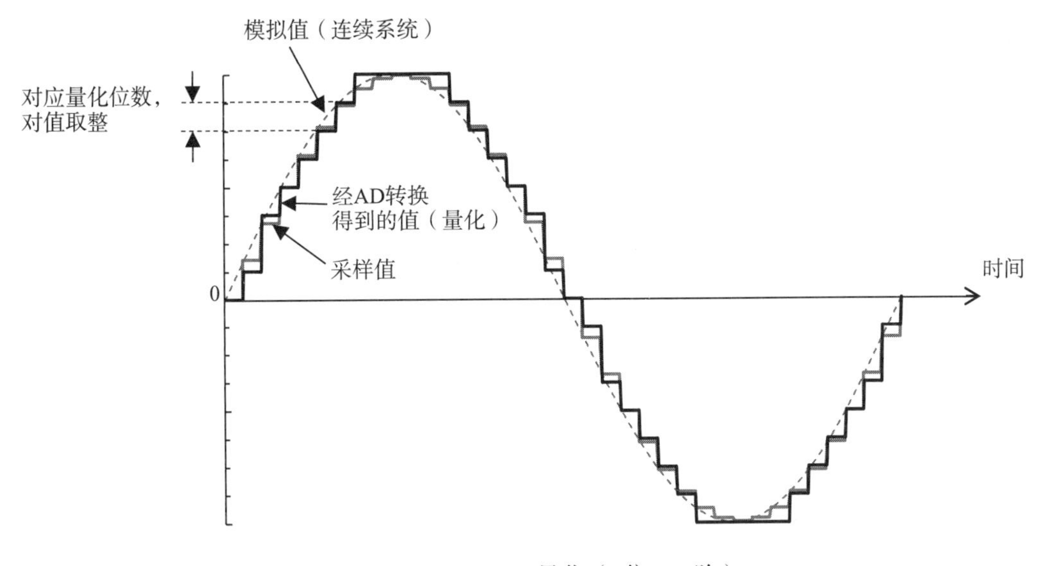

(b)量化（4位=16阶）

续图8.7

期都会更新。在采样保持期间，T_s的值得以维持，因此波形呈阶梯状。叠加量化波形后如图8.7(b)所示。采样值可以由量化分辨率范围内的近似值经AD转换得到。对于4位数值，可以取整为$2^4=16$阶的值。量化得到的阶梯状的值和虚线表示的真实值之间的差就是量化误差。

图8.8所示为不同信号振幅的情况比较。考虑到电机的电压和电流会因瞬态变化和谐波而瞬变，ADC的满量程须留出余量，分辨率要进一步降低。

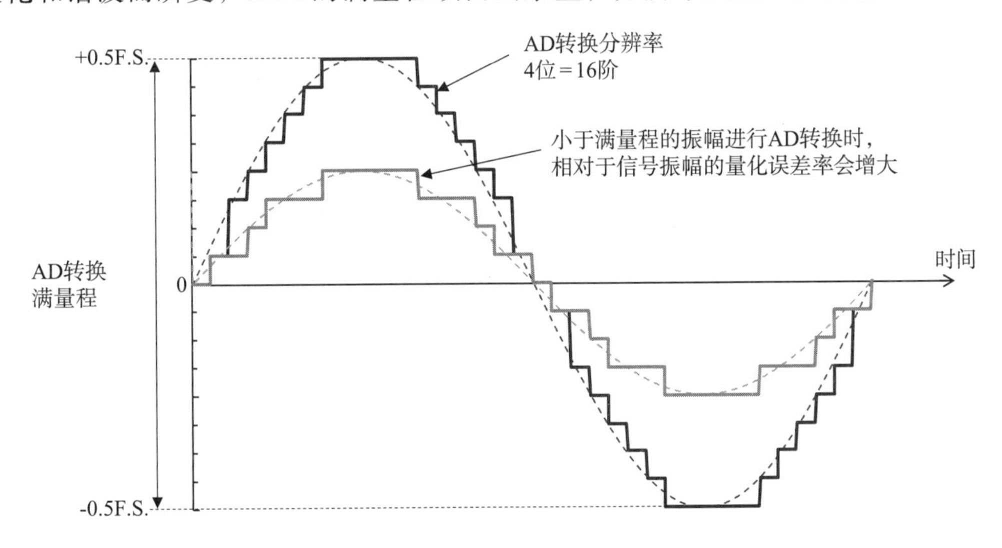

图8.8　量化与满量程（量化为4位时）

8.3.3　传感器误差补偿

根据电子电路的耐压和ADC的输入电压范围，要对传感器获得的模拟值作衰减和放大。例如，将 ± 50A作为 ± 5V模拟值读取时，要进行比例转换。AD转换之前的衰减和放大是通过电子电路完成的，无法完全消除偏移误差和增益误差。图8.9所示的传感器误差就是典型例子。图8.9(a)为偏移误差引起的数值变化。真实值x_{actual}和AD转换得到的值x_{samp}应该相等，但是由于偏移$-k_{offset}$而发生了变化。举例来说，即使电机没通电（$x_{actual}=0$），AD转换得到的值x_{samp}也可能不为0。图8.9(b)为出现增益误差的情况，增益误差为$1/k_G$观测到的值，较小。这里分别给出偏移误差和增益误差，只是为了方便说明，它们经常同时出现。

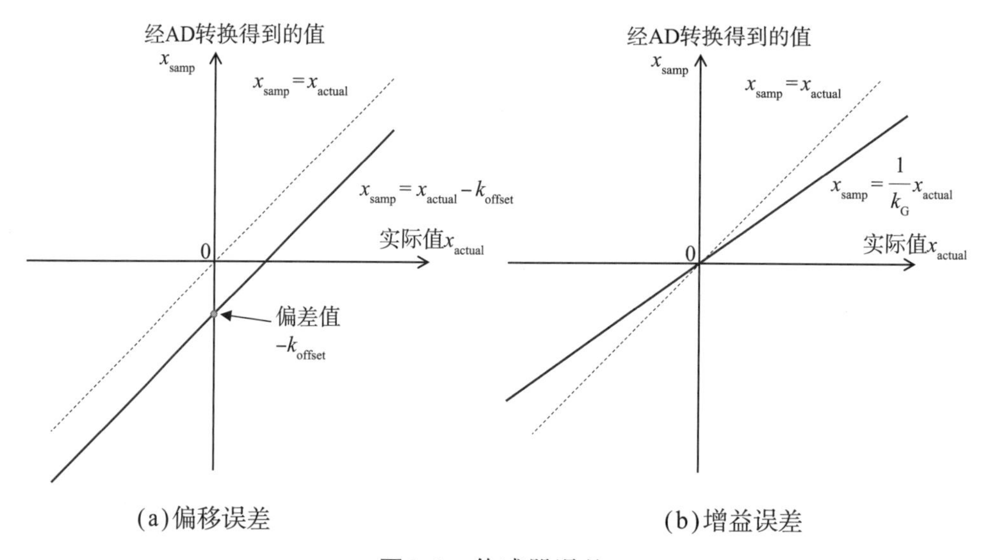

图8.9　传感器误差

为了有效利用AD转换的满量程，最好在电子电路中对偏移误差和增益误差进行最大限度和补偿。也可以根据下式，在软件中进行简单补偿：

$$x=k_G\,x_{samp}+k_{offset} \tag{8.6}$$

式中，x为用于控制的值（V_{dc}，i_U，i_V等）；x_{samp}为AD转换得到的值；k_G斜率补偿值（无误差时为1）；k_{offset}为偏移补偿值（无误差时为0）。

8.3.4　延迟的影响

如图8.3所示，每个控制周期进行AD转换和控制计算，从AD转换时刻到指令电压施加于电机，平均产生$1.5T_s$延迟。相对于电角速度的1个周期，如果控制周期足够短，可以忽略延迟的影响。而多极电机和高速电机等的电角速度周期很短，不能忽视延迟的影响，要采取相应的措施，如提前给定PWM指令电压等。

参考文献

[1] 電気学会・センサレスベクトル制御の整理に関する調査専門委員会. ACドライブシステムのセンサレスベクトル制御. オーム社, 2016.
[2] イブ・トーマス, 中村尚五. プラクティス　デジタル信号処理. 東京電機大学出版局, 1995.
[3] 谷萩隆嗣. ディジタルフィルタと信号処理. コロナ社, 2001.
[4] 電気学会. パワーエレクトロニクスシステムのシミュレーション技術. 電気学会技術報告（第761号）, 2000.
[5] デジタル制御システムの一例として, Mywayプラス（株）製PE-Expert4. https://www.myway.co.jp/products/pe_expert4.html.

第9章

电机测试系统及特性测量

本章针对实际电机，构建前几章介绍的控制方法和控制系统，选择合适的实验装置，测量电机常数与运转特性。本章将介绍一种电机测试系统，讲解电机常数的测量方法，并对电机基本特性的测量进行说明。

9.1 测试系统的结构

作为评估同步电机特性的测试台，PMSM测试系统的结构如图9.1所示（见下页），实物照片如图9.2所示。

图9.2　PMSM测试系统实物

● 测试电机(PMSM)

电机是特性测量的对象。轴偏等机械因素也会加大机械损耗，影响测量结果，选择电机固定方法及连接转矩检测器的联轴器时要注意。

● 位置传感器（PS）

位置传感器多安装在测试电机的反负荷侧轴上。增量编码器的铭牌上标明了机械角每转脉冲数，要检查脉冲数能否满足电角换算要求。

【例】720PPR编码器

（1）极对数$P_n = 1$的测试电机：电角每转脉冲数为$720 \times 4 = 2880$，每个脉冲的电角为$360/2880 = 0.125°$。

（2）极对数$P_n = 2$的测试电机：电角每转脉冲数为$720 \times 4/2 = 1440$，每个脉冲的电角为$360/1440 = 0.25°$。

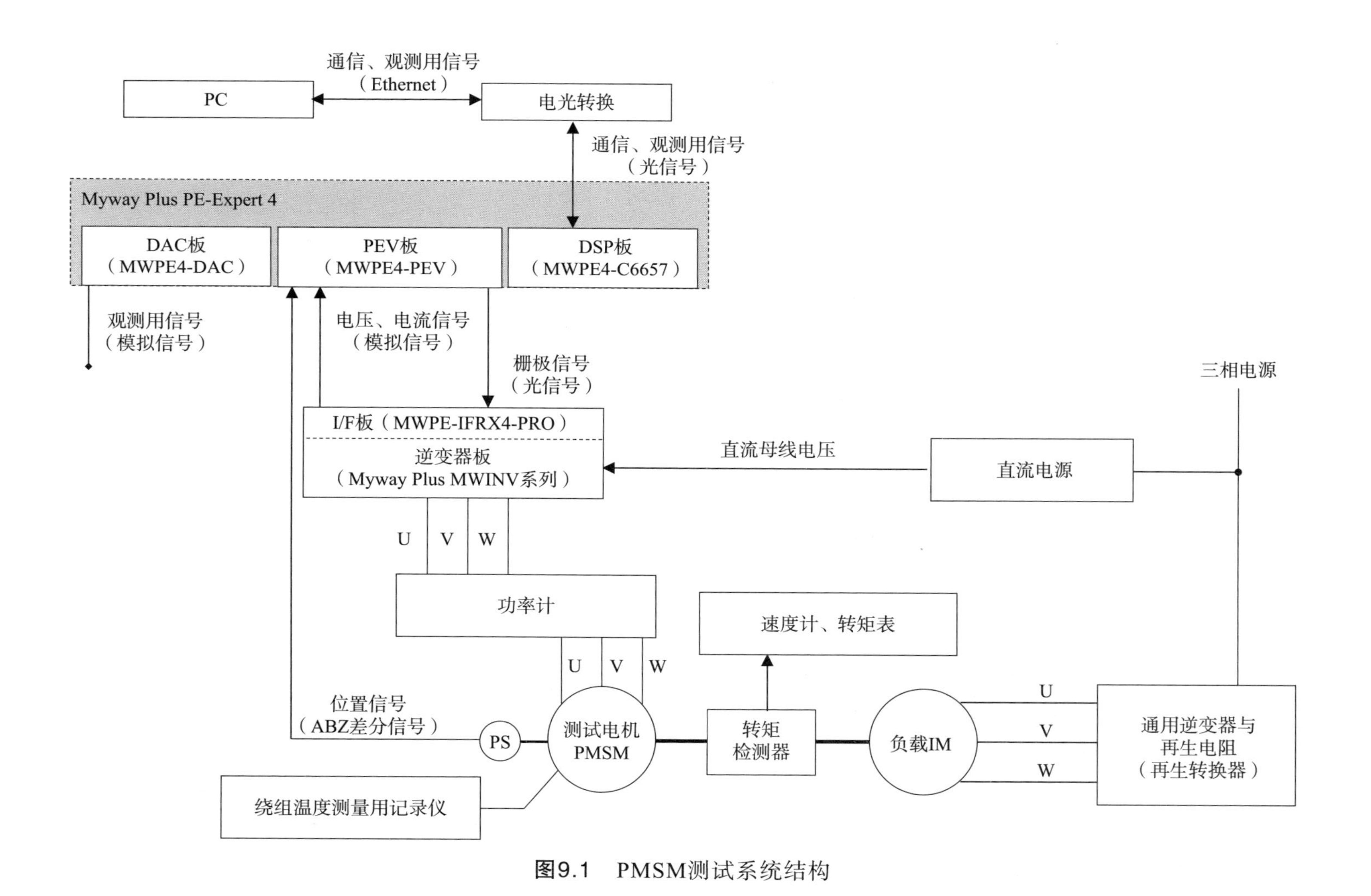

图9.1　PMSM测试系统结构

（3）极对数$P_n = 6$的测试电机：电角每转脉冲数为$720 \times 4/6 = 480$，每个脉冲的电角为$360/480 = 0.75°$。

电机极数越多，每个脉冲的电角分辨率越低。虽然可利用高分辨率编码器加以改善，但确定编码器的脉冲数时也要考虑测试电机的最高转速和ABZ计数器的最高输入频率。

【例】计数器的最高输入频率为500kHz时

最高转速6000r/min：每转脉冲数上限为$60/6000 \times 500\text{kHz} = 5000\text{PPR}$。

另外，由于测试电机的限制，安装位置传感器有困难时，也可以使用由负载电机的位置/速度传感器获取的信号，但要注意，位置/速度是通过联轴器或转矩检测器得到的，可能与测试电机的转子位置不一致。

● 转矩检测器、速度/转矩计

用于测量测试电机的转速和转矩。机械输出功率可以通过速度与转矩的乘积来计算，一些转矩计具有机械输出功率显示功能，要根据测试电机的评估速度和转矩范围选择机型。如果电机的额定转矩相对于转矩检测器的可测上限转矩较小，可以进行测量，但要事先检查测量精度和分辨率是否足够。另外，测量转矩脉动时，还要检查转矩检测器的频率特性。电机的转矩脉动多以基波频率的6次、12次成分为主，除非电机低速旋转，否则很难测量。

● 负　载

对于负载侧的速度和转矩进行恒定控制，感应电机和通用逆变器的组合很有效。出于负载方面的考虑，要有能够吸收来自测试电机的能量的再生电阻和再生转换器。侧重负载的速度和转矩响应性能时，可以使用伺服电机。另一方面，如果不需要对负载进行速度控制，施加的负载转矩足够大，可以使用涡流制动器、粉末制动器，也可以使用PMSM和负载电阻。

● 功率计

用于测量测试电机的三相电压、电流、功率、功率因数等。一些高级功率计具有谐波分析功能，可以根据电机的速度和转矩计算电机效率。不同型号的设备可测量的电压、电流、频率范围也不同，要提前确认。大多数功率计都适用于工频（50Hz，60Hz）测量，但对于频率接近直流的低速运转、多极电机和超高速运转等高频情况，存在测量困难和精度恶化的问题。另外，像逆变器驱动等电压不是正弦波的情况，可以选择平均值（Mean）模式，对有效值进行换算后得到电压测量值。带输入滤波器的机型，测量时能滤除逆变器的载波谐波，等效于有效值（RMS）模式。

● **逆变器**

将直流转换为三相交流，以驱动测试电机。根据直流电压和功率容量，开关器件采用MOSFET或IGBT。IGBT适用于几百伏的直流电压和几千伏安的容量，开关频率通常选择10kHz，开关频率决定了PWM载波频率和控制周期。另外，死区时间是由逆变器决定的，因此，需要插入不短于开关信号生成时确定的时间的死区时间。

● **直流电源**

向逆变器供电。直流电源决定了直流母线电压和可供功率，因此，需准备超过测试电机标称电压和功率的设备。电机根据输出功率有一系列型号，直流电源也有额定功率恒定、电压和电流可调的型号（称为Zoom电源）。以1500W的Zoom电源为例，可以在0～500V电压范围内提供不超过1500W功率上限的电流，直流母线电压的选择范围很广。而普通的500V、3A恒压电源，不论电压如何低，电流上限仍然是3A，200V只能提供600W功率，只适用于一半容量的电机驱动。Zoom电源在200V电压下可提供高达7.5A的电流，可用于额定功率以下各种额定电压的电机的评估。

另外，在逆变器配备整流电路的情况下，也可以接市电，不使用直流电源。此时，直流母线电压的平均值由市电电压决定，电压脉动对测试电机的运转特性有影响。

● **数字控制系统**

控制测试电机达到目标运转状态，详情见第8章。另外，测试电机采用速度控制时，负载应采用转矩控制；测试电机在转矩控制或电流控制下运转时，负载应采用速度控制。这是因为测试电机和负载采用相同的控制时，在各自的指令值不同的情况下无法确定运转状态。

9.2　初始设置（实验准备）

本节针对常数和特性未知的新电机，介绍准备工作和测量顺序。

9.2.1 正转方向和相序、Z位置的确定

三相交流电缆常以红、白、黑区分U相、V相、W相，试制电机的三相线可能也是这么区分的，但还是有必要检查位置传感器的正转方向和相序。此外，由位置传感器获得的原点（Z脉冲）可能与转子位置（d轴）不一致，有必要利用感应电压或电感和位置传感器信息进行Z位置校正，使其与原点位置一致。

● PMSM

电机旋转方向示例如图9.3所示。这里定义，从负载侧看电机轴顺时针（CW）旋转为正转。电机的三相端子开路时，使感应电压波形具有图9.4所示的位置关系，以确定相序。同时观测U-V相线电压v_{UV}和W-V相线电压v_{WV}，在v_{UV}滞后的状态下，转子位置传感器的正转方向和电枢绕组的相序是一致的。如果v_{UV}与v_{WV}的关系和图9.4所示相反，则更换U相和W相端子的输入，再次观测波形。图9.4所示为转子位置θ增大2π后返回0的波形，如果θ减小，则可能是位置传感器的旋转方向反了，或者A相和B相的信号接反了，要检查位置传感器的旋转方向和ABZ信号的规格。

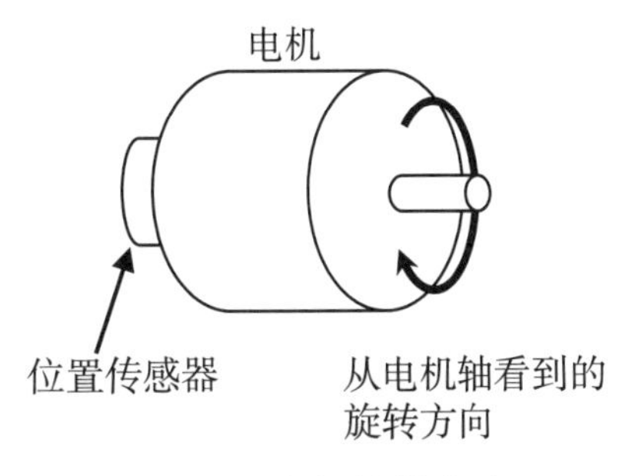

图9.3　电机旋转方向

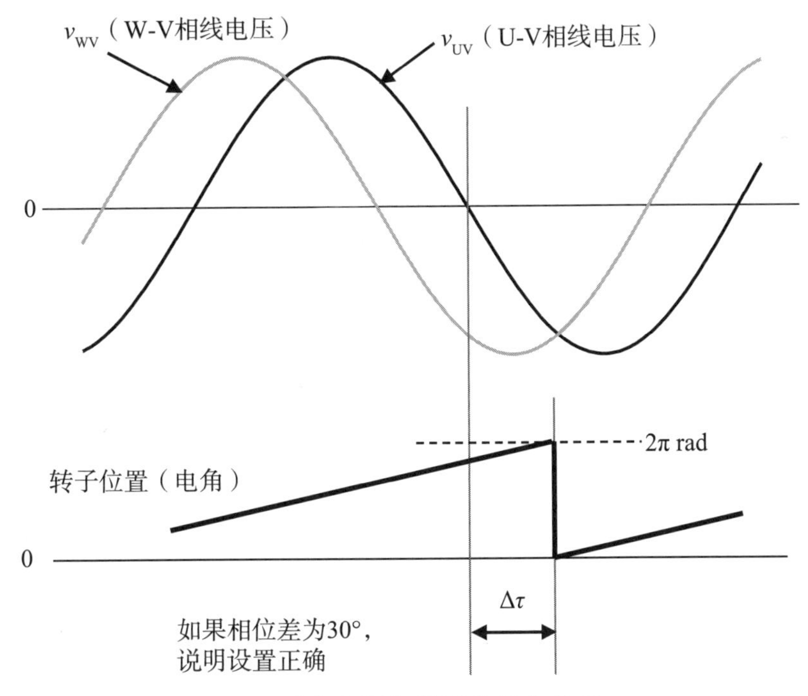

图9.4　感应电压与转子位置的关系

从负载侧以1200r/min的速度旋转极对数为2的PMSM时，感应电压波形如图9.5所示。另外，用逆变器驱动负载IM时，经联轴器和电机轴传导，开关噪声可能会出现在感应电压波形中。在这种情况下，应通过LPF观测感应电压。图9.5(a)所示为用示波器直接观测到的感应电压波形，可见较高频率的纹波。插入截止频率为7.2kHz（$R = 10\text{k}\Omega$，$C = 2200\text{pF}$）的LPF，滤除观测感应电压不需要的成分后，感应电压波形如图9.5(b)所示。

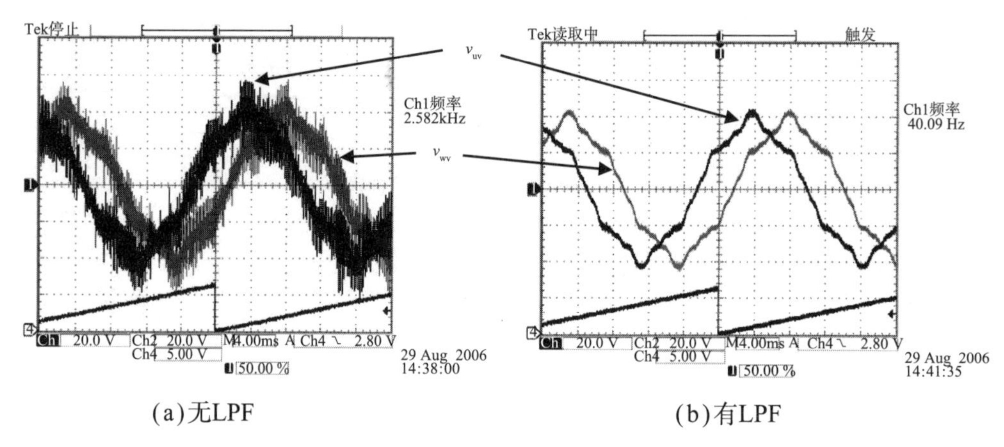

(a)无LPF　　　(b)有LPF

图9.5　感应电压波形

接下来，测量由位置传感器获得的位置信息和感应电压波形之间的相位差。在图9.1所示的系统框图中，位置传感器接PE-Expert 4的PEV板，位置θ的值由DAC板输出。用示波器观测到的感应电压波形和位置信号如图9.6所示，感应电压的周期$\tau = 25\text{ms}$，v_{UV}从正变负的过零点与位置信号θ由2π变0的点之间的时间差$\Delta\tau = 10.9\text{ms}$。根据这些值计算相位差$\Delta\theta$：

$$\Delta\theta = \frac{\Delta\tau}{\tau} \times 360 = \frac{10.9}{25} \times 360 \approx 156.96°$$

相位差必须为30°，差值126.96°为Z位置校正量。

Z位置校正后感应电压波形与位置的关系如图9.7所示。根据图9.7(b)，由$\Delta\tau = 2.10\text{ms}$可知：

$$\Delta\theta = \frac{\Delta\tau}{\tau} \times 360 = \frac{2.1}{25} \times 360 = 30.24°$$

位置传感器Z位置与感应电压相位的关系得到了调整。虽然仍然存在0.24°的误差，但考虑到位置传感器的分辨率和测量中感应电压波形的波动，可以忽略不计。

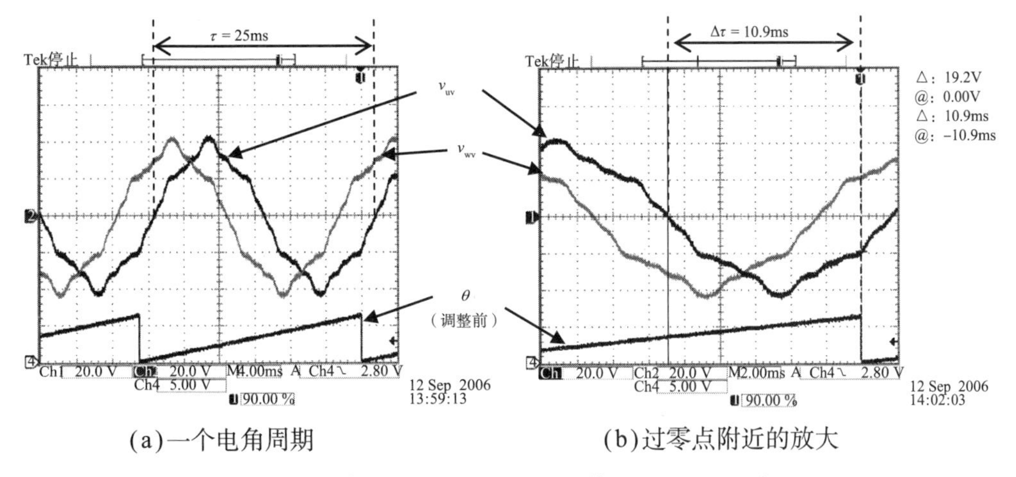

(a)一个电角周期　　(b)过零点附近的放大

图9.6　感应电压波形（调整前，1200r/min）

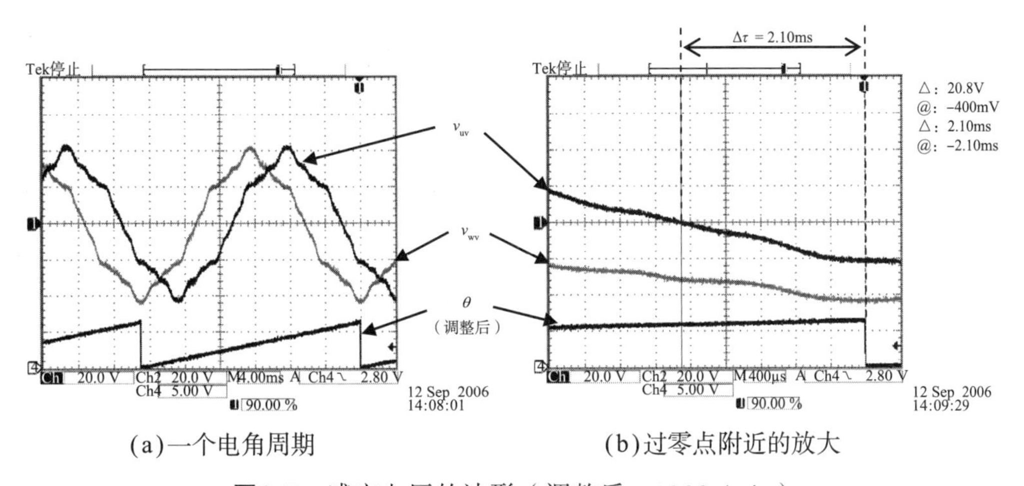

(a)一个电角周期　　(b)过零点附近的放大

图9.7　感应电压的波形（调整后，1200r/min）

● SynRM

SynRM的转子上没有永磁体，无法观测到端子开路时的感应电压，可以根据相对于转子位置的电感变化校正位置传感器的Z位置。

9.2.2　电气系统常数的测量方法

电流矢量控制中的MTPA控制等控制方法所需的d轴、q轴电流关系的推导，以及直接转矩控制中转矩与磁链的关系的推导，都离不开电机常数。各种控制器的控制增益也都是基于电机常数确定的，掌握电机常数对于同步电机（PMSM，SynRM）的高性能控制非常重要。同步电机的数学模型通常使用d-q坐标系模型，因此，需要测量和掌握d-q坐标系电压方程[式（3.24）]中包含的电机常数，如电枢绕组电阻R_a、永磁体磁链Ψ_a（SynRM不需要），以及d轴、q轴电感

L_d、L_q。要注意，式（3.24）所示同步电机的电压方程推导假设磁链分布呈正弦波状，电感随位置的变化也呈正弦波状。

● 电枢电阻的测量

采用压降法测量电枢电阻 。将电机的各端子开路，U-V间通直流电流I_{dc}，以不发生退磁为限，测量线电压V_{dc}，通过下式计算电阻（也可以用电桥测量）。

$$R_{a\_UV} = \frac{V_{dc}}{2I_{dc}} \tag{9.1}$$

采用同样的方法对V-W、W-U进行测量并计算电阻，取平均值作为电阻R_{a0}。测试电机II的测量结果如图9.8所示。在不同电压和电流下进行多次测量，近似直线的斜率乘以0.5的值对应R_{a0}。图9.8中，$R_{a0} = 0.824\Omega$。

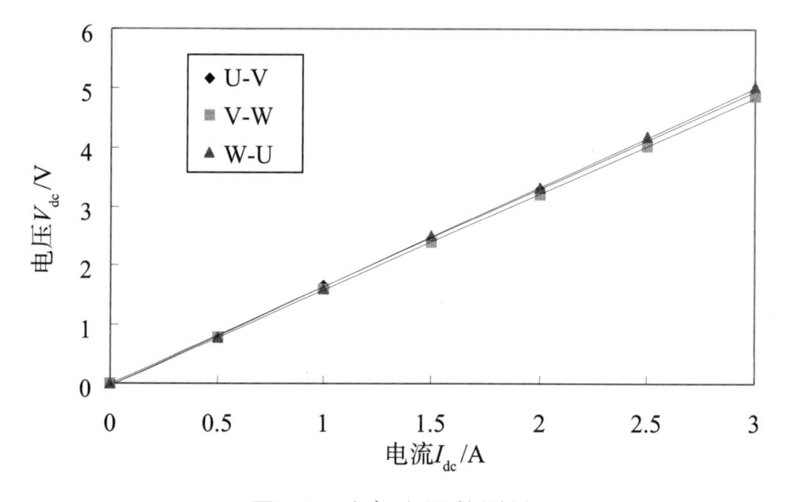

图9.8　电枢电阻的测量

测量电阻时的温度T_0（℃）与评估特性的基准温度T_s（℃）有较大差异时，可由下式换算得到电枢电阻R_a。

$$R_a = \frac{234.5 + T_s}{234.5 + T_0} R_{a0} \tag{9.2}$$

● 永磁体磁链的测量

将测试电机端子开路，以外力旋转电机，测量转速和线电压的基波有效值V_{LL}（最好为各线电压的平均值）。

$$V_{LL} = V_a = \omega \Psi_a \tag{9.3}$$

基于上述关系，可以通过电角速度ω对应的线电压基波分量V_{LL}测量值，得到永磁体磁链Ψ_a。式（3.24）的电压方程推导假设磁链分布呈正弦波，这里暂且只使用线电压基波分量计算Ψ_a。此外，永磁体磁链也受到温度的影响，有必要测量进行Ψ_a测量时的温度，并根据所用永磁体的温度特性对Ψ_a进行温度换算。

测试电机II的测量结果如图9.9显示。由于近似直线的斜率与永磁体磁链相对应，因此，得到$\Psi_a = 0.0785\text{Wb}$。

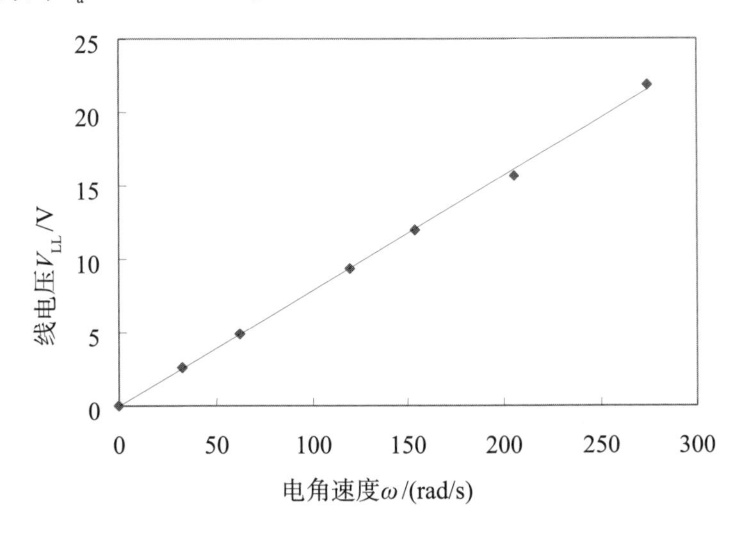

图9.9　永磁体磁链的测量

● d轴、q轴电感的测量

d轴、q轴电感测量方法有很多[2]，下面分别介绍停止状态和实际运转状态下的测量方法。

1. 停止状态

使转子固定，线间施加交流电压，测量对应转子位置的电感特性，可以得到L_d、L_q。

固定测试电机的转子，在U-V间施加交流电压（市电稳压得到），测量线电压有效值V_{UV}、相电流有效值I_U。根据电源的角频率ω_{ps}和一相的电枢电阻R_a（已测量），U-V间的电感L_{UV}为

$$L_{UV} = \frac{\sqrt{(V_{UV}/I_U)^2 - (2R_a)^2}}{\omega_{ps}} \tag{9.4}$$

改变转子位置，测量线电感的变化。

下面根据式（3.19）三相坐标系的电压方程，说明线电感的含义。停止状态，转子是静止的，旋转角度θ为固定值，$\omega = 0$。另外，电流$i_V = -i_U$、$i_W = 0$，v_U、v_V可分别表示为式（9.5）、式（9.6），线电压v_{UV}可表示为式（9.7）。

$$v_U = R_a i_U + p\left[l_a + \frac{3}{2}L_a + L_{as}\cos 2\theta - L_{as}\cos\left(2\theta + \frac{2\pi}{3}\right)\right]i_U \tag{9.5}$$

$$v_V = -R_a i_U - p\left[l_a + \frac{3}{2}L_a + L_{as}\cos\left(2\theta + \frac{2\pi}{3}\right) - L_{as}\cos\left(2\theta - \frac{2\pi}{3}\right)\right]i_U \tag{9.6}$$

$$v_{UV} = v_U - v_V = 2R_a i_U + 2p\left[l_a + \frac{3}{2}L_a + \frac{3}{2}L_{as}\cos\left(2\theta - \frac{2\pi}{3}\right)\right]i_U \tag{9.7}$$

因此，线电感L_{UV}为

$$L_{UV} = 2\left\{l_a + \frac{3}{2}\left[L_a + L_{as}\cos\left(2\theta - \frac{2\pi}{3}\right)\right]\right\} \tag{9.8}$$

L_d、L_q由式（3.25）给出，对于$L_d < L_q$的反凸极电机（IPMSM，PMSM基准的SynRM），线电感的最大值为$2L_q$，最小值为$2L_d$。因此，可以由线电感的最小值和最大值得到L_d、L_q。其中，根据式（3.17）和式（3.18）的定义，反凸极电机$L_{as} > 0$。

照此方法，测量除了U-V之外的V-W、W-U，得到测试电机II的线电感及其基波分量如图9.10(a)所示。测量是在频率为60Hz，电流为额定值10%的条件下进行的。如果电流值能够达到额定值，就可以测量磁饱和影响产生的电感变化，但是考虑到转矩产生和转子振动，电流值是有限制的。由图9.10(a)可知，测试电机II的电感大致呈正弦波状变化。这里，仅通过测量线电感的最小值和最大值得到L_d和L_q，由于电感变化并非呈完全正弦波，因此，计算L_d和L_q时最好使用线电感基波分量。

使用LCR电桥测量线电感更简单。举例来说，使用LCR电桥以频率1kHz、测量电流0.1mA进行线电感测量的结果如图9.10(b)所示。虽然线电感呈正弦波状变化，但幅度比图9.10(a)中的小。要注意的是，测量结果会因测量条件（频率和电流值）的不同而异，测量频率和电流应尽可能接近实际运转状态。

下面介绍一种不使用位置传感器、不固定转子轴，通过电机驱动逆变器测量电感的方法。首先，按图9.11(a)所示接线，在规定时间内对电机施加直流电压，使转子d轴与定子U相轴重合。在施加交流电压$v = V\sin\omega t$（电机驱动逆变器

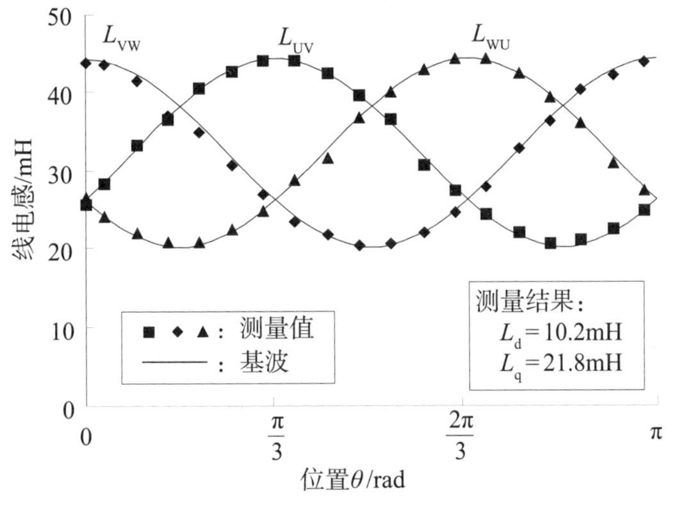

(a)使用市电测量（60Hz，0.5A）

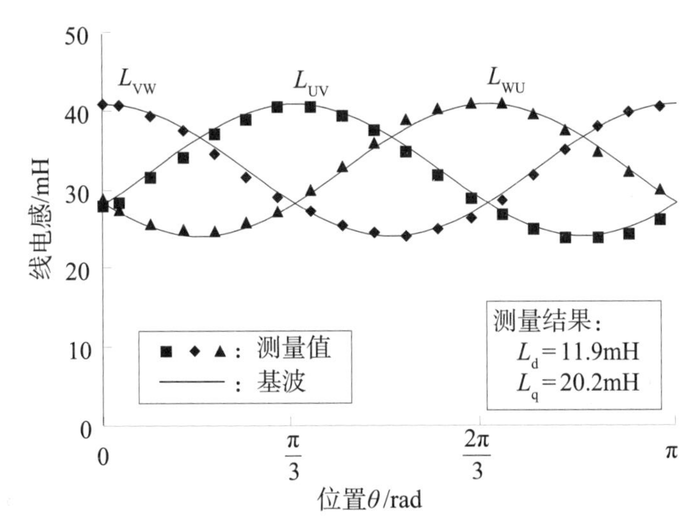

(b)使用LCR电桥测量（1kHz，0.1mA）

图9.10 线电感的测量结果（测试电机II）

产生）的情况下，将电流i乘以$\sin\omega t$和$\cos\omega t$，并利用低通滤波器取出直流分量（$I_{sin}/2$，$I_{cos}/2$），电枢电阻R_a和d轴电感L_d可通过下式计算：

$$R_a = I_{sin}\frac{V}{I_{sin}^2 + I_{cos}^2}，\quad L_d = -\frac{I_{cos}}{\omega}\frac{V}{I_{sin}^2 + I_{cos}^2} \tag{9.9}$$

q轴电感的测量同样按图9.11(b)接线。此时原理上会产生转矩，故测量频率应尽可能高于电机驱动频率，测量时间应尽可能短。

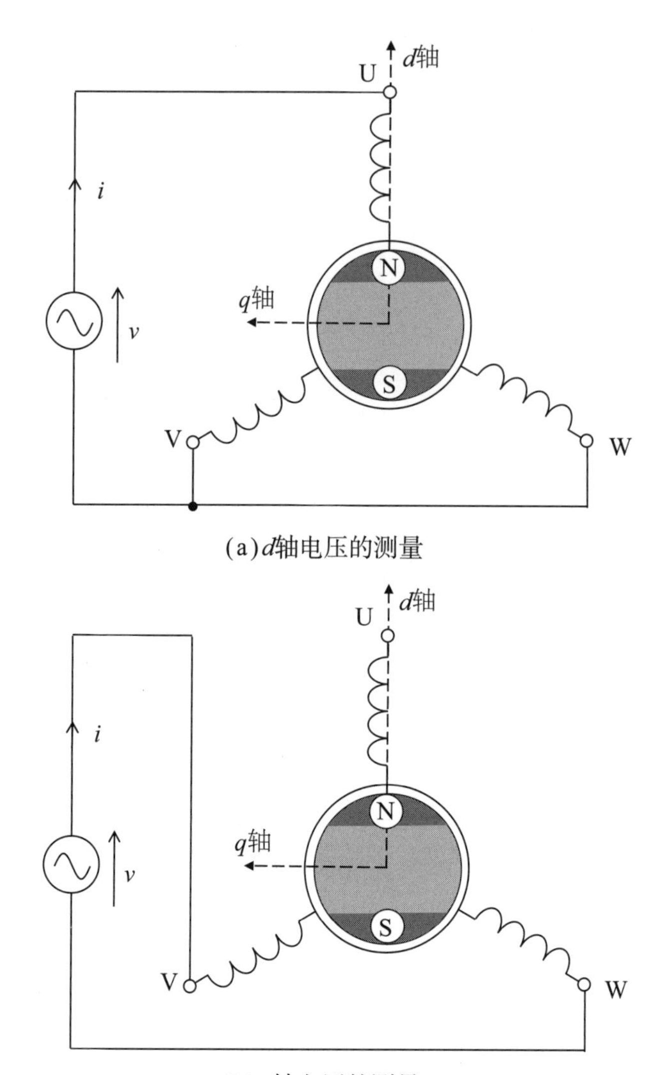

(a) d轴电压的测量

(b) q轴电压的测量

图9.11　停止状态下的电感测量

由于无法测量SynRM端子开路时的感应电压，有时将电感测量用于位置传感器的Z位置补偿。对于线电感的测量方法，由式（9.8）可知，L_{uv}在$\theta=\dfrac{\pi}{3}$ rad (60°)和$\theta=\dfrac{4\pi}{3}$ rad (240°)处最大，在$\theta=\dfrac{5\pi}{6}$ rad (150°)和$\theta=-\dfrac{\pi}{6}$ rad (−30°)处最小。

另外，按图9.11(a)接线，如果用直流电源代替交流电源，则转子磁阻较小（电感较大）的方向和U相重合。对于$L_q>L_d$的PMSM基准的SynRM，$\theta=90°$；对于$L_d>L_q$的SynRM基准的PMSM，$\theta=0°$。

2. 实际运转状态

以同步电机电流矢量控制系统驱动电机的d轴、q轴电感测量方法，如图4.32所示。该测量方法在实际运转状态下进行测量，需要施加稳定负荷，适用于利用电机测试台等的实验。图9.12所示为测量系统的结构，控制系统的具体结构如图9.1所示。

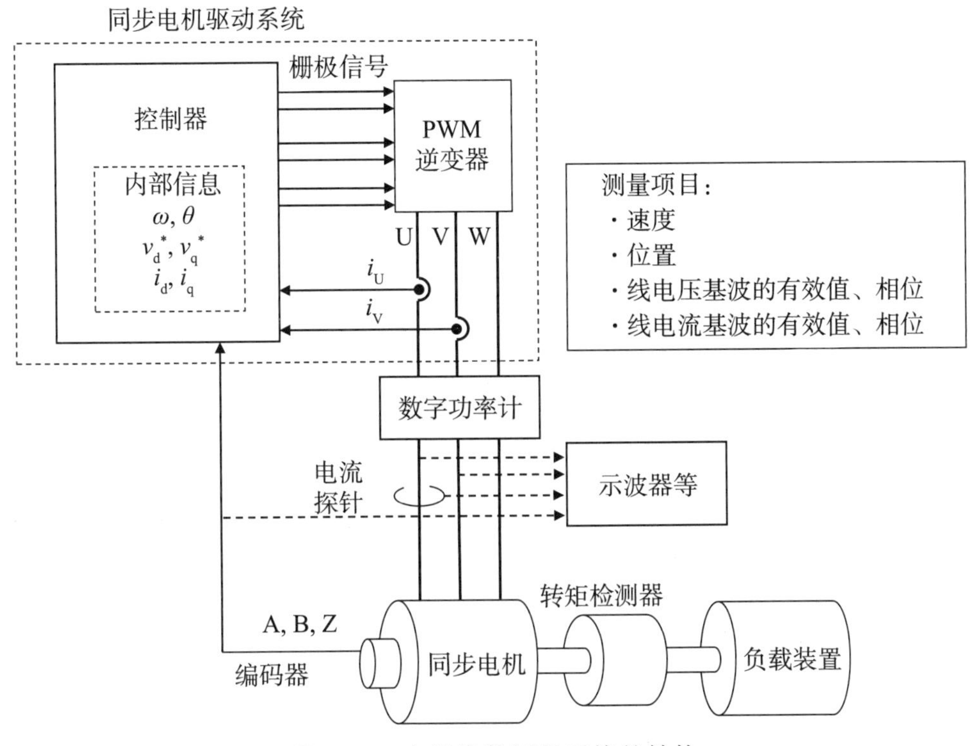

图9.12 电机常数测量系统的结构

由式（3.24）的电压方程，稳态d轴、q轴电感为

$$L_d = \frac{v_q - R_a i_q - \omega \Psi_a}{\omega i_d} \tag{9.10}$$

$$L_q = \frac{R_a i_d - v_d}{\omega i_q} \tag{9.11}$$

利用上式求L_d、L_q需要v_d、v_q、i_d、i_q、R_a、Ψ_a、ω，R_a、Ψ_a可由前述测量结果求得，ω可根据测得的电机速度计算得到。由于PMSM控制是在d-q坐标系中进行的，在PMSM控制器中有d-q坐标系的电流和电压信息，可以利用。对检测到的相电流进行d-q坐标变换，将得到的d轴、q轴电流直流分量（平均值，对应三相坐标系的基波分量）设为i_d、i_q。而控制器中的d轴、q轴电压作为指令值，

如果适当应用死区时间补偿等可以确认电压指令值与逆变器输出电压基波一致，则可将d轴、q轴电压指令值v_d^*、v_q^*的平均值作为v_d、v_q。然而，一般情况下无法保证电压指令值等于施加在电机上的电压，利用式（9.10）和式（9.11）计算d轴、q轴电压指令值v_d^*、v_q^*的平均值可能会产生误差。

接下来介绍不依赖控制器内的电流、电压信息，而是连接额外仪器进行测量的方法。图9.13(a)所示为d–q坐标系电压矢量与电流矢量的关系。这种关系表示为三相坐标系U相的相量图如图9.13(b)所示，波形（基波）如图9.13(c)所示。以永磁体产生的U相感应电压（空载感应电压）$\dot{E}_U$、e_U为基准，设电枢电流和相电压从q轴前进的角度分别为β、δ，U相电流基波有效值为I_U，U-V间线电压基波有效值为V_{UV}，则

$$i_q = \sqrt{3} I_U \cos\beta, \quad i_d = -\sqrt{3} I_U \sin\beta \tag{9.12}$$

$$v_d = -V_{UV} \sin\delta, \quad v_q = V_{UV} \cos\delta \tag{9.13}$$

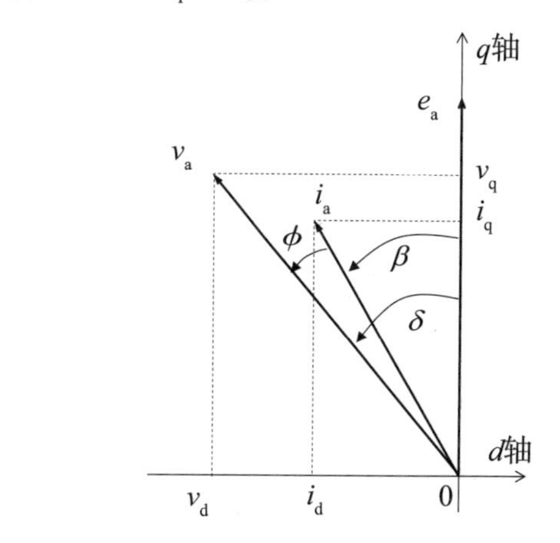

(a) d–q坐标系的矢量图

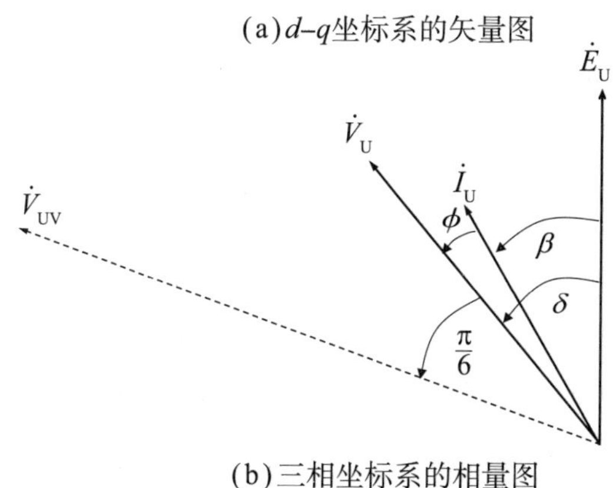

(b) 三相坐标系的相量图

图9.13 电压与电流的相位关系

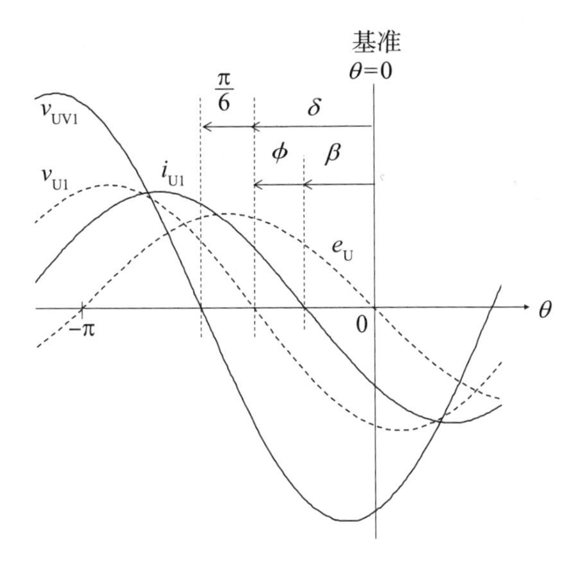

(c)三相坐标系中电压和电流的关系（基波分量）

续图9.13

相电流和线电压的基波有效值可以通过对功率计测量值和示波器测量波形进行FFT分析等得到。如图9.13(c)所示，电流相位β是通过测量U相电流基波i_{U1}变为0时的转子位置θ（电角）得到的。将线电压v_{UV}基波v_{UV1}（比之U相电压，相位超前π/6rad，幅度是$\sqrt{3}$倍）变为0时的转子位置θ（电角）减去π/6, 可以求出电压相位δ。另外，电压相位δ也可以通过功率因数角ϕ加电流相位β得到。这里，功率因数角ϕ由功率计测得的基波功率因数$\cos\phi$求出，但功率因数接近1时功率因数角ϕ误差变大，因此，最好通过实际电压波形测量电压相位δ。注意，一些功率计具有测量、显示功率因数角ϕ和线电压、线电流相位差的功能，在这种情况下可以直接使用ϕ。

根据上述测量结果以及式（9.12）和式（9.13）得到电压和电流的d轴、q轴分量，将它们和电角速度ω代入式（9.10）和式（9.11），即可确定L_d、L_q。在改变电机负载转矩和电流相位的同时测量L_d、L_q，就可以得到各种运转状态下的电感。测试电机II的测量结果如图9.14所示。如图3.15(b)所示，可以测量磁饱和引起的q轴电感L_q的变化。

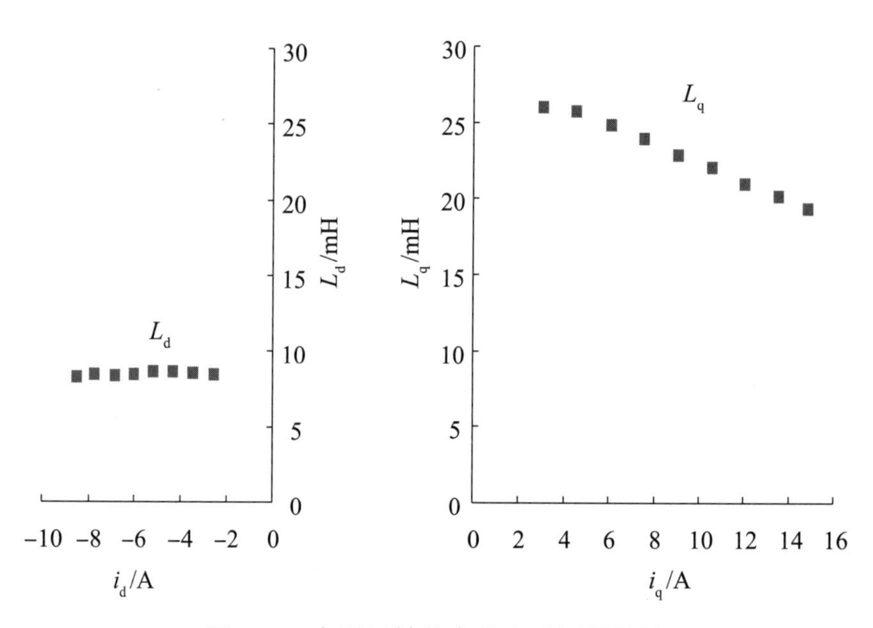

图9.14　实际运转状态的电感测量结果

9.2.3　机械系统常数的测量方法

机械系统常数方面，这里重点介绍黏性摩擦系数D和转动惯量J的测量方法。测量这些常数，有益于速度控制器增益设计。

空载（端子开路）时从负荷侧转动电机，测量转速对应的转矩，可以得到黏性摩擦系数D。

但是要注意，在转子中插入永磁体的状态下，D中计入了定子磁链引起的空载铁损。如果只想测量机械系统常数，可以在转子中不插永磁体的状态下测量，也可以拆下定子，在转子磁链不影响定子的状态下测量。根据式（3.40），恒速时的运动方程为

$$T = D\omega_r + T_0 \tag{9.14}$$

式中，T_0为停止（$\omega_r = 0$）时的负载转矩（静摩擦）；T为转矩检测器测得的转矩。

测量结果如图9.15所示。通过与近似直线的系数比较，$D = 0.126 \times 10^{-3}$N·m·s/rad，$T_0 = 53.1 \times 10^{-3}$N·m。另外，在负载电机未连接旋转轴的状态下，利用转矩检测器的零点调整功能预校准，T_0应接近0。其次，通过测量恒转矩下的加速特性得到转动惯量的值。简单起见，忽略黏性摩擦系数的运动方程如下：

$$J\frac{\mathrm{d}\omega_{\mathrm{r}}}{\mathrm{d}t}=T \tag{9.15}$$

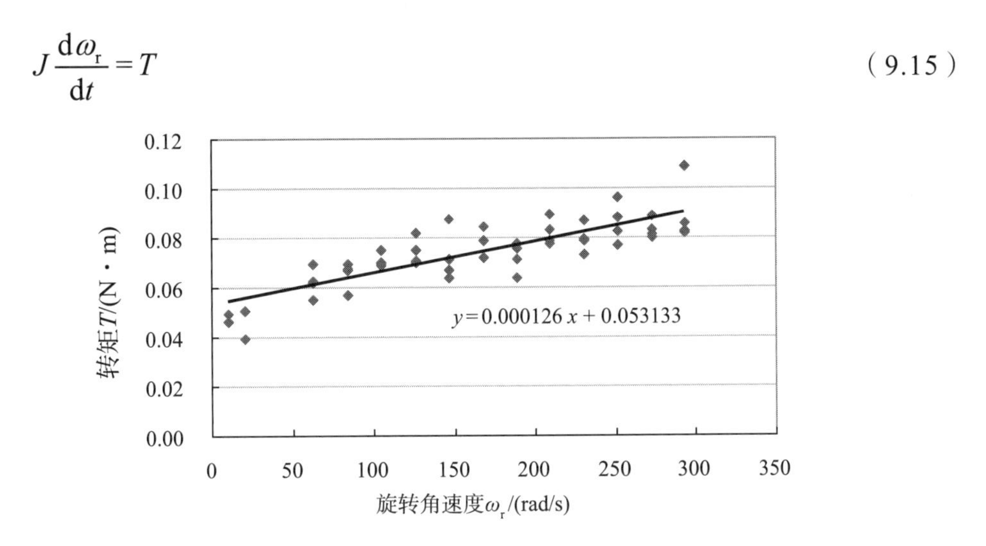

图9.15 空载稳态运转时的转矩-速度特性

图9.16所示为速度阶跃响应的示例。为了简化转矩估计值$\hat{T}$的计算，采用$i_{\mathrm{d}}=0$控制，根据电机参数和i_{d}计算$\hat{T}$。在恒转矩下，从时刻200ms到955ms，转速由100r/min提高到1500r/min。将时间变化$\Delta t=755\mathrm{ms}$，速度变化$\Delta\omega_{\mathrm{r}}=147\mathrm{rad/s}$，转矩$\hat{T}=1.36\mathrm{N\cdot m}$代入式（9.15），得到$J=6.99\times10^{-3}\mathrm{kg\cdot m^2}$。另外，在恒转矩、转速线性增大的情况下，$D$的影响可以忽略。如果$T_0$相对于电机产生转矩不可忽视，或者转速在恒转矩下不是线性增大的，则J的计算须考虑式（9.15）中的D和T_0。

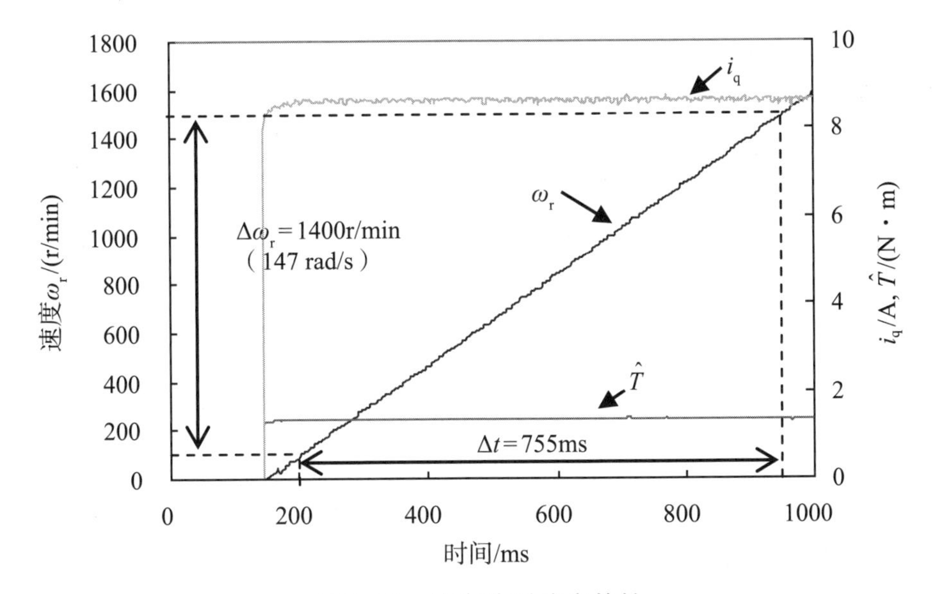

图9.16 速度阶跃响应特性

9.2.4　传感器零点补偿

如果用于控制的相电流和直流母线电压存在误差，电机特性必定会受到影响，因此，测量前须进行零点补偿。相电流可以在没有施加电机电压（所有栅极信号均关断），即电机不通电的状态下，通过观测控制器的相电流进行零点补偿。式（8.6）中的补偿值k_{offset}，用于使相电流平均值为0。对于直流母线电压，用数字万用表等测量逆变器直流电压的值，与控制器观测到的V_{DC}值进行比较，将误差作为补偿值。注意，使用直流电源时，电源装置的显示电压只能作为参考，建议以仪表实测为准。

9.3　基本特性测量

必测项目如下：

（1）速度/转矩仪：速度、转矩。

（2）功率计：三相功率、相电流有效值、线电压有效值。

9.3.1　电流相位-转矩特性

使电枢电流固定，改变电流相位，找到产生最大转矩/电流的电流相位，如图9.17所示。

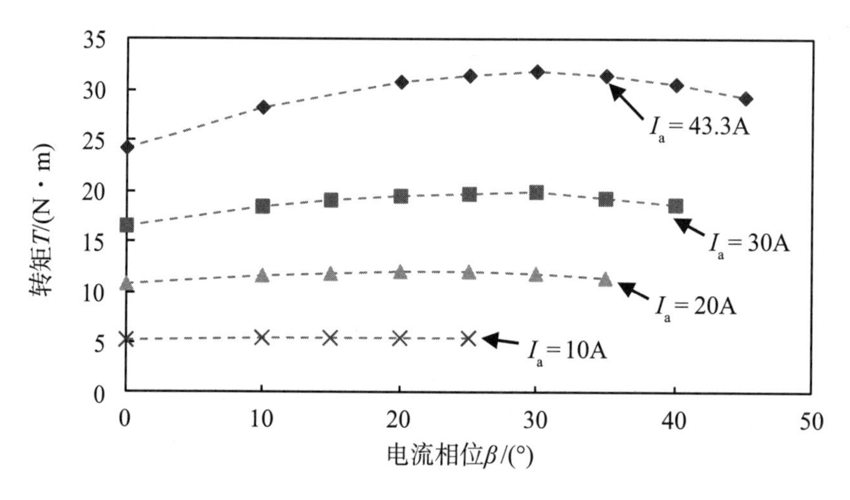

图9.17　电流相位-转矩特性

9.3.2　速度-转矩特性、效率图

通过测量转速对应的转矩，可知测试电机的工作区。对于未达电压极限（$V_a<$

V_{am}）的转速，在电流极限（$I_a = I_{am}$）下，改变电流相位并测量最大转矩。对于达到电压极限（$V_a = V_{am}$）的转速，在电流极限（$I_a = I_{am}$）下，电流相位从较大值逐渐减小，测量$V_a \approx V_{am}$运转状态的转矩，示例如图9.18所示。另外，对于适用于4.4.3节所述控制模式Ⅲ的电机，在$I_a < I_{am}$的条件下，工作区可以进一步扩大。模式Ⅲ所需的速度和电流条件是通过测量电机参数预先计算出来的，在接近这些条件的运转状态下，使$I_a < I_{am}$，电流相位也从较大值逐渐减少，测量$V_a \approx V_{am}$运转状态的转矩。

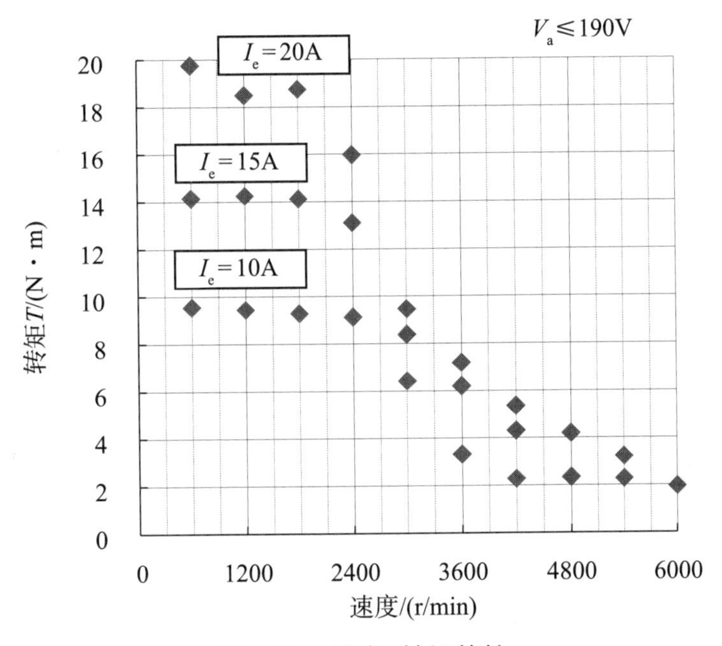

图9.18 速度-转矩特性

另一种方法是，使转速、电枢电流I_a、电流相位β呈网格状变化（效率图）并进行测量，获取最大转矩/电流和弱磁的状态，拾取最大效率工作点。图9.19所示为效率图的一个例子。近年来，作为电机的评价指标，考虑使用频度的能耗评价很受重视，经常使用的就是效率图。

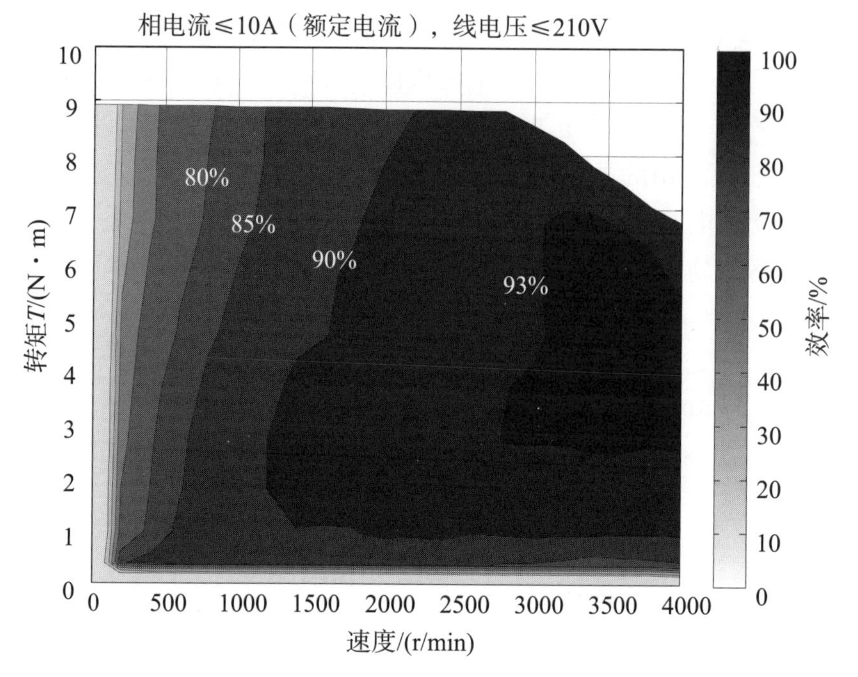

图9.19　效率图

9.4　损耗分离

用功率计测得的测试电机输入功率P_e，减去速度/转矩仪测得的机械输出功率P_m，就得到了电机损耗W_{motor}。为了探讨电机特性的改善，有时需要将损耗分离后再作评估，下面介绍一个分离的例子。

根据3.3.2节的介绍，铜损W_c是电枢电阻损耗，因此，可以用下式计算：

$$W_c = R_a I_a^2 \text{ 或者 } W_c = 3R_a I_e^2 \tag{9.16}$$

机械损耗W_m可以通过黏性摩擦系数计算：

$$W_m = D\omega_r^2 \tag{9.17}$$

铁损W_i可以通过下式简单计算：

$$W_i = W_{motor} - W_c - W_m \tag{9.18}$$

参考文献

[1] 森本茂雄, 真田雅之. 省エネモータの原理と設計法. 科学情報出版, 2013.

[2] 電気学会.電気学会PMモータの最新技術と適用動向. 電気学会技術報告（第1145号）, 2009.

[3] 森本雅之. パワーエレクトロニクス. オーム社, 2010.

[4] 森本茂雄, 神前政幸, 武田洋次. PMモータシステムの停止時におけるパラメータ同定. 電気学会論文誌D, 2003, 123(9): 1081-1082.

[5] 森本茂雄, 神名玲秀, 真田雅之, 武田洋次. パラメータ同定機能を持つ永久磁石同期モータの位置・速度センサレス制御システム. 電気学会論文誌D, 2006, 126(6): 748-755.